中国农业应对气候变化研究进展与对策

● 贾敬敦 等 主编

中国农业科学技术出版社

图书在版编目（CIP）数据

中国农业应对气候变化研究进展与对策/贾敬敦等主编．—北京：中国农业
科学技术出版社，2013.3

ISBN 978-7-5116-1145-1

Ⅰ．①中…　Ⅱ．①贾…　Ⅲ．①农业气象-气候变化-研究-中国　Ⅳ．①S16

中国版本图书馆 CIP 数据核字（2012）第 277017 号

责任编辑　张孝安
责任校对　贾晓红

出 版 者　中国农业科学技术出版社
　　　　　　北京市中关村南大街 12 号　邮编：100081
电　　话　(010) 82109708（编辑室）(010) 82109704（发行部）
　　　　　　(010) 82109703（读者服务部）
传　　真　(010) 82109708
网　　址　http://www.castp.cn
经 销 者　各地新华书店
印 刷 者　北京科信印刷有限公司
开　　本　787mm×1092mm 1/16
印　　张　15.25
字　　数　230 千字
版　　次　2013 年 3 月第 1 版　2013 年 3 月第 1 次印刷
定　　价　60.00 元

《中国农业应对气候变化研究进展与对策》

编 委 会

前 言

自 20 世纪 70 年代国际社会开始关注气候变化以来，人类为保护全球环境、应对气候变化的挑战共同努力，不断加深认知、凝聚共识。当前，干旱、洪涝、严寒、酷暑、台风、大雾、沙尘暴等极端天气气候事件发生频率和发生强度出现了明显变化，影响日益显现；气候变化问题已成为国际科学研究关注的焦点，更是国际政治的重要议题，对社会经济的可持续发展具有重要影响。气候变化对我国农业的影响利弊共存，以弊为主。东北水稻种植面积由于气候变暖扩展明显；冬小麦的种植北界少量北移西扩，由于增温小麦需水量加大、冬春抗寒力下降；气候变化导致病虫害种类和世代增加、危害范围扩大、经济损失加重；气候变化造成化肥、农药等投入增加，农业生产成本增大。极端天气气候事件增多，如华北持续干旱、南方季节性干旱、极端高温和极端低温等对农业危害均呈加重态势。

我国正处于经济快速发展阶段，人口众多、发展水平低、气候条件复杂、生态环境脆弱，是受气候变化影响最严重的国家之一，同时我国的自身发展也面临着转变发展方式、优化产业结构、保护生态环境、实现可持续发展的需求。对气候变化问题展开系统而深入的研究，是加强我国在国际气候变化谈判中的话语权的迫切需要，也是提升我国在国际气候变化基础研究领域的地位，推动社会经济和谐发展，乃至维护和保障我国发展权益的客观要求。我国政府一直高度重视气候变化问题，并把积极应对气候变化作为关系经济社会发展全局的重大议题，纳入经济社会发展中长期规划。2007 年 6 月，我国制定了《中国应对气候变化国家方案》，并由 14 个部委联合发布了"中国应对气候变化科技专项行动"。《国家"十二五"科学和技术发展规划》中对应对气候变化工作提出了新目标和新要求，并强调了依靠科技进步和创新应对气候变化。"十二五"期间，科技部将农业应对气候变化作为《"十二五"农业与农村领域科技发展规划》重大专题之一，继续予以重点支持，期望依靠科技进步，切实转变农业发展和增长方式，调整农业生产结构和布局，不断增强农业应对气候变化的科技支撑能力，为实现"十二五"确定的农业发展各项目标作出新的更大的贡献。

为给我国农业领域宏观决策和妥善部署应对气候变化各项工作提供科学依据，科技部中国农村技术开发中心召集相关领域专家学者开展了《中国农业应对气候变化研究进展与对策》编制工作。编写组系统分析和梳理了我国农业领域应对气候变化科学研究现状、存在问题与发展趋势，全面、准确、客观地反映和总结了我国农业领域应对气候变化最新研究进展，凝练了"十一五"国家科技计划农业领域项目课题实施以来取得的部分亮点成果，展示了我国在农业应对气候变化科技部署方面的成效；提出了未来一段时期农业应对气候变化的科技需求与重点任务，旨在为农业可持续发展提供决策依据，为我国农业领域参与气候变化领域的国际行动提供科技支撑，也为下一阶段农业领域应对气候变化项目部署提供参考依据。在编写过程中编写组多次邀请有关专家和单位参与书稿框架和内容讨论，积极与课题实施单位进行沟通，了解有关成果和进展，体现了在农业领域应对气候变化研究的全面性、综合性和前瞻性。

本书出版受国家重点基础研究发展计划"应对气候变化科技成果集成与服务平台建设（2010CB955905）"课题资助。由于编者的理论水平有限，时间仓促，书稿中难免有谬误之处，恳请专家学者和广大读者批评指正。

《中国农业应对气候变化研究进展与对策》编委会

2012 年 7 月

目录

第一章

气候变化及其对农业气候资源的影响

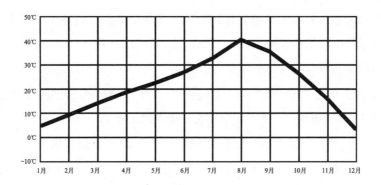

1.1
气候变化的事实与趋势

1.1.1 全球气候变化的事实

全球平均地表温度和海洋温度上升、冰雪大范围消融、海平面上升等的观测事实表明，全球气候系统正经历以变暖为主要特征的变化（《第二次气候变化国家评估报告》编写委员会，2011）。

根据全球地表温度的仪器观测资料，1906～2005 年，全球地表平均温度升高了 0.74℃（0.56～0.92℃）；1995～2006 年的 12 年里有 11 年位列 1850年以来最暖的 12 个年份之中。1998 年是有观测记录以来全球最暖的一年，但在中国和北半球则排在了第二位，中国最暖的一年是 2007 年。

1961 年以来的观测表明，全球海洋平均温度的升高已延伸到了至少 3 000m深的海洋，海洋已经并且正在吸收 80% 以上增添到气候系统内的热量。这一变暖引起海水膨胀，造成海平面上升。南半球和北半球的山地冰川和积雪总体上呈退缩状态。山地冰川和冰帽的大范围退缩也造成了海平面上升（冰帽不包括格陵兰冰盖和南极冰盖对海平面变化的贡献）。1961～2003 年期间，全球海平面上升的平均速率为 1.8（1.3～2.3）mm/年。1993～2003 年期间，上升速率为3.1（2.4～3.8）mm/年。20 世纪全球海平面上升了 0.17（0.12～0.22）m。

全球温度普遍升高，但也存在地域差别。在北半球高纬度地区温度升幅较大，陆地区域的变暖速率比海洋快（IPCC，2007）。资料统计表明，20 世纪可能是北半球在过去的 1000 年中增温最明显的世纪，20 世纪 10～40 年代及 70 年代后期至今是全球气温增暖的两个主要时段。20 世纪的 90 年代是过去 100 年中最暖的 10 年（Jones P. D. & Moberg A.，2003）。

全球气候系统变暖的同时，全球的降水量以及降水格局也发生了变化。虽然海洋资料缺失不能统计全球的年平均降水量的变化，但仅从陆地降水的研究可以发现，20 世纪全球陆地降水增加了约 2%，总体变化趋势为北半球中高纬度地区（北纬30°~85°）、南半球（南纬0°~55°）降水量增加，副热带地区（北纬10°~30°）降水减少，其中，北半球中高纬度地区的降水增幅最为明显。从1900~2005年，北美和南美的东部地区、北欧、亚洲北部及中亚地区降水显著增加。北半球中高纬度地区秋冬季节降水增加明显；南半球中低纬度地区可能增加了2%左右。相反，副热带地区可能减少了3%。20世纪后期，北半球中高纬度地区的极端强降水事件的频率可能增加了2%~4%，亚洲和非洲的部分地区干旱的频率和强度增加（张建云等，2008）。此外，近50年来，大部分地区的霜冻、冷昼、冷夜发生频率减少，而热昼、热夜发生频率增加。

地球实际气候的演变过程是自然变化和人类活动共同作用的结果。自然变化既包括气候系统内部的"海洋陆地大气海冰"相互作用，诸如大洋热盐环流的自然振荡等，又包括由太阳活动、火山喷发等外部强迫因子引起的变化。人类活动的许多方面，例如人为温室气体和气溶胶排放等，都可以影响气候变化。但是，20世纪后50年的气候变化几乎不可能用气候系统内部因子的变率来解释，外部强迫可能起了非常重要的作用；而且在所有外强迫中，自然强迫也不能单独解释这段时间的气候变暖。因此，人类活动产生的外强迫（主要是温室气体浓度与人为气溶胶含量的增加、土地利用与覆盖的变化、臭氧层被破坏等）很可能是造成气候变暖的原因。这里特别值得注意的一个问题是，在研究气候变化的归因时必须分清时间尺度。地球气候可以在年际、年代际、百年、千年、万年、几十万年、百万年甚至千万年到亿年的时间尺度上发生变化，而造成有关变化的驱动力可能很不相同。

依据气候预测模式模拟，未来即使所有温室气体和气溶胶的浓度都稳定在2000年的水平，全球预计也会以约0.1℃/10年的速率进一步变暖。若温室气体按照当前或者高于当前的速率排放，将会导致21世纪气候系统进一步变暖，并会导致全球气候系统发生强于20世纪观测结果的更多变化。陆地积雪将退缩，北冰洋和南大洋海冰面积将退缩；气旋可能变得更强大，与热带海表温度增加相关的更强的降水事件增加；强降水发生频率普遍增加；夏季中纬度由于温度增加和潜在蒸发增加的共同作用出现干旱化趋势。

1.1.2　中国气候变化的事实

1961~2007 年，我国整体年平均气温升高，降水量微弱增加，日照时数显著下降，气候要素变化表现出明显的区域特征（表 1-1）。北方和青藏高原增温最为显著，西南地区增温较缓。西部和华南地区降水量增加，东北、西北和华北等地降水量减少，全国日照时数普遍减少。

表 1-1　中国不同地区 1961~2007 年间气候指标的平均倾向率（潘根兴等，2011）

区域	气温变化℃/10 年	降水变化 mm/10 年	日照时数变化 h/10 年
东北地区	0.38	-13	-24
西北地区	0.35	-8	-36
华北地区	0.23	-7	-41
长江中下游地区	0.22	8	-58
华南地区	0.20	10	-73
西南地区	0.18	17	-119

就不同地区而言（《第二次气候变化国家评估报告》编写委员会，2011），气候变化的表现存在一定的差异。

（1）华北地区

近 50 年气温呈明显上升趋势，增温速率为 0.22℃/10 年，降水逐年代减少，暖干化趋势明显，水资源形势紧张。

（2）东北地区

近 50 年增温速率为 0.3℃/10 年，积温增加，作物种植面积扩大。年降水量略减少，蒸发增加引起东北西部干旱趋势加重，土地向荒漠化和盐渍化发展。

（3）华南地区

近 50 年增温速率为 0.16℃/10 年，年平均降水没有明显变化。气候变化使得登陆华南的气旋个数减少，强度增大。

（4）西南地区

川西高原、云贵高原增温趋势明显，而四川盆地气温明显下降，降雨日数逐渐减少。干旱、洪涝等灾害发生频率增大。

（5）西北地区

近 50 年增温速率为 0.37℃/10 年，降水量变化时空分布不均，气候变化对西北地区的水资源造成严重影响，约82%的冰川处于退缩状态，地下水资源整体呈现减少趋势。

1. 温度

1951～2009年，中国陆地表面平均温度上升1.38℃，增暖速率为0.23℃/10年。20世纪20～40年代以及80年代至今，全国平均气温增加明显，而50～80年代初气温呈下降趋势。增暖主要发生在20世纪80年代中期后，20世纪90年代最暖。1961～2010年，全国年平均温度增加近1.1℃，平均增温速率为0.27℃/10年，明显高于全球或北半球同期平均增温速率。年平均最低气温在全国范围内表现为显著的增加趋势，比年平均最高气温变化明显。

由1951～2005年中国年平均气温变化趋势（图1-1）可以看出，全国大部分地区均呈增温趋势，增温最显著的区域主要在北方，特别是北纬34°以北的大部分地区。增温最小的区域主要在中国的西南部，包括云南东部、贵州大部、四川东部和重庆等地区，这些区域在21世纪初期以前甚至为降温趋势。但对大部分地区而言，尤其是中国北部，1951～2005年的增温速率远超过了20世纪以来增温速率的平均值。由于气温上升，我国的气候生长期明显增长，青藏高原和北方地区增长更多。

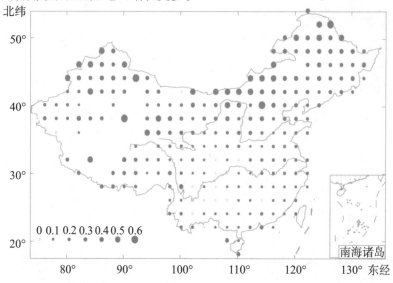

图1-1　1951～2005年中国年平均气温变化趋势（℃/10年）

（《第二次气候变化国家评估报告》编写委员会，2011）

2. 降水

自1880年以来，我国的降水无明显的趋势变化，多年平均年降水量约为650 mm，但降水的年际间波动较大。年降水量呈现出明显的年际振荡，以20~30年时间尺度的年代际变化为主。20世纪初期、30~50年代、80~90年代降水量偏多，其他年代偏少。我国年降水量空间变化特征表现为由西北逐步向东南方向增加，东部近百年气候没有明显的变干变湿趋势，而呈现旱涝交替出现的形势（章名立，1993）。1961~2010年，全国平均降水日数呈显著的减少趋势，平均减少速率达7.54d/10年，2001~2010年，降水日数平均比20世纪60年代减少了29.2d，而总的降水量变化趋势不明显，这意味着极端降水的增加。

我国多样的地形气候特点，造成降水量分布在地区间差异较大，气候变化导致的降水趋势变化也存在明显的区域差异。1951~2009年，中国不同区域降水变化特征、变化趋势（李聪等，2012）如下所述。

（1）华东地区

春、秋季降水量变化趋势相近，近60年来分别减少13%和15%，减少趋势主要发生在1990年以后至今；而夏、冬季降水近60年来分别增加7%和10%，20世纪90年代初期以后降水量正距平较多。

（2）华中等长江流域地区

降水变化趋势与华东地区相似，也呈春、秋季降水减少，夏、冬季降水增多的趋势。

（3）华南地区

春、秋季降水量从20世纪80年代中期至今为明显地减少趋势，夏季降水从90年代初期至今比正常偏多，冬季降水趋势变化不明显。

（4）西北地区

春、夏、秋季降水变化趋势不明显，只有冬季近60年降水明显增加17%，并且在20世纪80年代中期以后降水明显偏多。

（5）东北地区

春、夏、秋三季降水量变化均非常显著，依次为17%、−13%和−36%，冬季变化不大，同时在2000年以后，各季偏离平均状态较多。

我国各地区各季节以及年平均的降水量线性变化趋势（表1-2）表明：

近 60 年来，我国各个区域秋季的降水都呈减少趋势。华东、华中地区降水趋势变化一致，年平均、春、秋季都减少（华东春季降水量年代际变化通过 0.05 显著性水平检验，减少趋势显著），而夏、冬两季增多。华南地区除夏季降水明显增加外，其他各季降水减少。华北、西南、东北地区都是在夏、秋季降水偏少，春季降水增加，年平均降水量的年代际变化都为明显的减小趋势。西北地区降水量秋季偏少、冬季偏多，其余各季变化均不大。

应该强调指出的是，自 1880 年以来，我国降水无明显的趋势变化，基于不同时段长度或站点数量统计得到的部分区域年降水量变化趋势（表 1 - 1 和表 1 - 2）并不完全一致。这也从一个侧面反映了区域年降水量变化时空分布不均的特点。

表 1 - 2　1951 ~ 2009 年中国不同区域年、
季降水量变化趋势相关系数检验（李聪等，2012）

区域	年平均	春季	夏季	秋季	冬季
华东	- 0.06	- 0.22*	+ 0.15	- 0.17	+ 0.09
华南	+ 0.07	- 0.06	+ 0.23*	- 0.15	- 0.00
华中	- 0.03*	- 0.26	+ 0.15	- 0.09	+ 0.11
华北	- 0.34*	+ 0.01	- 0.34*	- 0.16	- 0.01
西北	- 0.02	- 0.04	+ 0.03	- 0.08	+ 0.17
西南	- 0.25*	+ 0.10	- 0.19	- 0.26*	+ 0.01
东北	- 0.31*	+ 0.22*	- 0.25*	- 0.39*	+ 0.06

注：* 表示通过置信水平 $a = 0.05$ 显著性检验

我国降水量相对较少的西北地区降水量的相对变化趋势最为明显，西部降水量自 1920 年以来呈增加趋势，1970 年以来这种趋势更加明显，每 10 年降水增加率达 5%，而降水量较为丰富的东北及东南地区降水量的这种相对变化趋势较小。

青藏高原北部近 100 年，特别是近 20 年的降水可能是历史上（近 1 000 年）最多的，干旱强度和频率可能是历史上最低的，近 100 年的增暖也可能是过去 1 000 年里所没有的，但仍存在着不确定性。

降水的变化必然会引起径流等出现相应的变化。近年来，北方夏季径流减少，长江流域夏季径流增加。北方河流如松花江、辽河、海河和黄河流域的年径流量明显减少。1977 ~ 2009 年，我国海平面平均上升速率为 2.6 mm/年。

3. 日照

气候变化背景下，我国日照时数整体上显著减少。1961 ~ 2010 年，日照时数平均以47.40h/10年的速度减少；年平均日照时数从20世纪60年代开始呈逐年代减少的趋势，2001～2010年比20世纪60年代减少了183.1h；日照时数减少最明显的地区是我国东部，尤其是华北和华东地区（张蕾等，2012）。1951～2009年，全国年日照时数呈显著减少的趋势，平均每10年减少36.9h，各区域变化与全国一致，只是日照时数减小程度不同；1981年是全国日照时数由较强期到偏弱期的转折年；全国年日照时数在20世纪90年代中期前有7～10年的明显周期振荡；全国四季日照时数沿海地区减少速度要快于内陆，南方快于北方（虞海燕等，2011）。

4. 其他气象要素

气候变化背景下，我国的水面蒸发量、近地面平均风速、总云量均呈显著减少趋势。蒸发皿观测到中国大部分地区年蒸发量呈减少趋势，西北地区最为显著。从1956～2000年，水面蒸发量减少6%左右，水面蒸发量下降明显的区域为华北、东北和西北地区，海河和淮河流域年水面蒸发量下降了13%（丁一汇等，2006）。西北地区风速减少最明显。全国平均总云量在内蒙古中西部、东北东部、华北大部以及西部个别地方减少较为显著。

5. 极端天气气候事件

根据IPCC第一工作组第三次评估报告，关于极端天气气候事件最主要的结果可概括为四个方面（表1-3）：极端暖日的概率增加，同时极端冷日概率减少；夏季中纬大陆腹地的干旱发生机会增加；许多地区出现更强的降水事件，热带气旋强度增加；全球变暖可能会导致干旱和暴雨具有更大的极端值。

表1-3 20世纪天气和气候极端事件的变化

（Houghton *et al.*，2001；RT Watson，2002）

极端事件	观测到的变化	信度
地表温度日较差	从1950～2000年减少，夜间最低温度增加的速率比白天最高温度快一倍	可能
热日、高温天气	增加	可能
冷日、霜日	几乎所有陆地地区在20世纪出现减少现象	很可能
大陆降水	北半球在20世纪增加5%～10% 但在某些地区出现减少（如北非、西非以及地中海部分地区）	很可能
暴雨事件	北半球中高纬地区增加	可能

（续表）

极端事件	观测到的变化	信度
干旱频率 和强度	在部分地区，夏季变干和发生干旱事件的概率增加 有些地区（亚洲与非洲部分地区）最近几十年观测到干旱频率 和强度增加	可能
雪盖	从 1960 年代卫星观测以来，观测到全球积雪面积减少了 10%	—
ElNino 事件	与过去 100 年相比，最近 20 ~ 30 年频率、强度和持续性皆呈上 升趋势	—

注：信度级别分级为：真正确定的（机会大于 99%）；很可能（90% ~ 99% 机会），可能（66% ~ 90% 机会）；中等可能（33% ~ 66%）；不可能（10% ~ 33% 机会）；很不可能（1% ~ 10% 机会）；特别不可能（< 1% 机会）

近 50 年来，我国高温、低温、强降水、干旱、台风、大雾、沙尘暴等极端天气气候事件发生频率和强度发生了明显变化。

（1）极端降水

全国总降水量变化并不显著，但小雨、暴雨等极端降水发生了明显的变化。近 50 年来全国暴雨量及其雨日数呈增加趋势，暴雨量以 2.30 mm/10 年的速率增加。年小雨量及其雨日数呈显著减少，平均以 4.01 mm/10 年、3.97d/10 年的速率减小。

极端降水事件频率和强度区域差异明显。长江中下游地区、东南地区、西北地区的强降水事件频率和强度明显增多；西部地区四季的极端降水事件频数显著增加；东北和华北地区冬季降水事件频数增加（闵屾和钱永甫，2008）。华北地区平均年最大日降水量呈下降趋势，降水日数明显减少，其中降水日数的减少主要是中、小雨日数减少造成的。而暴雨日数及其强度在 20 世纪 90 年代中后期显著增加。东北地区年总雨日数明显减少，主要表现为小雨日数的减少，但暴雨日数基本不变，暴雨强度增强（孙凤华等，2007）。极端强降水平均强度和极端强降水值呈增加趋势，极端强降水事件趋于增多，极端降水量与降水总量的比值在多数地区有所增加（翟盘茂等，2007）。

（2）干旱

降水的减少导致干旱化趋于严重，尤其是北方地区干旱加重的趋势最为明显。王志伟等（2003）对 1950 ~ 2000 年的气候观测资料分析表明，我国北方干旱面积呈扩大趋势，以华北、华东北部的干旱形势最为严峻。马柱国等

（2003）利用湿润指数分析得出，华北地区在20世纪80年代以后处于干旱的高频率时段。邹旭恺等（2008）对1951~2008年全国及十大江河流域平均气象干旱面积分析表明，北方江河流域气象干旱面积大多表现出增加的趋势，海河流域干旱化趋势最为突出；南方大多数江河流域的气象干旱面积变化趋势不明显，只有西南诸河流域有显著的减少趋势。由以上研究不难发现，全国干旱面积增加，华北、东北地区干旱面积增加趋势尤为显著。

（3）高温

我国暖昼和暖夜的日数在20世纪80年代以后表现出明显的增加趋势。平均暖夜数在近60多年存在着显著的增加趋势，平均趋势值为3d/10年（《第二次气候变化国家评估报告》编写委员会，2011）。35℃以上的高温日数自20世纪50年代到90年代有微弱的减少趋势，但到2008年有一定的增加趋势。

在空间分布上，除西南地区部分站点外，近50年中国大部分地区极端低温事件的年均发生次数趋于减少，而极端高温事件发生频率的变化则呈现出东南沿海地区减少，西北内陆地区增加的分布特点（章大全和钱忠华，2008）。

（4）低温

中国大部分地区的霜冻日数有显著减少的趋势，与20世纪60年代相比，90年代的平均年霜冻日数减少了10d。在我国东部地区和新疆北部，过去50年中无霜期最多增加达40d（翟盘茂和潘晓华，2003）。中国大部分地区冷夜日数及冷昼日数有减少趋势，且北方地区的减少趋势大于南方地区。20世纪50年代以来，全国大范围的寒潮活动逐渐减弱，尤其是在80年代和90年代，寒潮影响更为微弱。

1.1.3 全球及中国气候变化的未来情景

由于影响气候的因子众多、机制复杂，目前还无法给出综合考虑各种影响因子作用的未来气候预测。目前，普遍采用的方法是把未来大气中温室气体和气溶胶浓度的变化作为条件输入气候模式预测出未来气候的可能变化。

1. 全球气候变化的未来情景

政府间气候变化专业委员会第三次评估报告指出，根据 1990～2100 年间温室气体和气溶胶排放的 35 种构想，预计到 2100 年全球平均地面温度将比 1990 年上升约 1.4～5.8℃，即全球平均温度每 10 年将升高约 0.13～0.53℃。每 10 年 0.13～0.53℃这样的升温率，大大高于 20 世纪实际观测到的升温率，这可能是最近 1000 年来从未出现过的升温率，对生态系统的适应能力将是一个严峻的挑战。

未来气温变化在全球不同地区存在差异，对陆面的影响要大于海洋。北大西洋和南极周围海洋表面温度的增加要小于全球平均值，而几乎所有陆地区域的增温可能都比全球平均值要大，特别是北半球高纬地区的冬季。美国的阿拉斯加、加拿大、格陵兰，亚洲北部和青藏高原，模拟的增温值高出全球平均近 40%。

气候增暖后，21 世纪全球平均降水趋于增多，强降水事件增加，干旱趋于严重。热带大部分地区平均降水将增多，副热带大部分地区平均降水将减少，高纬度地区降水也趋于增多。由于降水的增加不足和可能蒸发的加大，大陆的中部地区夏季一般会变干。

2. 中国气候变化的未来情景

我国科学家使用政府间气候变化专业委员会第三次评估报告中的 5 个模式模拟研究表明，若只考虑 CO_2 以每年 1% 的速率增长，预计到 2100 年东亚和我国年平均温度将比 1961～1990 年 30 年的平均值增加约 5.0℃；年平均降水量将比 1961～1990 年 30 年的年平均值增加 0.174 mm/d。若考虑 CO_2 和气溶胶同时以每年 1% 的速率增长，预计到 2100 年东亚和我国的年平均温度将比 1961～1990 年 30 年的年平均值增加约 3.9℃，年平均降水量将比 1961～1990 年 30 年的年平均值减少 0.013 mm/d。

3. 气候变化未来情景预测的不确定性

目前，气候模式还不完善，因此，在气候变化情景预测中包含有相当大的不确定性。

降水变化情景的不确定性比温度的更大，主要是因为温室气体和气溶胶排放量数据的不确定。温室气体和气溶胶的排放受各国社会发展等众多因子的制约，要准确地预测未来大气中温室气体的浓度相当困难。

气候模式本身存在的缺陷对未来气候变化情景的研究有很大影响。目前的气候模式也不能用于研究小尺度的气候极端事件的特征，缺少用来识别气候极端事件的高精度、高分辨率的长期观测资料。

对我国未来气候变化情景而言，适合我国的气候模式仍处于发展之中，国外模式不能准确地预测我国未来气候变化的情景，这对深入研究气候变化对我国的影响是一个很大的制约。

1.2
气候变化引起的农业气候资源变化

1.2.1 概述

农业气候资源是指对农业生产有利且直接参与农业生产过程的光照、温度、水分、气流和空气成分等条件及其组合，是地球上普遍存在的一种重要的自然资源。农业气候资源是一种取之不尽，用之不竭的可再生资源。但在某一时间段内，可利用的光、热、水等农业气候资源要素的数量是有限的，其量值的大小制约着农业生产。

农业气候资源具有明显的时空变化规律，光、热、水资源数量由赤道向两极递减。由于各种资源空间分配的不均匀性，地球上存在多种多样的农业气候资源类型。我国地域辽阔，地表形态复杂，各地所处地理位置和下垫面状况不同，气候资源在各地有很大差别。光、热、水等气候因子不仅呈有规律的周期性变化，且随天气、气候不断变化，在明显的周期性变化特点之上叠加较大的不稳定性，导致气候资源年际间变化大，农业气象灾害频发多发，引起作物产量的波动，给人们的生产生活带来多方面影响。

农业气候资源各要素之间相互依存、相互制约，一个因子的变化可能会引起另一因子的相应变化。任何农业气候资源要素的不足都会对农业生产产生不利影响。农业气候资源的多样性决定了农业生产必须因地制宜，即在现有生产力水平下，充分适应气候变化，利用气候变化带来的有利气候资源，积极生产，采用有效手段调节和改善局地的光、热、水等资源，才能获得农业生产的高产、稳产。

1. 农业气候资源的主要表征指标

农业气候资源主要包括光能资源、热量资源、水分资源等。

（1）光能资源

光能资源来源于太阳辐射，是地球上一切生命活动的基础。光能资源的表征指标主要包括：太阳总辐射、直接辐射、散射辐射、地面反射辐射、地面有效辐射、净辐射、光合有效辐射、日照时数和日照百分率等。

（2）热量资源

热量是农作物生命活动不可缺少的环境因子，也是农业生产中最重要的环境因子之一。农作物的生长发育需要在一定的温度条件下进行，温度偏高或偏低都会对农作物产生不利的影响，只有在一个适宜的范围内，才有利于农作物形成高产。当热量资源累积达到作物生长发育的要求时，作物的生命过程才能顺利完成，否则，作物的生命过程就会受阻，造成作物产量降低。

热量资源的表示方法分为 3 类（孙卫国，2008）：一是用时间长度来表示热量资源，如无霜冻期、生长季、日平均气温 ≥ 0℃、5℃、10℃、15℃、20℃的持续日数等；二是用温度强度表示热量资源，如年平均气温，最冷月、最热月平均温度、气温日较差，气温年较差等；三是用热量的累积程度来表示热量资源，包括活动积温，有效积温等。

①无霜冻期和生长季。无霜冻期是指一年内终霜冻日至初霜冻日之间的持续日数，常被认为是喜温作物的生长期，大致与日平均气温大于10℃的时期相当。无霜冻期与农作物生长期有密切关系，无霜冻期长，生长期也长。但无论南方还是北方，无霜冻期和生长季往往并不一致，因为作物有喜温、喜凉、耐寒等生态类型。一般来说，耐寒作物生长季比无霜冻期略长，喜温作物生长季比无霜冻期要短。

②农业界限温度。是指对农业生产有特定意义的几个日平均温度。常用的有日平均气温 0℃、5℃、10℃、15℃和20℃等。

0℃：春季日平均气温稳定通过0℃的初日，表示寒冬已过，土壤解冻，春耕开始。小麦、油菜已开始返青扎根，果木开始萌动。秋季0℃稳定终止时，土壤开始冻结，田间耕作停止，小麦、油菜停止生长，开始进入越冬期。0℃初日至终日之间的天数可作为农业生产耕作期。

5℃：春季稳定通过5℃，喜凉作物开始播种，小麦进入分蘖期，树木开始萌动。秋季5℃稳定终止日，冬小麦开始抗寒锻炼期。稳定通过5℃的初日或终日，与农作物及大多数果树恢复或停止生长的日期相符合，所以，日平均气温5℃以上的持续期可作为生长期长短的标志，称为作物生长期。

10℃：春季日平均气温稳定通过10℃的初日是一般喜温作物生长的开始，也是喜凉作物积极生长的开始，多年生作物开始以较快的速度积累干物质。大于10℃期间是光合作用制造干物质较为有利的时期，该时期可称为生长活跃期。

15℃：春季日平均气温稳定通过15℃的初日，是喜温作物积极生长的开始，棉花、花生等作物进入播种期。秋季15℃的终日与冬小麦的最晚播期相当，此时水稻已经停止灌浆。大于15℃的天数可作为水稻、玉米、棉花、烟草等作物生长发育是否有利的指标，其持续期可称为喜温作物积极生长期。

20℃：春季日平均气温稳定通过20℃的初日是早稻安全齐穗的临界指标，是小麦普遍灌浆和乳熟的日期。秋季20℃终日是双季晚稻安全齐穗的下限温度，是油菜开始播种的日期。＞20℃期间很少受到低温的危害，该时期可称为喜温作物安全生长期。

此外，春季10℃的初日至20℃的初日的时间长短，可以表示春季升温速度的快慢，秋季20℃终日到10℃终日之间时间的长短，可以表示秋季降温速度的快慢；春季10℃初日至秋季20℃终日之间的持续期，常用来作为双季稻安全生育期等。

③平均温度和极端温度。其数值可反映一地热量资源的丰富程度。平均温度能够综合反映一地的热量资源。极端温度是热量资源的限制因子，极端最高温度过高，易使作物遭受热害而灼伤，极端最低温度过低，易造成冷害、冻害导致植株受害或死亡。

④活动积温和有效积温。活动积温是指作物某生育时期内日活动温度

（即高于或等于生物学零度的日平均温度）的总和。有效积温是指作物某生育时期内日有效温度（即日平均温度减去生物学零度的差值）的总和。积温指标可表征一地热量资源的生物学潜力。

（3）水资源

水资源是一切生物维持其生命和生长发育必不可少的条件。水资源主要是指被人类直接利用的地下水和地表水。对一个地区来说，水资源主要包括大气降水、土壤水、地表径流和地下水四个部分，其中，大气降水直接补给土壤水和地表径流，也间接影响地下水，是水资源的根本来源，在水资源分析中占有重要的位置。但仅根据大气降水量的多少，而不考虑水分的消耗、作物正常生长发育对水分的要求，也不能正确评价地区农业水分资源的优劣及其农业生产潜力。同时，由于各地热量条件、作物种类的不同，作物生长发育不同阶段需水特征不同，地区农业水分资源的分析评价还应该针对不同作物、同一作物的不同生长期、不同时段进行。表征水分资源的主要指标有：降水量、降水变率、降水日数、蒸发量、蒸散量等。

光能资源、热量资源、水分资源共同作用，决定了一地的农业气候资源的优劣和农业生产力水平的高低。其可以用气候生产潜力来表征。气候生产潜力，又称光温水生产潜力，是指在其他环境因素和作物因素处于最适宜状态时，在当地实际光照、温度和水分条件下所能达到的单位面积作物的最高产量。最适宜的环境因素和作物因素包括：土壤状况良好、选用最适应当地生长环境的优良作物品种、田间管理最优化、先进的农业技术、没有杂草和病虫害等理想环境状态。实际光温水条件是指在当地作物生长期内的光照、热量、水分资源的实际供应状况。

2. 我国农业气候资源的特点

我国位于亚洲东部，东临太平洋西岸，地势西高东低，地形复杂，气候类型多样。按照热量资源可分为热带、亚热带和温带等多种类型。≥10℃积温在8 000℃·d以上的地区为热带，年降水量在1 400～2 000 mm，年辐射总量在4 600～5 860 MJ/m²，农作物可全年生长。秦岭-淮河一线以南至热带北界地区为亚热带，≥10℃积温在4 500℃·d以上，年降水量为1 000～1 800 mm，年辐射总量约为3 560～5 230 MJ/m²，是中国的水稻主产区。≥10℃积温在

3 500 ~4 500℃·d 的地区为南温带，年降水量在 500 ~1 000 mm 之间，年辐射总量约为 5 020 ~5 860 MJ/m²，小麦、玉米作物一年两熟，棉花、花生、大豆生产占相当比例。东北松辽平原、三江平原为中温带地区，≥10℃ 积温在 2 500 ~3 500℃·d，年降水量为 400 ~600 mm，年总辐射值为 4 600 ~5 440 MJ/m²，适合生长喜凉作物，如春小麦、马铃薯、甜菜等，水稻、玉米等喜温作物一年一熟。

我国位于大陆性季风气候区，大陆性强，冬季寒冷干燥，夏季温暖潮湿，气温年较差和日较差大。我国各地的气温年较差比世界同纬度地区大，气温年较差由南向北、由沿海向内陆增大，年较差由南部的 8 ~18℃ 增大到北部的 30 ~48℃，有利于形成优质高产的农产品。夏季高温扩大了喜温作物生长的北界，为农业生产提供了丰富的光、热、水资源。

我国大陆性季风气候的特点还表现在降水的地区和季节分配很不均匀，但大部分地区随着温度的升高，降水量增加，夏季气温升到最热期，降水量也达到最大值，雨热同季有利于充分发挥气候资源的生产潜力，夏季降水量约占全年降水量的 40% ~75%，≥10℃ 生长期内降水量约占 60% ~90% 不等，有利于农、林、牧、副、渔等多种经营的全面发展。

我国季风气候大陆性强的特点，致使农业生产区域特征差异明显。季风活动的进退、维持时间的不同，热量、降水量的地区性差异，造成了农业生产类型、作物种类以及熟制等区域差异明显。例如，在西北干旱与半干旱地区主要以旱作农业、灌溉农业和畜牧业为主，而东南季风区则主要以种植业为主。

由于季风强弱、迟早和大气环流的年际变化以及短期的强烈天气偶然发生，我国常有农业气象灾害发生。以降水量年变率为例，主要农区的平均变率在 10% ~30%，且南北纬度差异较大，北京在 39% ~83%，广州在 29% ~96%（李世奎等，1988）。干旱、洪涝、高温热害、冷害、冻害等气象灾害频发，每年给农业生产带来不同程度的损失。据统计，每年各类气象灾害造成的农作物受灾面积达 5 000 万 hm²，经济损失达 2 000 多亿元，是造成我国农业生产不稳定的主要因素（霍治国等，2009）。

近年来，气候变暖对自然、经济、社会的影响已经成为世界各国共同关注的全球性问题。我国自然资源相对匮乏，自然灾害频发多发，生态环境脆弱，农业对气候变化十分敏感和脆弱，受气候变化的影响也最为显著。气候变化一定程度上改变了我国气候的时空变化，对农业气候资源时空格局的改变作用显著。

1.2.2　光能资源变化

我国西部地区地势高，温度低，干旱少雨，太阳辐射强，光能资源丰富；东部地区，特别是我国东南部地区，地势较低，温度高，阴雨多，太阳辐射较弱，光能资源不够丰富；贵州等地，是我国光量最少的地区。东部水热资源比较丰富的地区光量较少，而西部光能资源丰富的地区却水热资源不足，西部水热条件差限制了光能资源的进一步利用，而东部地区光量不足，使水热资源的作用不能充分发挥，光能资源与水热资源的地区配合不够理想。

近年来我国辐射量呈下降趋势，总辐射量平均下降速率为 -2.54%/10年，在冬季下降趋势最为明显，为 -4.82%/10 年（《第二次气候变化国家评估报告》编写委员会，2011）。除河南北部、青藏高原南部一小部分地区以外，全国大部分地区在 1976~1990 年总辐射的距平为负值；两个最大的负距平中心分别位于长江下游地区及甘肃和宁夏地区，表明近 30 年来全国大部分地区地面总辐射量和地面直接辐射呈下降趋势（图 1-2）。对直接辐射量下降的可能原因分析表明，中国地区近 30 年来总云量变化很小，在中国大部分地区，云量距平均小于 0.1 成；长江中下游地区总云量均为零距平或负距平，该地区总辐射量负距平中心的形成显然不是云量变化的结果；地面大气悬浮粒子浓度的增加对四川、贵州地区及长江中游地区太阳直接辐射的减少有较大贡献，而位于甘肃、青海地区总云量的小正距平中心可能对形成该地区的太阳总辐射量负距平中心有所贡献。

近 50 年来，全国年平均日照时数呈明显下降的趋势，累计减少超过 180h，减幅达 7%。自 20 世纪 80 年代中期开始，下降变得非常显著。虽然我国日照总体上表现为明显的下降趋势，但不同地区差异较大，局地性特征明显（表 1-4）（赵东等，2010）。除青藏高原及塔里木盆地南缘有微弱的上升

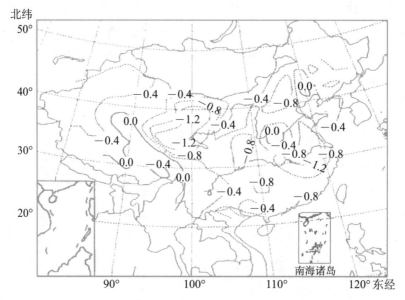

图 1-2　中国地区 1976~1990 年总辐射年平均距平图（实线：正距平，
虚线：负距平）［MJ/（m² · d)］（相比于 1961~1975 年）（李晓文等，1998）

外，其余地区均呈下降趋势。我国东部大部分地区下降尤其明显，减幅介于
8%~20%，其中，华北平原下降最剧烈，47 年累计减少超过 500h，减幅达
20%。西北中部、塔里木盆地及东疆、云南及四川盆地西部下降趋势次之。
东北北部、西北东部及北疆虽有下降，但不明显。显然，人口较稠密、经济
活动剧烈的地区日照时数降幅较大，因此，日照的下降很可能与人类活动
（如大气污染、温室气体排放增加等）有关。

表 1-4　1961~2007 年各区年日照时数长期变化情况统计（赵东等，2010）

区号	青藏高原及塔里木盆地南缘	东北北部	西北东部	云南及川黔部分地区	北疆	西北中部	塔里木盆地及东疆	东北中南部及山东半岛	中南地区及四川盆地	东南地区	华北平原
倾向率	0.24	-0.59	-1.79	-1.86*	-1.98	-2.61**	-4.90**	-5.00**	-5.12**	-7.78**	-11.55**
变化时数（h）	11.12	-27.18	-82.45	-85.74	-91.02	-119.93	-225.26	-230.16	-235.68	-357.77	-531.25
变化率（%）	0.43	-1.04	-3.02	-4.36	-3.07	-3.94	-7.50	-8.32	-14.14	-17.28	-20.34

注：*表示通过 95% 的显著性检验

　　**表示通过 99% 的显著性检验

在全国日照时数减少趋势下，各区域日照时数变化又存在一定的差异和区域特点。

1. 华南地区

华南地区年日照时数总体呈现由东南向西北递减的分布特征，近30年华南地区年日照时数平均值比1961～1980年日照时数减少近160h。近50年华南地区仅琼中、琼海、三亚和陵水年日照时数的气候倾向率为正，整个区域日照时数的气候倾向率平均为−57h/10年。稳定通过10℃界限温度的作物生长期内（以下简称作物温度生长期），华南日照时数也呈减少趋势，后一研究时段较前一研究时段的年均日照时数减少116h（李勇等，2010）。华南地区日照时数的减少，直接影响到作物的光能利用率，将对华南地区热带水果的高产稳产、农业布局等方面产生负面影响。

2. 西北地区

西北干旱区年日照时数总体呈明显下降趋势，平均速率为−24 h/10年，仅新疆南部、河西走廊西部、河西走廊东部和北部地区的年日照时数呈升高趋势。西北干旱区喜凉作物生长期内日照时数总体呈升高趋势，速率为11h/10年；但在新疆维吾尔自治区的中部、西部、东北部地区和宁夏平原东侧，喜凉作物生长期内的日照时数则呈降低趋势。喜温作物生长期内日照时数大部分地区呈增加趋势，且日照时数在南疆和阿拉善盟中部相对较高。陈少勇等（2010）发现在气候变暖的背景下，西北地区相对湿度增加，云量增多，造成大部分地方日照减少。在西北地区日照减少的变化中，从季节上看，冬、夏季下降显著，春、秋季变化趋势不明显；但大部分地区作物生长期内日照时数气候倾向率呈上升趋势（徐超等，2011；孙杨等，2010）。

3. 华北地区

华北地区年日照时数呈下降趋势。买苗等（2006）利用黄河流域及其周边146个气象站1960～2000年逐月日照百分率资料分析表明，近40年来黄河流域日照百分率呈明显下降趋势，20世纪90年代年平均日照百分率较60年代下降了2.49%；四季变化中，夏季和冬季日照百分率下降趋势较明显，且以冬季下降幅度最大，90年代较60年代下降了4.90%。郭军和任国玉（2006）发现，近40年天津地区日照时数呈明显的下降趋势，特别是从80年代初期开始，日照时数下降迅速。与60年代相比，90年代各站日照时数年平均值下降了370.0h以上。对流层大气气溶胶含量上升，能见度下降，是造成天津地区日照时数减少的主要原因。

1.2.3 热量资源变化

我国热量资源丰富多样，地带性明显，除了高山高原外，热量由北向南逐渐增加。雨热同季的气候优势，有利于农业生产。但由于冬、夏季风各年间的进退时间、强度和影响范围，以及大气环流特点不同，造成各地热量资源很不稳定，年际间变化较大。气候变化影响最直接的反映就是热量资源的变化，温度升高，无霜期和生长季变长，必然会对农业种植区域产生影响。总体上，气候变暖导致我国热量资源整体增加，但时空分布差异显著，北方和青藏高原增温显著，西南地区增温较缓；且北方增温来源于最低气温的升高的贡献较大，冬季和夜间增温显著。

20世纪70~80年代，全球气候变暖趋势加剧，1978年为全球气温突变的界限年。我国东北地区20世纪70年代末温度突变与全球基本同步，西北地区在20世纪80年代中期升温突变，在90年代末异常偏高。1978年后，我国大部分地区≥10℃年积温显著增加，但各地的增幅有所不同，东北、内蒙古自治区北部、华南沿海地区年积温增加显著。1978年后，我国东部地区≥10℃年积温等值线均不同程度北移，其中，以我国东北、内蒙古自治区北部、华南沿海北移现象最为明显，四川南部与云南由于其特殊的地理特点，积温等值线位置变化不大。

气候变暖对积温的影响，除了总量的增加外，还表现在初日的提前和终日的推迟。除青藏高原及其周边地区外，≥10℃年积温的初日等值线大部分呈北移趋势，1978年后，全国绝大部分地区≥10℃年积温的初日呈提前趋势，但各地的提前幅度有较大差异。内蒙古自治区北部、东北地区及淮河流域的初日显著提前，华南大部分地区的变化不大，长江以北大部分地区的≥10℃年积温初日提前0~5d，长江以南大部分地区则推迟0~5d；积温终日以东北北部和华南南部地区的推迟最为显著，除华南沿海和西南小部分地区的≥10℃年积温终日推迟5d以上外，其余地区则推迟0~5d（柏秦凤等，2008）。

1. 华南地区

华南地区年均气温由南向北逐渐降低，1981~2007 年相比于 1961~1980 年，年均气温增加了 0.4℃，区域增温速率达 0.20℃/10 年。其中，海南省、广东省大部地区及福建省中部增温现象最显著。1961~2007 年华南地区 ≥ 10℃积温平均气候倾向率为（98℃·d）/10 年，气候倾向率由北向南递增，南部积温增幅大于北部地区，其中增幅明显区域主要位于海南、广东两省，福建省东山一带及广西桂平一带积温增加也较明显，该区域≥10℃积温的平均增幅达（131℃·d）/10 年（李勇等，2010）。

气候变暖使华南地区农业热量资源变得丰富，作物的生长期延长，作物生长季内热量增加。这种气候资源变化使华南现有的气候带和种植熟制界限向北、向高海拔移动，有利于农业生产多样性发展、复种指数的增加。相比于 1950~1980 年，1981~2007 年间华南地区热带作物种植北界大约北移了 0.86°，热带作物适宜种植区域面积增加了 0.81 万 km^2；华南晚三熟二熟与热三熟区北界均向北移动，区域扩大。≥10℃积温高于 8 000℃·d 是划分热带的最主要气候指标之一，与 1961~1980 年相比，1981~2007 年华南湿热双季稻与热作农林区的二级区（亚区）面积在广东省内大幅增加，增加面积约为 1.1 万 km^2（李勇等，2010）。

2. 华北地区

近几十年华北地区呈明显的增暖趋势，平均温度升高，负积温减少。谭方颖等（2009）对华北平原气候资源变化的分析表明，华北平原近半个世纪的气温变化大体可分为 3 个阶段：20 世纪 60 年代末至 70 年代中期为偏冷阶段，这阶段年平均气温为 11.9℃，比多年平均值低 0.3℃/年，热量贫乏；1976~1998 年为增暖阶段，在此阶段内，年平均气温持续上升，线性倾向率为 0.43℃/10 年，20 世纪 80 年代末开始，上升速率明显增加，1998 年平均温度最高（13.4℃）；1998~2005 年为偏暖阶段，虽然年平均气温呈下降趋势，但此阶段年平均气温为 12.9℃，比多年平均值高 0.6℃/年，是历年来温度最高的时期，热量最丰富。

日平均温度 <0℃负积温是评价作物越冬条件的综合温度指标。华北平原 1961~2005 年 <0℃负积温绝对值表现为显著的"阶梯式"减少，多年 <0℃

负积温绝对值的平均值为 259.1℃·d。负积温大致也可以分为 3 个阶段：1961～1972 年为寒冷阶段，这阶段 <0℃负积温绝对值为 318.0℃·d，比多年均值多（58.9℃·d）/年；1972～1988 年为波动增暖阶段，此阶段华北平原 <0℃负积温绝对值平均值为 274.6℃·d，与上一阶段相比，减少（43.4℃·d）/年；1988～2005 年的年平均负积温绝对值减少幅度增加，阶段内年平均值为（206.1℃·d）/年，比上一阶段减少（68.5℃·d）/年，虽然此阶段内的 1999～2005 年负积温绝对值有所增加，但此阶段仍然是历年来 <0℃负积温绝对值最小的时期，这与年平均气温的升高密切相关。

3. 西北地区

在西北干旱农业区，气候变化使热量资源得以改善，年均气温呈上升趋势。其中，河套地区、阿拉善盟东部、宁夏平原和北疆北部的气温升幅较快，新疆维吾尔自治区（以下称新疆）地区的临河、七角井和富蕴的增温速率超过 0.7℃/10 年，但新疆中部库车地区的气温则呈略微降低趋势。喜凉和喜温作物生长期内积温总体呈升高趋势，其气候倾向率分别为（67℃·d）/10 年、（50℃·d）/10 年，平均气温的升高及其持续时间的增加共同导致 ≥0℃ 积温的增加（徐超等，2011）。根据我国小麦生态型分布，新疆地区为冬春兼播麦区，河西走廊、宁夏回族自治区（以下称宁夏）平原、河套地区和阿拉善盟等地区为春播麦区。由于春小麦在生长期内 ≥0℃ 积温达到 2 000～2 400℃·d 即可种植，因而大部分地区的热量不再是小麦生长的限制因素。

由于 ≥10℃ 积温在 3 600～4 000℃·d 范围内可实现一年两熟，≥10℃ 积温在 3 000～3 500℃·d 时，小麦收获后可复种其他多种作物，因此，西北干旱区热量的增加有利于提高复种指数。玉米种植界限受热量条件的限制，栽培的稳定气候界限与 2 500℃·d 积温较一致。西北干旱区喜温作物生长期内 ≥10℃ 积温的增加，可使玉米种植面积增大。研究表明（王鹤龄等，2009），1980 年以来，≥10℃ 积温的增加是新疆、甘肃等棉花面积不断增加的最主要气象条件。西北干旱区 ≥10℃ 积温的全区性增加趋势，非常有利于棉花种植业的发展。

4. 西南地区

西南地区年平均气温的气候倾向率总体呈明显的经向带状分布，西部高于东部，南北差异不大，这与其他区域气温北高南低的分布特征不同，主要与该区西高东低的地形分布有关。任国玉等（2005）认为，四川盆地东部和云贵高原北部为降温区。但1961~2007年，该区的降温趋势有所减弱，仅巴中、盐源、越西、盘县和屏边5个站点的年平均气温呈降低趋势。年平均气温气候倾向率最低值出现在四川省巴中，最高值出现在四川省木里（代姝玮等，2011）。

西南地区1961~2007年≥10℃积温与年平均气温的空间分布特征相同，均表现为由东南向西北递减的趋势。西南地区作物生长期内≥10℃积温平均增速为（55.3℃·d）/10年，略高于20世纪50年代至2007年整个南方地区的增速（52.7℃·d）/10年，但低于华东地区的增速（70.1℃·d）/10年。除云南省的屏边、沾益、昭通和贵州省的盘县、桐梓以及四川省的盐源、巴中和红原站点外，研究区约85%的站点作物生长期内≥10℃积温呈增加趋势。≥10℃积温气候倾向率最低值出现在四川省盐源，最高值出现在四川省木里。≥10℃积温的增加为种植对热量要求较高的作物品种提供了有利条件，充足的热量条件使作物的生长季及无霜期延长，并使晚熟作物品种的种植界限北移，在相同栽培管理条件下可提高作物产量。

云贵高原稻区对≥10℃积温的热量需求为3 500~4 500℃·d，1961~2007年，西南地区≥10℃积温<3 500℃·d的区域向西推移约0.04°，面积减少约1.3万km²；3 500~4 500℃·d积温带的区域面积减少约0.3万km²（代姝玮等，2011）。

1.2.4 水分资源变化

我国是典型的季风气候国家，冬季风时期干旱少雨，夏季风时期温润多雨，一年内干湿季分明，每年夏季风的强弱及盛行时间大大影响了我国各地的雨量多少及雨季时间。我国平均年降水量约为650 mm，较全球陆地平均降水量偏少21%，较亚洲平均年降水量偏少15%。

我国降水时空分布有地区差异显著、季节分配不均和年际变化大等特点。年降水量自东南沿海向西北内陆递减，东南沿海的广东省、广西壮族自治区（以下称广西）东部、福建省、江西省和浙江省大部分地区及台湾省等地的年降水量在 1 500～2 000 mm，长江中下游地区约为 1 000～1 600 mm，是我国水稻的主产区；秦岭、淮河一带及辽东半岛的年降水量为 800～1 000 mm，黄河下游、渭河、海河流域以及东北大兴安岭以东的大部分地区在 500～750 mm，降水量不很充足，以小麦、玉米、高粱、谷子和棉花等旱作作物为主；黄河中上游及东北大兴安岭以西地区的南部降水量在 200～400 mm；西北内陆地区的年降水量仅为 100～200 mm，西北内陆流域面积占全国总面积的 36.4%，但年平均降水量只有 164 mm，占全国年平均降水量的 9.5%。

我国各地降水的季节分配大致适应农时，雨热基本同季，但因季风进退的影响，南方 5 月和 6 月份多雨，容易出现洪涝和渍害，7 月和 8 月份相对少雨，容易发生伏旱；北方和西南地区 4 月、5 月、6 月份少雨，容易出现春旱，7 月、8 月份雨多，容易造成洪涝灾害。

气候变化对水资源变化的影响，主要表现在两个方面：一是气候本身的变化如大气增温等导致降水、径流量、蒸发等与水资源形成直接相关的因素发生变化；二是气候的变化导致地表植被的变化，从而影响了地面与大气界面上水分与能量的交换。

1. 降水量变化

气候变化导致降水的时空变异加大。1951 年以来，强降水事件在长江中下游、东南和西部地区有所增多、增强，全国范围小雨频率明显减少。全国气象干旱面积呈增加趋势，其中华北和东北地区较为明显。

(1)华南地区

华南地区全年和作物温度生长期降水量均呈略微增加趋势，但不同地区的增减幅度明显不同（李勇等，2010）。由图 1－3 所示，1961～2007 年，华南地区年均降水量为 1 658 mm，年降水量气候倾向率为 －44～88 mm/10 年，平均为 7.8 mm/10 年，整体表现为微弱的增加趋势。增加最明显的区域在广东省的惠来、广州和汕尾一带及福建省的上杭、东山和福鼎一带。1961～1980 年华南地区作物温度生长期内降水量为 891～2 830 mm，区域平均为 1 543 mm；1981～2007 年作物温度生长期内降水量为 954～2 644 mm，区域平均为 1 549 mm。1961～2007 年，作物温度生长期内降水量的气候倾向率在 －43～96 mm/10 年，59% 的站点表现为增加，降水量的气候倾向率平均为 7.6 mm/

10年。作物温度生长期内降水量的变化特征是西部减少、东部增加，地区间差异明显。

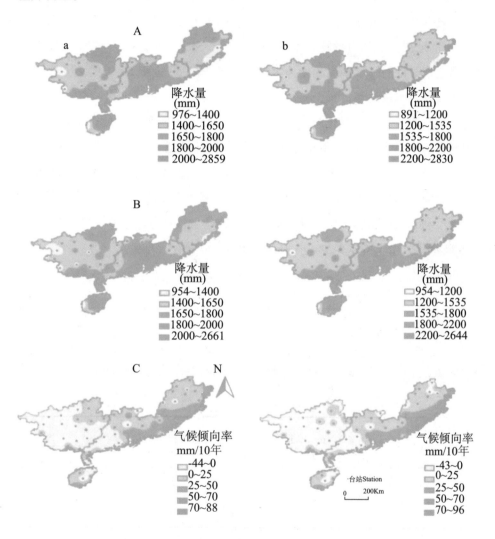

图1-3 不同时段（A：1961~1980年；B：1981~2007年）华南地区年（a）及温度生长期内（b）降水量及气候倾向率（C）的变化特征（李勇等，2010）

（2）华北地区

据研究（高歌等，2003），20世纪50年代以来，华北地区年降水量呈逐年代减少趋势，90年代达最少，较常年偏少近40 mm（表1-5）。春季，20世纪70年代降水量最少，80~90年代有增加趋势，但此期间降水少于常年的频率也有增加趋势，这意味着春旱发生的频率在增加，对处于需水关键期的农作物生长明显不利。2001 年，春季降水量为近 50 年来的最低值，干旱范围广。夏季，20 世纪 50 年代降水丰沛，80～90 年代降水偏少，但 90 年代后期及 21 世纪初偏少尤为明显，其中，1997 年、1999 年和 2002 年降水极端偏少，使得这个时段的降水偏少程度大大加剧。秋季自 20 世纪 60 年代、冬季自 70 年代以后降水量逐年代减少。

华北地区气候干暖化趋势明显，水分亏缺量不断加大，使得水资源紧缺状况进一步恶化（表 1－6）。除春季外，以 20 世纪 90 年代水分亏缺量为最大。春季，90 年代的降水量虽较 80 年代略有增加，但气温增高导致的蒸发加大量比降水的增加量大，致使春季亏缺量仍呈增加趋势，干旱更为严重、频繁，不利于农作物的生长发育。夏季的水分盈余量逐年代减少，特别是 20 世纪 90 年代，由于降水偏少，气温高，水分亏缺量显著增大。

表 1－5　华北地区不同年代平均降水距平变化

（相对 1951～2000 年平均，单位：mm）（高歌等，2003）

	50 年代	60 年代	70 年代	80 年代	90 年代
年	39.2	25.2	2.8	－28.8	－38.2
春	－2.7	10.4	－6.9	－1.1	0.3
夏	43.6	－0.8	6.1	－24.0	－24.6
秋	－7.6	19.1	0.6	－3.3	－8.8
冬	3.3	－2.7	2.3	－0.9	－1.9

表 1－6　华北地区各年代水分盈亏距平变化

（相对 1951～2000 年平均，单位：mm）（高歌等，2003）

	50 年代	60 年代	70 年代	80 年代	90 年代	常年值
年	59.2	24.2	9.4	－19.8	－73.0	－236.1
春	4.4	15.5	－9.3	－4.0	－6.6	－165.8
夏	54.4	－20.6	12.0	－12.1	－33.7	59.0
秋	－10.7	28.7	2.6	－2.4	－18.2	－73.4
冬	11.1	0.7	4.1	－1.3	－14.6	－55.9

在华北平原地区，降水量变化趋势总体上并不明显，但夏季降水量变化的南北差异显著，北部、中部降雨量下降趋势范围扩大，南部部分地区表现为明显的增加趋势（谭方颖等，2009）。

曹丽青等（2004）认为，华北地区年平均降水量与年平均水汽含量存在明显的正相关，大气水分的减少是直接导致降水量减少的主要因子之一，对华北地区的水资源有着重要影响。华北地区大气中水汽含量自 20 世纪 60 年代初至 80 年代中期呈持续下降趋势，80 年代中期以后略有回升，但幅度不大，90 年代中期以后呈下降趋势，华北地区大气水汽含量与降水量及水资源总量的关系密切，大气水汽含量的减少趋势与降水量及水资源总量的变化一致。

（3）西南地区

西南地区年降水变化整体呈减少趋势，减幅小于华北平原的变化趋势。年降水量变化具有明显的空间差异性，年降水量气候倾向率的空间分布特征明显，以马尔康、小金、越西、雷波、西昌、会理、楚雄和元江一带为分界，界限以西的地区（包括四川省西部和云南省西北部）年降水量呈增加趋势，最大增幅出现在四川省理塘，界限以东的大部分地区年降水量呈减少趋势，最大减幅出现在四川省峨眉山。西南西部地区降水资源增加，有利于农作物产量的提高；西南地区东部呈暖干化趋势，干旱程度加重（代姝玮等，2011）。

（4）东北地区

东北地区降水变化整体上呈下降趋势，但下降趋势不明显，季节间存在一定的差异。西部地区降水存在明显变化趋势，东部和中部地区降水变化趋势不显著（唐蕴等，2005）。1980 年以后的夏季降水量和冬季降水量比 1980 年以前有所增加，1961～1980 年夏季平均降水量为 353.2 mm，1981～2000 年为 367.7 mm；1961～1980 年冬季平均降水量为 11.8 mm，1981～2000 年为 13.4 mm。冬季平均降水量增加幅度大于夏季平均降水量的增加幅度。且随着纬度增加，夏季降水量和冬季降水量差值变大（许荷兰等，2007）。王静等（2011）对三江平原 1959～2007 年的年降水量、年降水日数的变化特征分析表明，三江平原地区年降水日数在 89～134d（年均 111.7d），其气候倾向率为 -4.3d/10 年，呈极显著减少趋势。三江平原地区的年降水日数在 20 世纪 70 年代呈减少趋势，20 世纪 80 年代变化不明显，20 世纪 90 年代以后又开始下降。三江平原地区的年降水日数在 1974 年发生了突变，年降水日数在突变后比突变前平均减少了 11.8d。在年降水量表现为略微减少的同时，年降水日数却呈极显著减少趋势，这意味着三江平原降水量的分布更加集中，极端降水的频率和强度以及干旱风险等亦可能随之发生变化。春玉米生长季内降水量占年降水量的比例显著减少，春玉米生长季干旱风险加大。

（5）西北地区

西北地区降水量整体呈增加趋势，气候整体向相对暖湿方向发展。黄河上游地区降水自 20 世纪 80 年代中后期，特别是进入 90 年代以来发生了重大变化（张国胜等，2000）。80 年代中后期以后，全区冬季降水量呈明显的增多趋势，90 年代降水量较 1960 年同期增加 2 倍多；春季降水量的变化趋势同样呈现出增多的趋势，且其增幅较冬季更加明显，其气候倾向率为 3.6 mm/10 年；夏季降水量变化趋势却表现出显著的减少趋势，其倾向率为 -6.5 mm/10 年；秋季及年降水量自 1960 年以来无明显的变化，保持相对的稳定性。

2. 江河径流量变化

气候变暖总体上可使江河径流量减少，流域年平均蒸发增大，其中黄河及内陆河地区的蒸发量将可能增大。近 50 年来，特别是 1980 年以来，我国六大江河的径流量都出现了不同程度的减少（张建云等，2008）。由表 1 - 7 所示，黄河流域、海河流域、珠江及闽江流域各控制站均呈现减少趋势，其中海河流域减少最为明显，全流域 1980 年以来的径流量与 1980 年以前相比减少了 40% ~ 70%。各江河不同河段实测径流量减少幅度差异大。珠江及闽江流域各站 80 年代以来实测径流量较前期有所减少，但减少幅度不大。

表 1-7　我国主要江河 19 个重点控制站多年径流量统计（张建云等，2008）

流域	站名	多年平均径流量（亿 m³）			20 世纪 80 年代以来与其他距平（%）	
		全系列	80 年代以前	80 年代以来	与全系列	与 80 年代以前
长江流域	宜昌	4 342.1	4 355.3	4 320.4	-0.5	-0.8
	汉口	7 119.0	7 056.1	7 190.2	1.0	1.9
	大通	8 997.0	8 849.5	9 177.0	2.0	3.7
黄河流域	唐乃亥	197.7	201.0	194.6	-1.6	-3.2
	花园口	392.4	460.3	308.4	-21.4	-33.0
	利津	320.7	428.7	190.8	-40.5	-55.5
淮河流域	王家坝	92.0	88.2	96.2	4.6	9.1
	吴家渡	271.0	276.9	263.6	-2.7	-4.8

（续表）

流域	站名	多年平均径流量（亿 m³）			20 世纪 80 年代以来与其他距平（%）	
		全系列	80 年代以前	80 年代以来	与全系列	与 80 年代以前
海河流域	观台	9.844	15.411	3.406	-65.4	-77.9
	石匣里	5.083	7.776	1.820	-64.2	-76.6
	响水堡	3.703	5.202	2.018	-45.5	-61.2
	下会	2.715	3.517	2.107	-22.4	-40.1
	张家坟	5.472	7.876	2.977	-45.6	-62.2
松辽流域	铁岭	32.4	36.6	25.3	-21.9	-30.9
	江桥	211.6	204.3	219.8	3.9	7.6
	哈尔滨	425.0	430.2	419.4	-1.3	-2.5
珠江及闽江流域	梧州	2 084.3	2 105.6	2 059.3	-1.2	-2.2
	石角	415.2	416.9	413.1	-0.5	-0.9
	竹歧	531.4	531.4	526.7	-0.9	-0.9

注：全系列指 1950～2004 年资料系列；80 年代以前指 1950～1979 年；80 年代以后指 1980～2004 年

近百年来长江流域径流没有呈现明显趋势变化。仅 20 世纪 90 年代以来年径流表现出了微弱增加趋势，20 世纪 90 年代以来长江流域径流量，尤其是汛期径流量的增加，最主要原因应归因于长江流域 90 年代以来降水量的增加，以及汛期大降水事件的增多。

张国胜等（2000）分析了 1961 年以来黄河上游径流量及其与流域降水、气温的关系，以及干旱气候对黄河水资源的影响，结果显示黄河上游地区水资源呈减少趋势，其减少趋势进入 20 世纪 90 年代后尤为明显。黄河上游径流量呈减少趋势，气候倾向率为每 10 年减少 9.8m³/s，减少趋势进入 90 年代尤为明显。黄河流域上游和长江流域上游人类活动影响较小的地区出现了径流量减少的趋势，说明气候变化已经对这些区域的河川径流产生了一定的影响。

黄河中下游由于受人类活动和气候变化的影响，径流减少十分明显，使得黄河中下游水资源综合管理面临更加严峻的挑战，严重威胁到流域区域人类的生产生活。

由于升温和干旱，土壤水分蒸发大大加强，华北干旱化将进一步扩张和加剧。而在华东和长江以南地区，秋季降水减少明显，可能会加重我国红壤地区农业生产的秋季干旱问题。由表 1－8 所示，未来气候变化下，全国将以旱灾多发和水灾减少为特征，特别是三北地区；长江中下游地区和中南地区涝灾频率呈波动性升高，华南和西南水灾和旱灾频率均呈波动增加，气候变化将进一步加剧南涝北旱局面，这将进一步加剧中国未来农业生产的波动性（潘根兴等，2011）。

表1-8　未来气候变化下中国水资源变化的一般趋势
（+增加趋势，-为减少趋势）（潘根兴等，2011）

地区	温度变化	降水变化	径流变化	水分蒸发损失	降水变率	水资源总体变化
长江中下游	+	+	+	+	+ +	季节不均（夏涝秋旱）
华北地区	+ +	-	-	+ +	+ +	严重缺乏
西北地区	+	+	+	+	+	增加
东北地区	+ +	- -	-	+	+	缺乏（春季）
西南地区	+	-	/	+	+	春/秋缺乏

陈桂亚等（2007）研究表明，嘉陵江流域在全球气候变暖条件下，2050年的年径流将减少23%~27.9%，2100年将减少28.2%~35.2%，且在该年份内平均年径流分别相当于目前7年一遇和12.5年一遇的干旱年。洮河流域近50年来气候趋于暖干化，降水量减少，干燥指数上升，导致水资源呈显著下降趋势，年际变化存在2~3年、8~9年、15年的年际周期变化。

张光辉（2006）从干旱指数蒸发率函数出发，以HadCM3GCM对降水和温度的模拟结果为基础，在IPCC发布的A2、B2两种发展情景下分析了未来100年内黄河流域天然径流量的变化趋势。结果表明，多年平均年径流量的变化随着区域的不同而有显著差异，其变化幅度在-48.0%~203.0%之间。

范广洲等（2001）模拟研究了气候变化对滦河流域丰、枯水年不同季节水资源的影响，结果表明，滦河流域地表径流量、次地表径流量、地下径流量以及河川径流量主要受降水量的变化影响，受气温变化的影响较小。

3. 冰川、积雪变化

据第二次气候变化国家评估报告（《第二次气候变化国家评估报告》编写委员会，2011），自20世纪50年代以来，大部分地区冰川面积退缩量在10%以上。冰川变化使干旱区内陆河流和江河源区径流显著增加，同时，冰湖溃决洪水等灾害的潜在风险在增加。多年冻土内温度升高，活动层厚度增加，面积减小。冻土变化改变了山区径流的年内分配，冬季径流增加。21世纪初，青藏高原积雪深度较前期大幅减少，1961年以来，新疆北部最大积雪深度显著增加，90 年代以来，东北—内蒙古地区波动振幅加大。高原积雪变化对我国东部夏季降水、春季径流及农业有重要影响。自 20 世纪 50 年代以来，渤海和黄海北部海冰、北方河流和湖泊结冰日数和冰的厚度都呈减小趋势。张凯等（2007）就黑河流域上游冰川地区对气候变化的响应研究，发现山区冰川不断萎缩，而且雪线持续升高，出现强烈的亏损。

冰川规模将随着气候变化而改变。估计到 2050 年，我国西部冰川面积将减少 27.2%，但未来 50 年西部地区冰川融水总量将处于增加状态，其高峰值预计出现在 2030～2050 年，年增长约 20%～30%（IPCC，2007）。气候变暖会促使冰川消退和永久雪盖减少加快。预计到 21 世纪末，1/3～1/2 的山地冰川将消失。中高纬地区以冰雪融水补给为主的河流，流量可能会因此而减少。

1.2.5　气候生产潜力变化

气候生产潜力是指当其他条件（如土壤、养分、栽培管理措施等）处于最适状况时，充分利用光、热、水气候资源，单位面积土地上可能获得的最高生物学产量或农业产量。气候生产潜力是衡量农业气候资源的一个重要指标。

目前，国内外已经建立起一些较成熟的气候生产潜力估算模型，主要有筑后（Chikugo）模型，反映水热单因子对生产力影响的迈阿密（Miami）模型，表征农作物光温生产力的瓦赫宁根（Wagenigen）模型及通过蒸散量模拟植物生产量的桑斯维特纪念（Thomthwaite Memorial）模型，以及统计模型等。侯光良等（1990）对相关模型计算中国区域气候生产潜力的精度水平进行了比较研究，认为迈阿密模型考虑气候因子不全面，误差较大，筑后模型估算结果比较符合实际情况，精度较高；桑斯维特纪念模型以实际蒸散量为变量，综合了水热等气候因子，是一个代表性较强的气候指标，计算结果虽然在干旱地区精度略低，但是，总体上与实测值偏差较小，与筑后模型的计算结果很接近。

据研究（侯西勇，2008），我国气候生产潜力空间分布整体上东南高，西北低，纬度地带性、经度地带性和垂直地带性较突出。稳定超过 2 000g/（m² · 年）的区域仅分布在海南岛的东北部，稳定超过 1 800g/（m² · 年）的区域主要分布在华南地区。新疆南部的塔克拉玛干沙漠和东部的库姆塔格沙漠是我国气候生产潜力最低的地区，常年低于 200g/（m² · 年）。1951～2000

年全国气候生产潜力平均值为 770 g/（m²·年），总量达 73.12×10⁸t/年。九大土地潜力区中，单产量以华南区最高，四川盆地—长江中下游区、云贵高原和华北—辽南区、黄土高原高于全国平均水平，而西北干旱区气候生产潜力值最低（图 1 - 4）。

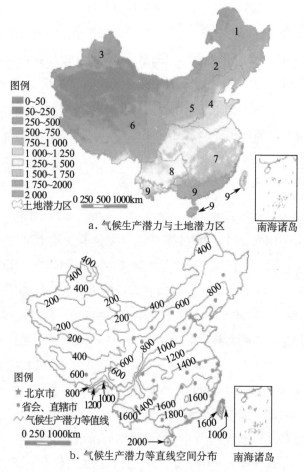

图 1 - 4 中国气候生产潜力空间格局：1951 ~ 2000 年（侯西勇，2008）[49]

［注：图 a 中 1 - 9 的数字编码表示土地潜力区，图 a 与图 b 中气候生产潜力单位为 "g/（m²·年）"］

华北地区、黄土高原、内蒙古中部及辽河平原等区域是我国气候生产潜力空间波动较剧烈的区域，长江中下游平原、江南丘陵等广大区域气候生产潜力比较稳定。气候生产潜力的多时间尺度特征比较复杂，3 ~ 5 年的周期变化在全国地区均较显著，局部地区出现 10～11 年的周期特征。全国多数土地潜力区表现出了大约以 1955 年为起点，1975 年为极值中心的 30 年左右的年代际周期变化特征。

就区域变化而言，罗永忠等（2011）运用 Thornthwaite Memorial 模型分析得出：甘肃省气候生产潜力时间变化特征总体表现为单峰曲线，1979～1996 为升高时期，1997～2007 年气候生产潜力持续降低。气候生产潜力与实际产量相关系数为 0.696。其中，降水是影响甘肃省气候生产潜力变化的主要因子。除河西走廊外，甘肃省粮食实际单产多不足气候生产潜力的 30%，但二者的变化趋势基本一致，因此，只要充分利用好气候变化后的农业气候资源，粮食单产的提高尚有足够的空间。

黄土高原地区气候生产力由东南向西北减少，各季平均温度上升，年降水量和生长季降水量减少，暖干化趋势使作物气候生产力下降，拟合线性递减率为 –10.451kg/（hm^2·年）；1961～2000 年黄土高原地区气候生产力平均为 7 762.1kg/（hm^2·年），其中，20 世纪 60 年代最高为 7 969.2kg/（hm^2·年），90 年代最低为 7 569.5kg/（hm^2·年），70 年代和 80 年代介于两者之间，分别为 7 721.8kg/（hm^2·年）、7 787.9kg/（hm^2·年）；60 年代和 90 年代下降最显著；1964 年是近 40 年中的极大值，1961 年是次大值，1965 年是极小值，1997 年是次小值（姚玉璧等，2006）。气候变暖对黄土高原塬区气候生产力的影响分析（张谋草等，2006）表明，1961～2000 年黄土高原塬区的年气候生产力呈递减趋势，递减率为 1.13～19.21kg/（hm^2·年），从对未来假定的气候变化年型看，以暖湿型气候年型对农业生产最为有利，年气候生产力增加 13.7%～31.2%；冷干型气候年型对农业生产不利，年气候生产力减少 5.1%～27.1%。

西北干旱区天然植被气候生产力（TSPV）空间差异明显。大值区域分布在北疆和干旱区东南部，其 47 年平均 TSPV 达到 350g/（m^2·年）以上，而南疆、干旱区中部以及阿拉善高原西北区域 TSPV 较低，约在 200g/（m^2·年）以下。光热水等气候条件的改变使西北地区天然植被气候生产力呈现增长趋势。增长率达到 15.6g/（m^2·10 年），但低于同期我国东部和同纬度北方区域。从空间分布上看，大部分地区 TSPV 变化不显著，增加趋势在北疆北部、天山南北坡和祁连山地区较显著，达到 31.9g/（m² · 10 年）。干旱区 TSPV 主要受降水因子的制约，降水多的区域其值较大，增长也显著，而南疆、阿拉善等极端干旱地区 TSPV 值较小，且增长趋势不明显（图 1 -5）。

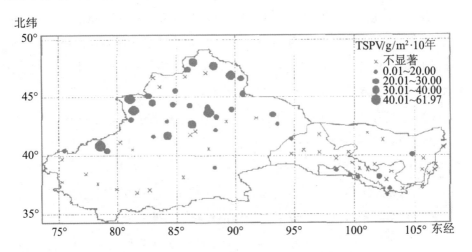

图 1 -5　1961～2007 年西北干旱区各站点年均天然植被
气候生产力变化趋势（孙杨等，2010）

参考文献

［1］《第二次气候变化国家评估报告》编写委员会. 第二次气候变化国家评估报告. 北京：科学出版社，2011

［2］IPCC. Su mmary for Policymakers of the Synthesis Report of the IPCC Fourth Assessment Report. Cambridge，UK：Cambridge University Press，2007

［3］Jones P D & Moberg A. Hemispheric and large - scale surface air temperature variation：an extensive revision and an update to 2001. J. Climate，2003，16：206～223

［4］张建云，王国庆，李岩等. 全球变暖及我国气候变化的事实. 中国水利，2008（2）：28～30

［5］潘根兴，高民，胡国华等. 气候变化对中国农业生产的影响. 农业环境科学学报，2011，30（9）：1698～1706

[6] 章名立. 中国东部近百年的雨量变化. 大气科学, 1993, 17 (4): 451～461

[7] 李聪, 肖子牛, 张晓玲. 近60年中国不同区域降水的气候变化特征. 气象, 2012, 38 (4): 419～424

[8] 张蕾, 霍治国, 王丽等. 气候变化对中国农作物虫害发生的影响. 生态学杂志, 2012, 31 (6): 1499～1507

[9] 虞海燕, 刘树华, 赵娜等. 我国近59年日照时数变化特征及其与温度、风速、降水的关系. 气候与环境研究, 2011, 16 (3): 389～398

[10] 丁一汇, 任国玉, 石广玉等. 气候变化国家评估报告—中国气候变化的历史和未来趋势. 气候变化研究进展, 2006, 2 (1): 3～8

[11] Houghton, Y Ding, DJ Griggs, *et al.* Climate Change 2001: The Scientific Basis. Cambridge University Press, 2001: 881

[12] RT Watson. Climate Change 2001: Synthesis Report. Cambridge University Press, 2002: 148

[13] 闵屾, 钱永甫. 我国近40年各类降水事件的变化趋势. 中山大学学报 (自然科学版), 2008, 47 (3): 105～111

[14] 孙凤华, 杨素英, 任国玉. 东北地区降水日数、强度和持续时间的年代际变化. 应用气象学报, 2007, 18 (5): 610～618

[15] 翟盘茂, 王萃萃, 李威. 极端降水事件变化的观测研究. 气候变化研究进展, 2007, 3 (3): 144～148

[16] 王志伟, 翟盘茂. 中国北方近50年干旱变化特征. 地理学报, 2003, 58 (S1): 61～68

[17] 马柱国, 华丽娟, 任小波. 中国近代北方极端干湿事件的演变规律. 地理学报, 2003, 58 (S1): 69～74

[18] 邹旭恺, 张强. 近半个世纪我国干旱变化的初步研究. 应用气象学报, 2008, 19 (6): 679～687

[19] 章大全, 钱忠华. 利用中值检测方法研究近50年中国极端气温变化趋势. 物理学报, 2008, 57 (7): 4634～4640

[20] 翟盘茂, 潘晓华. 中国北方近50年温度和降水极端事件变化. 地理学

报，2003，58（S1）：1～10

[21] 孙卫国．气候资源学．北京：气象出版社，2008

[22] 李世奎，侯光良，欧阳海等．中国农业气候资源和农业气候区划．北京：科学出版社，1988

[23] 霍治国，王石立．农业和生物气象灾害．北京：气象出版社，2009

[24] 李晓文，李维亮，周秀骥．中国近30年太阳辐射状况研究．应用气象学报，1998，9（1）：25～32

[25] 赵东，罗勇，高歌等．1961年至2007年中国日照的演变及其关键气候特征．资源科学，2010，32（4）：701～711

[26] 李勇，杨晓光，王文峰等．气候变化背景下中国农业气候资源变化 IX．华南地区农业气候资源时空变化特征．应用生态学报，2010，21（10）：2605～2614

[27] 陈少勇，张康林，邢晓宾等．中国西北地区近47年日照时数的气候变化特征．自然资源学报，2010，25（7）：1142～1152

[28] 徐超，杨晓光，李勇等．气候变化背景下中国农业气候资源变化 III．西北干旱区农业气候资源时空变化特征．应用生态学报，2011，22（3）：763～772

[29] 孙杨，张雪芹，郑度．气候变暖对西北干旱区农业气候资源的影响．自然资源学报，2010，25（7）：1153～1162

[30] 买苗，曾燕，邱新法等．黄河流域近40年日照百分率的气候变化特征．气象，2006，32（5）：62～66

[31] 郭军，任国玉．天津地区近40年日照时数变化特征及其影响因素．气象科技，2006，34（4）：415～420

[32] 柏秦凤，霍治国，李世奎等．1978年前、后中国≥10℃年积温对比．应用生态学报，2008，19（8）：1810～1816

[33] 谭方颖，王建林，宋迎波等．华北平原近45年农业气候资源变化特征分析．中国农业气象，2009，30（1）19～24

[34] 王鹤龄，王润元，赵鸿等．中国西北冬小麦和棉花生长对气候变暖的响应．干旱地区农业研究，2009，27（1）：258～264

［35］任国玉，徐铭志，初子莹等．近54年中国地面气温变化．气候与环境研究，2005，10（4）：717～727

［36］代姝玮，杨晓光，赵梦等．气候变化背景下中国农业气候资源变化Ⅱ.西南地区农业气候资源时空变化特征．应用生态学报，2011，22（2）：442～452

［37］高歌，李维京，张强．华北地区气候变化对水资源的影响及2003年水资源预评估．气象，2003，29（8）：26～30

［38］曹丽青，余锦华，葛朝霞．华北地区大气水分气候变化及其对水资源的影响．河海大学学报（自然科学版），2004（5）：504～507

［39］唐蕴，王浩，严登华等．近50年来东北地区降水的时空分异研究．地理科学，2005，25（2）：172～176

［40］许荷兰，宋子岭，马云东．全球变化下东北地区降水时空特征研究．长春理工大学学报，2007，30（3）：114～117

［41］王静，杨晓光，李勇等．气候变化背景下中国农业气候资源变化Ⅵ.黑龙江省三江平原地区降水资源变化特征及其对春玉米生产的可能影响．应用生态学报，2011，22（6）：1511～1522

［42］张国胜，李林，时兴合等．黄河上游地区气候变化及其对黄河水资源的影响．水科学进展，2000，11（3）：277～283

［43］张建云，王金星，李岩等．近50年我国主要江河径流变化．中国水利，2008（2）：31～34

［44］陈桂亚，Clarke Derek．气候变化对嘉陵江流域水资源量的影响分析．长江科学院院报，2007，24（4）：14～18

［45］张光辉．全球气候变化对黄河流域天然径流量影响的情景分析．地理研究，2006，25（2）：268～275

［46］范广洲，吕世华，程国栋．气候变化对滦河流域水资源影响的水文模式模拟（Ⅱ）：模拟结果分析．高原气象，2001，20（3）：302～310

［47］张凯，王润元，韩海涛等．黑河流域气候变化的水文水资源效应．资源科学，2007，29（1）：77～83

［48］侯光良，游松才．用筑后模型估算我国植物气候生产力．自然资源学

报，1990，5（1）：60～65

［49］侯西勇. 1951～2000 年中国气候生产潜力时空动态特征. 干旱区地理，
2008，31（5）：723～730

［50］罗永忠，成自勇，郭小芹. 近 40 年甘肃省气候生产潜力时空变化特征.
生态学报，2011，31（1）：221～229

［51］姚玉璧，王毅荣，张存杰等. 黄土高原作物气候生产力对气候变化的响
应. 南京气象学院学报，2006，29（1）：101～106

［52］张谋草，段金省，李宗等. 气候变暖对黄土高原塬区农作物生长和气候
生产力的影响. 资源科学，2006，28（6）：46～50

第二章

农业应对气候变化研究进展

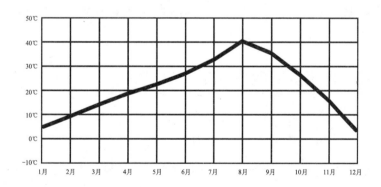

2.1
气候变化对农业影响评价与评估

气候变化已成为全球农业可持续发展的主要问题之一，任何程度的气候变化都直接或间接影响农业生产过程。气候变化对中国农业的影响利弊共存，但负面影响较大。极端天气气候事件增加，农作物生长环境恶化，旱、涝、风、雹、冻等农业气象灾害以及病虫灾害频发，水资源短缺加剧，土地沙化、盐碱化速度加快等一系列问题，导致农业生产的自然风险加大，产量波动增大，并且短时期内难以消除。但气候变暖会使部分作物种植面积及种植范围扩大，部分地区农业生产或有一定的有利因素。

自20世纪80年代以来，我国科学家在全球气候变化对农业及农业生态系统影响领域取得了显著进展，为政府制定和实施应对全球气候变化的战略和决策提供了理论依据。同时，也为农业生产者应对全球气候变化提供了相应的技术对策。本节主要从气候变化对作物产量和品质、种植制度、作物生产潜力、农业气象灾害、农业病虫害等的影响方面评价气候变化对农业的影响。

2.1.1 气候变化对作物产量和品质的影响

气候变化导致的光、热、水等农业气候资源变化对作物产量和品质的形成影响很大。气候变暖可使越冬作物种植北界北移，复种指数提高，喜温作物种植面积增加；作物生长期延长，作物品种的熟性由早熟向中晚熟发展，单产增加。

气候变化已对我国农作物产量构成明显影响。崔静等（2011）采用超越对数生产函数模型分析1975~2008年间作物生长期气候变化对中国主要粮食作物（一季稻、小麦和玉米）单产影响的结果显示，作物生长期内气温升高对粮食单产具有负向影响，但对不同品种、不同地区粮食单产的影响具有差异性，气温升高能够增加高纬度地区春小麦和玉米单产；作物生长期内降水增加对粮食单产的影响因作物品种而异，对西北地区春小麦单产具有正向影响，但对华南地区冬小麦单产具有负向影响；作物生长期内日照增加主要通过与地区的交互作用影响粮食单产，平均日照时数增加对华南地区冬小麦单产具有正向影响，而对东北地区春小麦单产具有负向影响。西北地区东部降水持续偏少，土壤水分蒸发加剧，干旱大面积频繁发生，导致有些地区粮食大幅度减产（刘祥德等，2005）。在旱作农业区，由于土壤水分蒸散量加大，气候变暖所带来的种植制度和格局调整的有利机遇在很大程度上受到了水分条件的制约和限制。如近50年的气候变暖虽然使绿洲灌溉区农作物的气候产量提高了大约10%～20%，但却使雨养旱作农业区作物气候产量减少了10%～20%（张强等，2008）。

气候变化已对农产品的品质造成影响。如在干旱半干旱地区，作物生长期内温度升高，缩短了养分积累的时间，作物可有效利用的水资源相对减少，作物的总干重和穗重减少，降低了作物的品质。我国南方降水量多，气候湿润导致南方地区小麦比北方地区小麦麦粒皮厚、蛋白质含量低，出粉率低。棉花在吐絮期如果缺水就会加速植株衰老，减弱光合作用，养分少，且养分的输送和转化慢，影响种子和纤维发育，导致品质下降。

总体来讲，我国高纬地区农业适应性较强，中纬度地区适应性较弱。气候变暖对东北的粮食生产总体有促进作用。东北地区农作物的生长期延长，使引进晚熟高产玉米、大豆和选育冬小麦等高产作物成为可能，同时，降低了影响作物生产的低温冷害和霜冻的发生频率，对东北地区的粮食生产产生正面影响。受气候变暖和经济效益等的共同影响，东北水稻向北扩张，种植北界北移了4个纬度；东北地区水稻生长期内光热水同步，且昼夜温差大，东北水稻生产可能会对气候变化良好的适应。而华北地区、西北地区、西南地区气候变化整体表现为对产量的抑制作用。气候变化对东南和中南地区的粮食产量整体上没有显著性的影响（刘颖杰和林而达，2007）。

气候变化对作物产量变化的影响，可能随不同区域的不同气候因子的交互作用和农业资源、技术的交互作用而异，试验条件下一些地区的有利条件产生的正效应可能被其他气候因子制约。例如，在北方干旱地区，水分是决定作物产量的关键气候因子，而在南方湿润地区，过多的降水则不利于产量的提高。温度升高和CO_2升高对产量的正效应可能被有效光照的普遍减少而抵消，另外，其他影响因子，如水分和氮素等养分供应也是不可忽视的限制因素。气候变化对不同作物生产的影响存在差异，归纳如表2-1所示。

表2-1　气候变化对中国主要农作物生产的影响比较 (潘根兴等，2011)

作物	温度升高	降水	CO_2升高	光照减少	极端性天气灾害风险	病虫害为害趋势
水稻	种植区北移扩大，江淮双熟稻面积增加，生育期缩短；但夜温升高，早稻减产（晚稻增产）	干旱化影响水稻种植面积	短期光合增强而增产，但缩短生育期，影响稻米品质	敏感，普遍减产	江淮夏季极端高温，东北夏季极端低温	稻飞虱、水稻螟虫、稻纵卷叶螟、纹枯病和稻瘟病等严重加剧
小麦	冬小麦种植区向春麦区扩展，不利效应不清楚	前期水分有利；北方春旱严重减产	短期增产，但影响品质	比水稻较不敏感，减产5%左右	生育期中后期极端高温、低温，强降水严重减产	江淮小麦赤霉病、白粉病可能加重，麦田病虫草害加剧
玉米	种植面积扩大，生长季延长，但生育期缩短，产量及品质下降	降雨增多和强降雨加剧病虫害	较水稻、小麦不敏感，尚不确定	—	旱灾、涝灾增多，低温冷害	华北玉米螟、褐斑病加重
大豆	早熟而减产	干旱大幅度减产；夏季降雨增多，加重大豆灰斑病	较水稻、小麦不敏感，尚不确定	产量对光照较不敏感，影响品质	强降雨涝灾、低温冷害	"涝病旱虫"，大豆灰斑病
油菜	冬油菜种植面积显著扩大，生长有利；冬季气温偏高，早薹、早花	秋、冬、春季干旱减产	较水稻、小麦不敏感，尚不确定	光照较敏感，减产明显	霜冻冷害普遍减产；强降水倒伏	病虫害危害提前
棉花	种植区可能扩大，生育期积温增加，提高产量，可能增多高温胁迫	盛花期干旱、花铃期涝渍，减产严重	有利于棉花提升品质，提高经济产量	极为敏感，减产幅度大	易受多种极端天气事件影响而减产降质	棉铃虫和内陆棉区棉蚜加重

（续表）

作物	温度升高	降水	CO_2 升高	光照减少	极端性天气灾害风险	病虫害为害趋势
柑橘	种植带可能北扩，夏季高温经济产量和品质下降，病虫害增多	强降雨增多，缺素征可能多发	未有资料	较不敏感	极端低温、冻害加重	黄龙病北扩
苹果	早春积温增加，花期提前，花期霜害增加	黄河故道产区，夏季多雨，春秋少雨减产降质	未有资料	低温寡照减产	低温冻害和西北产区高温热害	较不敏感

据第二次气候变化国家评估报告（《第二次气候变化国家评估报告》编写委员会，2011），如果不考虑任何适应，全球温度升高 2.5℃ 左右将会导致中国粮食产量的普遍下降，而 CO_2 的肥效作用可以有效地抵消 4℃ 以内的升温危害，使部分粮食作物产量保持一定程度的增加。大气中 CO_2 浓度的增加可以提高光合作用速率和水分利用效率，水稻、小麦、大麦、豆类等 C_3 作物产量将显著增加，玉米、高粱、小米和甘蔗等 C_4 作物增产效果不明显。二氧化碳浓度倍增可使 C_3 作物产量增加 10% ~ 50%，C_4 作物产量的增加在 10% 以下。

现有的评估研究可能过高估计了大气 CO_2 升高对作物产量的正效应。CO_2 浓度增加对植物生长的助长作用受植物呼吸作用、土壤养分和水分供应、固氮作用、植物生长阶段、作物质量等因素变化的制约。这些因素如不能满足当地作物生长的需求就很可能抵消 CO_2 增加的助长作用。

1. 对水稻的影响

单一气象因子的变化一般会导致其他因子的变化，因此，水稻产量和品质不仅受单一气象因子的影响，更受多种气象因子的综合影响。方修琦等（2004）研究表明，气候变暖使黑龙江省水稻生长期内光热水同步，昼夜温差大，有利于水稻单产的增加，20 世纪 70 年代到 90 年代黑龙江省 5 ~ 9 月份月累计平均气温增加了 3.58℃，20 世纪 80 年代相对于 70 年代水稻单产增加了 30.6%，其中，由气候变暖带来的增产量占实际增产量的 12.8% ~ 16.1%，相当于使 70 年代的单产增加 3.9% ~ 4.9%；90 年代水稻单产较 80 年代增产 42.7%，其中气候变暖对单产增加的贡献率约为 23.2% ~ 28.8%，相当于在 80 年代的单产水平上增产 9.9% ~ 12.3%；20 世纪 70 年代到 90 年代气候变暖对水稻单产增加的贡献率为 19.5% ~ 24.3%。但温度的升高和降水变率的加大加重了春季干旱的可能性，对水稻产生不利影响；低温冷害、春季干旱、高温障碍和病虫草害等可能造成水稻严重减产（矫江等，2008）。

在江淮以南地区，气候变暖导致双季稻潜在适合面积增大；麦稻轮作改为肥—稻—稻轮作模式可能提高粮食产量 10% ~ 15%。长江中游地区的水稻生长期夜温升高导致早稻减产而晚稻增产。同时，气候变化引起的极端降水事件增加使我国长江流域和东南丘陵的夏季暴雨增多，南方洪涝加重，作物生产的不稳定性增加（潘根兴等，2011）。

水稻开花至成熟阶段的高温可显著缩短水稻成熟天数，造成水稻成熟后籽粒充实不良，籽粒不饱满。水稻生育后期光照不足会影响水稻光合作用，尤其在营养生长过旺、通风不良的情况下，则垩白米会增多。但当光照过于强烈时，温度相应提高，使成熟过程缩短，也会增大垩白率。此外，光照过强过弱都会降低蛋白质含量，影响稻米品质。日照日数和有效辐射强度降低是气候变化中水稻减产的普遍因素。CO_2 施肥效应可能在实际水稻生产中并不明显，因为水稻的光合适应性较强。气候变化各因子或者其相互叠加都具有降低稻米品质的趋势，特别是营养成分组成；气候变化下水稻主要病虫害（稻飞虱、水稻螟虫、稻纵卷叶螟、水稻纹枯病和稻瘟病等）的发生和危害加剧，将是对水稻安全生产的最大威胁。

2. 对小麦的影响

气候变暖使小麦冬播期推迟、春播期提前，品种熟性由早熟向中晚熟发展。但是，由于温度的升高使我国大部分地区冬小麦生育期和越冬期缩短，提前进入拔节期和成熟期，小麦受倒春寒危害的几率增加；尤其是小麦生育期间高温、干旱、涝渍等农业气象灾害发生频率的增加，导致小麦生产的不稳定性增加，减产幅度加大。黄淮海麦区和长江中下游麦区冬小麦可能因太阳辐射强度的下降而减产。气候变化下江淮地区小麦赤霉病、白粉病等病虫害可能加重，不仅会导致小麦减产，还将显著增加小麦生产成本，降低小麦生产的比较效益。

甘肃旱作区 20 世纪 90 年代土壤贮水量明显下降，90 年代比 80 年代冬小麦气候产量下降了 125.7%。河北冬小麦大多有灌溉条件，气候产量主要受气温的影响。气候变暖，气候产量呈下降趋势，平均每 10 年减少 52.7kg/hm^2，气温造成每年小麦气候产量波动幅度达到 ±300kg/hm^2（邓振镛等，2010）。

气候变暖对甘肃河西灌区春小麦气候产量增加有利，1991～2000 年春小麦气候产量比变暖前的 1986～1990 年增加 10%～79%。但对宁夏引黄灌区春小麦气候产量增加不利，气温突变前的 1961～1988 年和突变后的 1989～2004 年两个时段的气候产量分别为 84.8kg/hm^2 和 39.8kg/hm^2，气候变暖对春小麦单产的贡献率为 −2.6%，气候变暖使春小麦气候产量下降（邓振镛等，2010）。

居辉等（2005）采用区域气候情景 PRECIS（Providing Regional Climate for Impacts Study），结合校正的 CERES-Wheat 模型，对 21 世纪 70 年代（2070年）气候变化情景下我国小麦的产量变化进行了研究。结果表明，到 2070年，我国雨养小麦和灌溉小麦的平均单产较 1961～1990 平均值约减少 20%，其中，雨养小麦的减产幅度略高于灌溉小麦，春小麦或春性较强的冬小麦减产明显，减产的区域主要集中在东北春麦区和西南冬麦区。

3. 对玉米的影响

温度升高和生长季延长对部分高纬度地区以及高海拔地区的玉米生产总体有利。最近 10 多年来，玉米产量增幅高于粮食作物产量增幅的平均水平，特别是在东北的黑龙江地区。仅考虑温度作用，相比于 20 世纪 70 年代，90年代气候变暖对黑龙江省玉米增产的贡献率为 8.2%。以 1961～1969 年为基准时段，70 年代、80 年代、90 年代和 21 世纪初气候变暖的贡献率分别为 16.8%、16.0%、20.9% 和 23.9%（李秀芬等，2011）。

春暖使西北灌区玉米适播期提早 5～10d，生殖生长期延长，乳熟期最多延长达 6d，全生育期延长 6d 左右。旱作区玉米生育期受热量和降水共同作用，播期提早 1～2d，营养生长期提早 4～5d，生殖生长期提早 6～7d，全生育期缩短 6d 左右。另外，旱作区玉米气候产量与全生育期和拔节至乳熟期土壤贮水量密切相关。气候变干，土壤贮水量减少，玉米气候产量下降（邓振镛等，2010）。

甘肃河西灌区玉米气候产量主要受≥10℃积温影响，气象因素对产量的贡献率达52%~60%。1992~2005年气候突变后的气候产量比1981~1991年突变前增加了124%~301%。宁夏灌区玉米产量与各生育期平均最高气温密切正相关，1981~1993年和1994~2004年两个相应时段的气候产量分别为141.02kg/hm²和260.94kg/hm²，气候变暖对玉米单产的贡献率为4.47%。

虽然气候变暖总体上对黑龙江省玉米单产增加趋势有利，但是玉米产量还受到水分、光照等气候因子的制约。从1980年以来，气候变化引发的水资源短缺是东北主要玉米种植区面临的最大问题。三江平原地区在年降水量减少的大趋势下，降水分配在春玉米生长季的比例显著减少，春玉米生长季内降水量占年降水量比例以及春玉米生长季的最长连续降水日数均呈下降趋势，而春玉米生长季的最长连续无降水日数呈增加趋势，使春玉米生产面临的潜在干旱风险增加。同时，生长期温度升高使玉米生育期、有效灌浆期缩短，产量及品质下降（王静等，2011）。

黄淮海夏玉米区的高温或低温寡照和东北春玉米区的低温冷害都是玉米生产的首要气象灾害，在严重低温冷害年东北玉米减产可达20%以上（潘根兴等，2011）。气候变化导致的降雨强度增大，部分地区玉米生长期内持续阴雨天气将增多，玉米病虫害暴发的几率将抬升，华北地区玉米螟虫、玉米褐斑病发生和危害可能加重。与此同时，因玉米属于C_4作物，玉米实际生产中CO_2施肥效应可能很不明显。因此，未来气候变化对玉米主产区的生产影响总体上仍以减产为主。

4. 对大豆的影响

我国大豆平均产量较大幅度低于世界平均水平，除规模化种植原因以外，气候变化是影响大豆产量与品质的主要因素之一。

气候变化导致的温度、降水、光照变化影响大豆产量和品质的提高。气候变化造成的大豆产量减产率平均达到27%。其中，干旱成灾年占22%，平均减产率却达到30%，其次为涝灾和低温冷害（潘根兴等，2011）。极端天气气候事件对大豆产量和品质有着严重的影响，如东北地区大豆生育期中几天的极端高温就可使大豆早熟而减产。无论是旱灾还是涝灾，均可使大豆脂肪含量下降，蛋白质含量升高。但特大旱灾或涝灾下，两者都下降，且蛋白质含量损失更大。大豆病虫害发生的规律通常呈"涝病旱虫"的发生态势。总体上气候变化对中国大豆生产不利效应明显。

5. 对棉花的影响

棉花的产量及品质对光照、辐射、积温等气象要素变化较其他作物更为敏感。光热条件变化是影响植棉区面积变化的最主要因素，光热资源不足将导致棉纤维发育不能成熟或者品质大为降低。棉花生长期中每年的 7~9 月为产量品质形成关键期，极易遭受多种极端天气气候事件的影响。尽管气温升高、CO_2 浓度升高在一定程度上有利于棉花可种植面积扩大、棉株生育进程加快、各发育期平均提前，并对棉花增产提质带来积极影响。但日照时数和辐射量的下降，尤其是短期极端高温、低温，极端干旱、暴雨等极端天气气候事件发生的日趋频繁将增加棉花减产和品质下降的风险，严重威胁我国的棉花安全生产（潘根兴等，2011）。

播种期的提前和棉花生育期积温的增加会显著提高棉花产量，尤其是春季最低气温的升高减少了迟霜冻对棉花的危害，有助于棉花的高产。王润元等（2006）对我国河西走廊棉花生长的研究发现，在 1983~2002 年的 20 年间，随着 4 月份平均气温的上升，该地区棉花播种期呈提前趋势。生育期的增温特别是 10 月份最低气温的变暖将使棉花停止生长期推迟，有效增加棉花干物质积累，提高霜前花的产量，对棉花生产产生积极的作用。在 10 月份，棉花随第一次霜冻的出现而逐渐停止生长，而霜前花是棉花产量的主要组成部分，故霜前花的产量与 10 月最低气温呈显著相关。平均最低气温每上升 1℃，棉花停止生长日期推迟约 4d（王友华和周治国，2011）。

棉花各生育阶段适宜的最低临界温度均较高，因此，生产中任何一个生育阶段如遭遇短期极端低温天气，棉花产量、品质都将显著下降。危害程度与低温程度及其持续时间密切相关。2001 年 7 月 31 日至 8 月 3 日连续最低温在 11~13℃，导致新疆昌吉、石河子、奎屯约 26.7 万 hm^2 棉花减产 40%~

50%，纤维品质下降 1~2 级，经济损失 20 亿元；2005 年江西潜江市 8 月中旬至 9 月上旬出现罕见低温阴雨天气，导致棉株在气温升高后出现了大面积急性萎蔫死亡，蕾铃脱落严重，同时枯萎病及黄萎病发生蔓延，严重影响棉花生长发育和产量品质（王友华和周治国，2011）。

黄河流域棉区是中国植棉面积最大的棉区，棉花生长期间（4~8 月）水热条件较好、光照充足、降水适中，春季气温回升较快，春末旱情相对较轻；夏季降水少于长江流域，阴雨、洪涝灾害较少，而雷雨和暴雨较多，有利于缓解夏季旱情，总体上有利于棉花生长。气候变化导致的积温升高会使该地区的棉花发棵提前、伏桃比例升高、霜前花增多。但温度和水分分布的不均衡将进一步导致该地区棉花产量的年际间差异增大，并有可能产生严重的春旱、夏旱或夏涝。因此，气候变化将导致黄河流域棉区棉花产量和品质的不稳定性增加。

长江流域棉区是中国的第二大棉区，热量条件较好，生长季节长，雨水充沛。然而春末夏初有梅雨、秋季常有连阴雨，日照时数少，不利于棉花生长。气候变化将可能进一步增加该地区春末夏初及秋季的连阴雨天气总日数及降水总量，因此，将会进一步加剧该地区棉花的吐絮不畅、烂铃，不利于棉苗生长。此外，夏季的高温、高湿还会引起较多的病虫害。所以，该棉区棉花生产的比较优势会进一步降低，棉花种植面积会有一定程度的减少。

6. 对油菜的影响

气温升高，使得油菜种植带发生了明显的北移。根据农业部统计，近 30 年全国油菜种植面积总体上呈现增加的趋势（张树杰和张春雷，2011）。由于气候变暖、无霜期延长、西北地区降雨量的增加，全国油菜种植面积呈现出明显的"东减、北移、西扩、南进"特征，其中，黄土高原、黄淮平原、四川盆地和云贵高原亚区冬油菜种植面积增加较快。冬油菜种植面积到 2005 年突破 680 万 hm^2，除了华南沿海亚区，其他亚区种植面积均出现大幅度的增长。2008 年长江中游、黄土高原和四川盆地冬油菜种植面积分别是 1978 年的 4.2 倍、3.1 倍和 2.8 倍。但是，目前还不能肯定气候变化对油菜单产增加发挥了有利影响。

气温升高会给油菜生产带来一些不利影响：冬季气温偏高，一方面，会影响油菜的春化作用，另一方面，会促使油菜出现早薹、早花现象，从而导致油菜对外界环境条件的抗逆能力减弱。

西北地区降水量虽然在各季节均有增加，但缺水形势仍然严峻，而华东、华中以及华南沿海地区极端降水事件显著增加，洪涝风险加大。长江中下游地区降水增加的趋势主要集中在夏季和冬季，油菜播种时干旱危害日益严重；华北地区降水量减少，干旱化加剧，水资源更加紧张。因此，气候变化对油菜生产引起的负面影响必须高度重视。

7. 对主要农作物影响的未来趋势预测

到目前为止，我国科学家认为气候变化对我国作物产量的总体影响可能为减产，气候变化下，水稻、小麦、玉米等主要农作物的病虫害的发生将大幅度加剧，极端天气气候事件增加了农业气象灾害的发生频率，粮食生产的不稳定性显著提高。

据气候变化对生态环境和人类健康的影响及适应对策研究，在不考虑水分的影响，基于3种大气环流模式预测的气候情景下，水稻、小麦、玉米产量的可能变化（表2-2）表明，早稻、晚稻、单季稻均呈现出不同幅度的减产。其中，早稻减产幅度较小，晚稻和单季稻减产幅度较大。从空间分布看，单季稻在华北中北部产量下降最大（约为17%），黄河中下游和西北地区产量下降较少（10%~15%），江淮地区和四川盆地产量下降最少（6%~10%）；早稻则是长江以南的南方稻区中部产量下降最少（在2%以下），而其周边地区特别是西部地区，产量下降较多（一般在2%~5%，部分在6%以上）；南方稻区长江以南地区的西北部，晚稻产量下降较多（10%~15%），其东南部产量下降较少（7%~10%）。

气候变暖对春小麦产量的影响大于冬小麦，对灌溉小麦的影响小于雨养小麦，灌溉在一定程度上能减小气候变化对小麦产量的不利影响。气候变化对我国玉米生产的影响是弊大于利。气候变化将使我国玉米总产量平均减产3%~6%，春玉米平均减产2%~7%，夏玉米减产5%~7%；灌溉玉米减产2%~6%，无灌溉玉米减产7%左右。产量减少的主要原因是生育期缩短和生育期高温的不利影响。

表2-2 三种大气环流模式预测的气候情景下，水稻、小麦、玉米产量的可能变化

作物	变幅（%）	平均（%）
早稻	−7.9 ~ −5.2	−3.7
晚稻	−8.8 ~ −12.9	−10.4
单季稻	−8.0 ~ −13.7	−10.5
雨养冬小麦	−0.2 ~ −23.3	−7.7
灌溉冬小麦	−1.6 ~ −2.5	−7.0
雨养春小麦	−19.8 ~ −54.9	−31.4
灌溉春小麦	−7.2 ~ −29.0	−17.7
雨养春玉米	−19.4 ~ +5.3	−7.0
灌溉春玉米	−8.6 ~ +3.6	−2.5
雨养夏玉米	−11.6 ~ −0.7	−6.1
灌溉夏玉米	−11.6 ~ +0.7	−5.5

石春林等（2001）采用美国Goddard空间研究所研制的GISSTransientRun的有关网格点值，结合各样点近30年的逐日气候资料，生成研究区域未来50年的气候渐变情景。气候变化对长江中下游平原粮食产量的阶段性影响可分为以下两种：①仅考虑气候变化的间接影响，在未来50年内，由于气候变化，水稻、小麦和大豆等主要粮食作物较当前都有不同程度的减产。其中，小麦和单季稻减产幅度较小，而双季稻和大豆减产幅度较大。这主要是在气候渐变过程中生长季增温明显，导致生育期缩短，光合时间减少，呼吸消耗加剧，产量降低。特别是双季稻区大幅度减产。②若综合考虑气候变化的间接影响和CO_2浓度增加的直接影响的模拟，CO_2浓度的直接影响足以抵消气候变暖给小麦、单季稻和大豆带来的负影响；而双季稻虽然减产幅度有所缓和，但减产趋势仍不变。

温度升高、作物发育速度加快和生育期缩短是作物产量下降的主要原因。气候变暖对不同地区和不同种类作物的产量影响不同，我国水稻、小麦以及玉米品种多，品种间差异也很大；因此，要积极采取调整农业种植制度、选育抗逆性强的品种和选择适当的生产措施等，使之适应气候变化，可减缓气候变化对农作物生产的不利影响。

2.1.2　气候变化对种植制度的影响

气候变暖改善了区域的热量资源，积温增多，使作物的生长季节延长，越冬作物种植北界北移，多熟制向北推移，复种指数增大，喜温作物种植面

积北移扩大，促进了种植结构的调整。

气候变暖使我国主要农作物的种植结构和品种布局发生了变化，作物的种植界限整体表现出向高纬度和高海拔移动的趋势。气候变化对生态环境和人类健康的影响及适应对策研究表明，年平均温度每增加1℃，北半球中纬度的作物带将北移150~200 km，垂直上移100~200 m。年平均温度增加1℃时，≥10℃积温的持续日数全国平均可延长15 d左右。

据研究（杨晓光等，2010），随着温度的升高，积温的增加，1981~2007年间中国一年两熟制、一年三熟制的种植北界都较之1950~1980年有不同程度北移（图2-1）。一年两熟制种植界限北移幅度最大的区域是陕西、山西、河北、北京和辽宁四省一市。一年三熟制种植北界空间位移最大的区域为湖南、湖北、安徽、江苏和浙江五省。在不考虑品种变化、社会经济等因素的前提下，基于目前各作物实际产量水平，由一年一熟变成一年两熟，粮食单产平均可增加54%~106%，由一年两熟变成一年三熟，粮食单产平均可增加27%~58%。

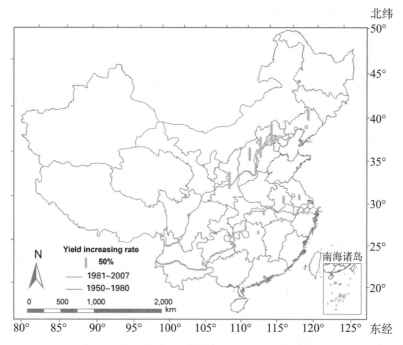

图2-1　我国种植制度北界变化及变化区域内

单位面积粮食增产率（杨晓光等，2010）

1. 小麦种植界限的变化

20 世纪 70 年代初，我国冬小麦种植的北界大致位于从锦州经承德、大同、绥德、张掖、酒泉到敦煌一线，以及辽宁省盖州和辽西走廊一带。随着全球气温的升高这一界线不断北移。但由于各地区地理条件的差异，各地升温幅度不同，冬小麦北界北移幅度各异。

气候变化背景下，华北平原多数地区农作物生长发育可以利用的热量资源在逐渐增加，为越冬作物种植区北界北移提供了有利的气候条件。谭芳颖等（2009）以越冬期负积温 -500℃·d 的等值线作为中国冬小麦种植北界和海拔高度的上界，对冬小麦种植北界变化的研究表明，从 20 世纪 90 年代至 2005 年间，冬小麦种植北界北移最明显。但是另一方面，我国华北地区一直以来广泛种植的强冬性冬小麦品种，因冬季无法经历足够的寒冷期而被半冬性、甚至弱春性小麦品种所取代（云雅如等，2007）。

祖世亨等（2001）根据近年来黑龙江省各地冬小麦试种的田间试验及生产调查，结合黑龙江省气候历史资料分析得出影响冬小麦安全越冬、返青的 5 个农业气象指标，并以此计算出的气候综合指标值为主，辅以限制性指标进行修正，将该省划分为 3 个冬小麦气候区，即冬小麦可能种植区、冬小麦风险较大气候区、冬小麦不宜种植气候区。结果表明，近 20 年来黑龙江省气候变暖趋势逐渐明显，尤其是冬暖突出，使冬小麦在这里的种植成为可能。目前，黑龙江省已有 17 个县市具备种植冬小麦的气候条件，最北可延伸至克东和萝北等北部地区，这一界线与我国 20 世纪 50 年代所确定的冬小麦种植北界（长城沿线）相比，北移了近 10 个纬度。东北冬小麦种植区域由北纬 40°左右向北推移至北纬 42.5°，到辽宁的中北部。

西北地区按不同的标准均可显示冬小麦种植界限发生北移。最冷月 -8℃的等值线构成了我国冬小麦种植北界和海拔高度的上界，按照这一标准，西北地区冬小麦种植北界 20 世纪 90 年代比 60 年代可向北扩展 100km，海拔高度的上界可上升 100～400m。另据有关研究认为，越冬期负积温 -500℃的等值线构成了冬小麦种植北界和海拔高度的上界，按照这一标准 20 世纪 90 年代比 60 年代可向北扩展 50～200km。西北地区农耕期的热量资源显著增加，喜温作物生长期热量资源也显著增加。但在西北地区东部，降水量持续偏少，大面积干旱频发，冬温偏高，病虫害严重，气候变暖负面影响大于正面影响。陕西省冬小麦种植区北界向北扩展，但由于水分条件限制，冬小麦的生长受限区扩大（曾英等，2007）。

20 世纪 90 年代以后，冬小麦在甘肃陇中黄土高原地区的种植范围表现出明显的向西北地区和高海拔地区移动的趋势（刘德祥等，2005）。冬小麦种植区西伸明显，从 1 900m 提高到 2 100m，种植面积扩大 20%～30%。目前，冬小麦北界已经从 20 世纪 60 年代的岷县—陇西—通渭—渭源—庆城一线，北移至临夏—兰州—白银—景泰一带，大约北移了 1～4 个纬度。气候变暖使甘肃省春小麦适宜种植区高度提高 100～200m，种植上限高度达 2 800m，但气候暖干化，使全省春小麦种植面积减少 20%～30%，尤其中部旱作区减少较多。

在宁夏，由于引黄灌溉区冬小麦的成功引种，我国冬小麦种植北界在宁夏已由北纬 35°扩展到了北纬 39°地区，冬小麦种植海拔高度上升 600～800m，可种植的最高海拔延伸到了 2 200m（邓振镛等，2010）。宁夏春小麦适宜种植区主要在引黄灌区银川以南等地，占全区总面积 24.95%；次适宜种植区主要分布在引黄灌区银川以北地区，占全区总面积的 23.23%；宁夏北部非灌溉区域及中部干旱带为不适宜种植区，占全区总面积的 51.82%，气候变暖导致该区域面积进一步扩大。

气候变暖使辽宁省、河北省、山西省、陕西省、内蒙古自治区、宁夏回族自治区、甘肃省和青海省冬小麦的种植北界不同程度北移西扩（杨晓光等，2010）。与 20 世纪 50～80 年代相比，以 1981～2007 年气候资料确定的冬小麦种植北界：辽宁省东部平均向北移动 120 km，西部平均向北移动 80 km；河北省平均向北移动 50 km；山西省平均向北移动 40 km；陕西省东部变化较小，西部平均向北移动 47 km；内蒙古、宁夏一线平均向北移动 200 km；甘肃西扩 20 km；青海西扩 120 km。以河北省为例，如仅考虑热量资源增加带来的影响，冬小麦种植北界的北移，可使界限变化区域的小麦单产平均增加 25%左右。

2. 水稻种植界限的变化

依据水热条件的不同，单季稻在我国主要分布于淮河以北和长江流域北部，以及西南、华中、华南海拔较高的山区；双季稻主要在长江流域和华南地区，以及云贵高原的南部栽培；至于对积温条件要求较高的三熟制双季稻则主要分布于浙江、湖北、安徽南部以及江苏南部和广东等地（高亮之等，1986）。

中国长江以南的亚热带，是双季稻三熟制的主要分布地区。近年来由于气候变暖，积温增加，如果仅考虑气候要素的影响，双季稻的适种范围发生了变化。主要表现在：浙江省境内平均向北移动47km；安徽省境内平均向北移动34km；湖北省和湖南省境内平均向北移动60km（杨晓光等，2010）。但目前部分地区农民因双季稻费工、投入高等原因，并没有实际种植双季稻。而从气候条件分析，这些地区可以满足双季稻生长的气候条件。

云雅如等（2005）对黑龙江水稻种植格局变化进行了分析，发现1985年以后水稻不仅种植面积扩大，其种植区域也发生了变化，主要表现在向北推移和向东扩展，水稻年种植增长率超过10%。至2000年，松嫩平原成为玉米的主要种植区，三江平原成为水稻的主要种植区。2 000℃等温线代表水稻种植北界所需的最低积温数，达到2 300℃时，水稻可以稳定生长。20世纪80年代前期，我国2 000℃积温线大致位于小兴安岭地区中部偏南，约为北纬48°的位置，20世纪80年代以来逐渐向原有热量条件不足的北部地区推移和扩展，到20世纪90年代中后期，该等温线已经位于大兴安岭地区的漠河和塔河，较之20世纪80年代初显著北移大约4个纬度。

3. 玉米种植界线的变化

我国玉米种植多分布在自东北、经华北、至西南狭长的玉米带上，我国玉米带可划分为3个种植区，即东北春玉米区、黄淮海夏玉米区和西南玉米区。气候变暖，玉米适宜种植区向北扩展，向高海拔推进，向偏中晚熟高产品种发展。

玉米是一种喜温作物，对热量条件的要求相对较高，一般情况下，只有≥10℃积温超过2 000℃时才能满足其生长的需要。在20世纪60年代该线大致位于庄河—锦州—兴隆—蔚县—忻县—蒲城—天水—舟曲—松潘一线以北和河西走廊、新疆北部一带。目前，随着温度的升高这一界线已发生了显著的北移。20世纪80年代以来，东北不同熟性玉米品种可种植北界明显北移东延，早熟种逐渐被中、晚熟种取代，面积不断扩大。晚熟种北界从 20 世纪 60 年代的吉林省镇赉县扩展到 21 世纪初黑龙江的甘南县；中熟种北界从 60 年代的黑龙江嘉荫县向北延伸到呼玛县。黑龙江省玉米的分布从最初的平原地区逐渐向北扩展到了大兴安岭和伊春地区，向北推移了大约 4 个纬度。从种植的海拔来看，在西藏自治区（以下称西藏）地区，传统意义上的玉米种植区主要包括昌都、林芝和日喀则等位于海拔 1 700～3 200m 之间的地区。20 世纪 80 年代以后，其分布界线逐渐扩大，目前在海拔 3 840m 的地方已经可以种植较早熟的品种。与此同时，甘肃省的秋玉米种植区也随温度的升高而逐步扩大，全省大部分地区均可种植。此外，在南宁部分地区已经满足了冬玉米生长所需要的温度条件。温度的升高不但可以改变种植的范围和界线，还会带来品种的改变和产量的提升。在东北地区，作为玉米高产中心的松嫩平原南部，由于生长期提前，盛夏热量强度充足，目前，已可以种植一些晚熟高产品种。而在吉林省中部玉米带和内蒙古扎兰屯地区，播种面积和产量也随温度的升高呈现出一个线性增加趋势（云雅如等，2007）。

赵俊芳等（2009）研究认为，近 47 年来东北地区热量资源的增加为不同熟性玉米品种种植区域北移东延提供了有利条件，早熟品种逐渐被中、晚熟品种取代，中、晚熟品种种植面积将不断扩大。与 20 世纪 60～70 年代相比，80 年代以后不同熟性玉米品种可种植北界北移东延非常明显，晚熟品种北界 20 世纪 60～70 年代在吉林省白城市的镇赉县（北纬 122°47′东经 45°28′），20 世纪 80 年代向北延伸到黑龙江省的泰来县（北纬 123°27′，东经 46°24′），90 年代又延伸到齐齐哈尔市（北纬 123°58′，东经 47°20′），21 世纪初则扩展到甘南县（北纬 123°29′，东经 47°54′）；东界从 20 世纪 60 年代的黑龙江省双城市（北纬 126°19′，东经 45°32′）向东延伸到 21 世纪初的宾县（北纬 127°29′，东经 45°45′）。对于中熟品种来说，北界从 20 世纪 60 年代的黑龙江省的嘉荫县（北纬 130°00′，东经 48°56′）向北延伸到 21 世纪初的呼玛县（北纬 126°36′，东经 51°43′）。早中熟品种北界从 60 年代黑龙江的嫩江县（北纬 125°12′，东经 49°10′）向北延伸到 21 世纪初的塔河县（北纬 124°42′，东经 52°19′）。早熟品种种植南界则从黑龙江省中部的逊克县（北纬 128°25′，东经 49°34′）退缩到北部的呼玛县（北纬 126°36′，东经 51°43′）。但就平均状况而言，不同熟性品种种植区域北移东延将使严重低温冷害出现频率明显增加，种植风险也加大。

华北夏玉米灌浆期增加5d左右，生长期延长，品种由原来的早熟种改为以中早熟和中熟种为主。1995年以前，内蒙古阴山北部丘陵区基本无玉米种植，现在种植北界扩展了100～150km，近5年平均（2002～2006年）与20世纪80年代相比面积扩大了1.9倍左右（邓振镛等，2010）。

河西灌区玉米面积迅速扩大，达2.5倍，旱作区玉米面积扩大50%至1倍。宁夏玉米播种期提早，生长季延长，南部山区在20世纪80年代玉米难以正常成熟，种植面积很少，随着气候变暖和地膜覆盖，全生育期热量已基本满足需求，种植面积进一步扩大。引黄灌区及彭阳东南部玉米高产区域明显扩大。甘肃玉米适宜种植区高度提升150m左右，种植上限高度达1 900m，最适高度为1 200～1 400m。甘肃省的秋玉米种植区也随温度的升高而扩大到全省大部分地区（邓振镛等，2010）。

4. 油菜种植界线的变化

我国油菜产区可以划分为2个大区，其中，冬油菜无论是在种植面积上，还是油菜籽产量上均占全国总量的85%以上。气候变暖使我国冬油菜潜在的种植面积显著增加，特别是在北方地区，冬油菜发展潜力十分巨大。

我国春油菜产区主要为青藏高原、蒙新内陆和东北平原3个亚区。近年来，随着气候变化，春油菜产区气温逐年升高，暖冬趋势明显。近50年间西部干旱和半干旱区年平均增温速率达0.034℃/年；东北地区冬季和春季增温速率分别为0.063℃/年和0.049℃/年（张树杰和张春雷，2011）。部分地区年降水量虽呈增加趋势，但降水量增加主要是在秋冬季；降水量高度集中，夏季最多、春季最少；强降水事件的频率和强度增加明显，有效降水没有增加甚至减少。日照时数显著缩短。气候变化可能导致春油菜生产的不稳定性增加。

冬油菜产区主要位于黄土高原、黄淮平原、云贵高原、四川盆地、长江中游平原、长江下游平原和华南沿海7个亚区。冬油菜产区气温升高显著，暖冬明显，夏季高温提前、极端高温频率增加。黄土高原、黄淮平原、云贵高原和四川盆地降水量有增有减，降水分布不均趋势更加严重；长江流域和华南沿海地区年降水总量虽有微弱增加，但季节差异较大，季节性干旱趋势加重。年日照时数逐年减少，尤其是夏季和冬季。极端气候事件发生频繁、危害程度加大。农业气象灾害时有发生，冬油菜生产的不稳定性显著增加。

近年来，我国油菜种植面积的增长总体上呈现出明显的"东减、北移、西扩、南进"特征，其中黄土高原、黄淮平原、四川盆地和云贵高原亚区冬油菜种植面积增加较快。在渭北旱塬引种栽培甘蓝型冬油菜的成功，使冬油菜种植区域向北推进了半个纬度，海拔提高400m。孙万仓等（2010）研究发现，在西北寒旱区的酒泉和张掖，冬油菜也表现出良好的适应性和经济性状，表明西起新疆的伊宁、东至黑龙江的绥芬河以南，包括沿长城一线以及西藏、新疆中南部、东北平原南部可能是一个具有重要发展潜力的冬油菜种植带。

5. 未来气候变化对中国种植制度北界的可能影响

张厚瑄（2000）分析了未来全球气候变暖对我国的种植制度将产生的影响，研究结果预计我国各地的热量资源将有不同程度的增加，一年两熟和一年三熟种植北界有所北移，在品种和生产水平不变的前提下，气候变暖可能会导致我国多熟种植面积产生如下变化：一年一熟种植面积由当前占耕地面积的63%下降为34%，一年两熟种植面积由24.2%变为24.9%，一年三熟种植面积由当前的13.5%提高到35.9%。由于水分变化可能产生的不利影响，使种植制度面积的变化具有较大的不确定性。

基于A1B气候情景下中国未来30年（2011～2040年）和21世纪中叶（2041～2050年）逐日气象数据，比较未来30年和本世纪中叶相对于1950～1980年种植制度界限的可能变化，未来气候变暖对中国种植制度界限可能造成影响的分析评价结果（图2-2）表明，到2011～2040年和2041～2050年，气候变化将会造成全国种植制度界限不同程度北移、其中，一年一熟区和一年两熟区分界线，空间位移最大的为陕西省和辽宁省，一年两熟区和一年三熟区分界线，空间位移最大的区域在云南省、贵州省、湖北省、安徽省、江苏省和浙江省境内，且2041～2050年种植北移情况更为明显。冬小麦种植北界北移西扩、青海省冬小麦种植界限为西扩明显。热带作物种植北界北移，广西区和广东省境内北移情况比较明显。未来降水量的增加将使得大部分地区雨养冬小麦—夏玉米稳产种植北界向西北方向移动（杨晓光等，2011）。

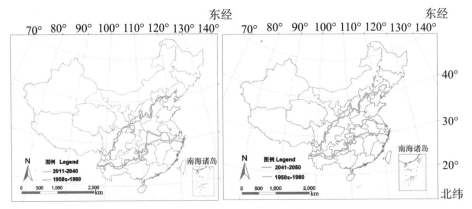

图 2-2　未来气候变暖对全国种植制度界限的可能影响（杨晓光等，2011）

2.1.3　气候变化对作物生产潜力的影响

气候变化对作物生产潜力变化影响显著。气候变化对作物生产潜力的影响利弊并存。日照时数的减少和降水量的减少使生产潜力降低，而气温升高具有增加作用。

在光温条件适宜的条件下，水分条件与光温条件协调，有利于作物获得更高产量，相反，作物得不到充分的水分供给，将使作物生长缓慢，作物的气候生产潜力下降。降水量的下降是本世纪以来影响我国作物气候生产潜力的主要因素。

相同的温度变化幅度，对不同地区作物生产潜力的影响效应不同，对同一地区不同作物的适宜度影响不同。如相同的温度变率，东北地区 3 种作物中以水稻生产潜力变化幅度为最大，其次是玉米，大豆变化幅度最小。同时，热量条件越差的地方，作物适宜度变化幅度越大，作物生产潜力所受的影响越大，反之，影响越小。东北地区的地理环境决定了其南北热量条件的明显差异，故不同地区由于其热量条件不同，温度变化引起的适宜度变化也不同。适宜度变化的空间分布趋势为由南向北增大，同纬度相比较，东部大于西部，与该地区温度分布呈相反趋势。东北地区降水变化对大豆的生产潜力影响最大，其次为水稻和玉米，且降水增多可能使大豆和水稻的生产潜力降低，降水减少反使其生产潜力提高（陈峪和黄朝迎，1998）。

作物生育期温度变化对其生产潜力影响显著。20 世纪 80 年代黄土高原地区平均温度上升，但直接影响生产潜力的生长期内平均温度没有增加，反而减少，致使黄土高原玉米光温生产潜力较 20 世纪 60 ~ 70 年代减少（张强等，1995）。5 ~ 9 月为东北地区作物生长发育的主要时期。虽然一些年份 5 ~ 9 月平均气温相同，但由于温度月际变化不同，温度变化所产生的效应也不同。例如伊春，1967 年和 1983 年 5 ~ 9 月平均温度同为 16.0℃，但因各月温度变化不同，以玉米为例，F（T）分别为 0.54 和 0.59，前者产生正效应，后者则产生负效应（陈峪和黄朝迎，1998）。可见，尽管总热量条件相同，但因作物各个生育阶段的温度变化不同而产生了相反的效应。

陈长青等（2011）给出了气候变化对东北春玉米生产潜力的影响。从时间上看，光合生产潜力呈现下降趋势，太阳辐射量的减少可能是导致光合生产潜力下降的主要原因。光温生产潜力波动上升，平均温度的波动上升可能抵消了太阳辐射量减少带来的光温生产潜力的下降。20 世纪 70 ~ 80 年代年光温生产潜力变化较缓慢，90 年代开始上升幅度较大。20 世纪 90 年代与 21 世纪以来光温生产潜力较 20 世纪 70 年代分别增加了 1 838kg/hm^2 和 1 914kg/hm^2。1971 ~ 2007 年东北春玉米气候生产潜力震荡变化，总体上呈增加趋势；70 年代和 80 年代气候生产潜力较低，90 年代有较大幅度的上升，本世纪以来有所下降。由此推测，降水量年际变化大，降水的时空分布不均，是限制气候生产潜力的主要原因。

辜晓青等（2010）研究表明，1971 ~ 2000 年江西省早稻的光合和气候生产潜力均呈略减趋势，而光温生产潜力则呈略上升趋势，表明江西省热量条件充足，但光温生产潜力的增加不足以抵消光合生产潜力和水分适宜度变差带来的负面影响，致使江西省早稻的气候生产潜力呈下降趋势。由于水分、光照条件的制约，江西省早稻的气候生产潜力仅占光合生产潜力约 55.5%，光温生产潜力占光合生产潜力约 78.6%。

王素艳等（2009）采用逐步订正法评估了气候变化对四川盆地作物生产潜力的影响，结果表明（表 2 - 3），光合、光温、气候生产潜力在 20 世纪 70 年代都属于高值时期，近年来均有所降低。气候变化对作物生产潜力的影响利弊并存，气温升高对四川盆地光温生产潜力具有增大作用，而日照时数的减少和降水量的减少削弱了气温升高的正效应，盆地平均气温升高1℃，光温生产潜力增加6%，降水量减少10%，气候生产潜力减少1.6%。

表2-3　四川盆地平均生产潜力及各代表站点近10年与
20世纪70年代的比较（%）（王素艳等，2009）

生产潜力类型	四川盆地	绵阳 （盆地西北部）	宜宾 （盆地南部）	遂宁 （盆地中部）	达县 （盆地东北部）
光合生产潜力	-4.1	-7.1	-8.1	-6.1	-8
光温生产潜力	-1.4	1.3	-5.9	-4.4	-7.2
气候生产潜力	-2.2	-3.4	-13.2	-8.7	-3

未来在温度增加较多，降水增加有限的情况下，与光温生产潜力相比，气候生产力增加可能相对较少，甚至在某些地区还可能出现由于水分胁迫加强致使气候生产力减小的情形。

2.1.4　气候变化对农业气象灾害的影响

气候变化对农业的影响有利有弊，近年来逐渐以负面影响为主，且存在明显的区域性差异。气候变化不仅导致了气象要素平均状况的改变，还导致了极端天气气候事件发生的时间、覆盖范围、程度等的变化；两者共同作用，致使农业气象灾害发生的时空规律发生相应的改变。气候变化对农业生产的不利影响主要表现为气象灾害加剧给农业带来的重大危害和损失。中国每年因各种气象灾害造成的农作物受灾面积达5 000万 hm^2，造成的经济损失平均达2 000亿元人民币，占国内生产总值的1%~3%。

我国主要农业气象灾害有干旱、洪涝、低温灾害、热带气旋、雪灾等，而其中最主要的是干旱和洪涝灾害，其导致的灾害损失约占气象灾害损失的70%~85%。我国降水时空分布不均，北方少雨，南方多雨，北方缺水地区的持续干旱，以及黄河、海河等流域的不时断流，加剧了北方水资源的短缺；南方大范围洪涝灾害频繁发生，特别是进入20世纪90年代以来，长江、珠江、太湖等流域连续发生多次洪水，使我国北旱南涝的局面有所加剧。

模式预测表明（《第二次气候变化国家评估报告》编写委员会，2011），我国干旱、半干旱地区的农牧过渡带将有所扩大，农牧过渡带向东南推移不仅减少了种植面积，还可能引起沙漠化的危险地区随之向东南方向推进。2010～2030年我国华北地区降水量减少，春旱发生的频率和强度可能会进一步加剧，将有可能导致华北地区的冬小麦、玉米等粮食作物大幅度减产，对我国的粮食安全产生重大影响。

据气候模式预测，到2070年，福建、江西西部、贵州、四川、云南部分地区大雨日数将显著增加，暴雨天气增多，气候有恶化趋势，登陆台风增加100%，我国南方强降水事件的增加及登陆台风数目的增加，将直接导致我国洪涝灾害的加重。但也有研究表明未来西北太平洋年总台风数将减少，我国南方强降水事件的发生将减少，洪涝灾害可能会减轻，因此，气候模式预测的确定性程度还需要进一步研究。

1. 旱灾

旱灾是我国第一大农业气象灾害。全国多年平均受灾面积约为2 114万hm^2，约占全国播种总面积的14.9%，其中成灾面积约为912.5万hm^2，约占全国播种总面积的6.3%。黄淮海地区和长江中下游地区为我国干旱的重发区，其受旱面积分别占到全国的44%和24%。

中国旱灾发生具有明显的时空分布规律。从全国范围看，春夏季节旱区主要在黄淮海地区和西北地区；秦岭-淮河以北地区由于降水较少且变率大，春夏连旱较频繁，个别年份有春、夏、秋连旱，干旱发生频率居全国之首，受旱面积和成灾面积均占全国的40%以上。夏秋季节旱区转移至长江流域，直至南岭以北地区，长江中下游地区受旱面积和成灾面积仅次于我国黄淮海地区；华北、西北和东北经常有春旱，有时出现春夏连旱。我国北方地区春季降水少、蒸发强、干旱频发，有十年九春旱的说法。春旱主要影响春作物播种和苗期生长，影响冬小麦生长及产量形成。

气候变化导致我国农业旱灾发生加剧。20世纪50年代以来，我国农作物干旱受灾、成灾面积逐年增加，干旱灾害发展具有面积增大和频率加快的趋势。50～90年代中各年代全国平均受旱面积依次为1 162万hm^2、1 872.9万hm^2、2 534.9万hm^2、2 414.1万hm^2、2 633万hm^2；受旱成灾面积分别为374.1万hm^2、885万hm^2、735.9万hm^2、1 193.1万hm^2、1 329.3万hm^2。20世纪

50～90年代全国性的大旱年（受灾面积超过3 066.7万 hm²，成灾面积超过1 066.7万 hm²）有10年。另外，近50年来旱灾成灾率呈上升趋势，从1950～1979年的30年间，超过40%的年份有11年；而1980～2000年的21年间，除了1996年和1998年，其他年份旱灾成灾率均超过了40%，1999～2001年3年连续干旱，灾害影响到10多个省（市、区），3年平均受灾面积达3 638万 hm²，成灾面积2 237万 hm²。2000年中国农作物受旱面积最大，约为4 054万 hm²（李茂松等，2003）。表明随着气候变化中国的干旱化趋势明显加剧，尤以华北地区的干旱程度加剧和干旱范围扩大最为显著。

气候变化导致北方地区的干旱周期缩短，干旱频率显著增加，粮食减产幅度增大。近50年甘肃干旱灾害发展具有面积增大和频率加快的趋势，旱灾成灾率呈上升趋势。1950～1979年的30年间，旱灾成灾率超过30%的年份有1年；1980～2000年的21年间，有5年成灾率达30%以上，其中，1995年达到了45.3%，成灾率为近50年来最大。近50年来，甘肃省共发生干旱成灾面积超过100万 hm²的严重干旱年13次，而90年代以来就出现了6次。

根据模式预测研究，气候增暖使中纬度夏季降水将减少，土壤水分减少，我国干旱化趋势会进一步发展。

2. 洪涝灾害

洪涝灾害是影响我国粮食生产的第二大农业气象灾害，气候变化导致我国洪涝灾害加剧。20世纪50年代以来，中国洪涝灾害成灾面积逐年增加；50年代、60年代、70年代、80年代和90年代成灾面积分别为430.3万 hm²、525.9万 hm²、287.6万 hm²、558.8万 hm²和859.3万 hm²。1994年全国洪涝灾害损失达1 500亿元，1998年全国特大洪涝灾害损失超过2 000亿元，因洪涝灾害年均损失粮食占灾害损失总量的25%左右。

从全国平均来看，我国总的降水量变化趋势不明显，但雨日数明显趋于减少，降水过程存在强化的趋势。研究指出（翟盘茂和章国材，2004），我国的极端降水平均强度和极端降水值都有增强的趋势，极端降水事件也趋多，20世纪90年代，极端降水量比例趋于增大。华北地区年降水量趋于减少，虽然极端降水值和极端降水平均强度趋于减弱，极端降水事件频数明显趋于减少，但极端降水量占总降水量的比例仍有所增加。西北西部总降水量趋于增多，极端降水值和极端降水强度未发生明显变化，但极端降水事件趋于频繁，长江及长江以南地区极端降水事件趋强趋多。

气候变暖使我国长江、淮河等流域洪涝灾害加剧。长江、淮河流域作为我国粮食的主产区之一，自 20 世纪 90 年代到 21 世纪初，都出现了历史上罕见的洪涝灾害。20 世纪 90 年代为长江流域洪涝灾害高发的十年，1991 年、1995 年、1996 年、1998 年和 1999 年是洪涝灾害严重的 5 个年份。1998 年长江流域出现强降水事件，许多地区的日降水量超过历史最高水平，给我国的粮食生产带来巨大损失。90 年代的多发性洪涝与 60 年代的持续干旱形成了鲜明对比。并且每一次洪水都伴有严重的极端降水事件。20 世纪 90 年代以来，淮河流域于 1991 年、2003 年和 2007 年发生了 3 次严重的洪涝灾害。2003 年的淮河流域特大洪涝受灾面积 520 万 hm^2，成灾面积 340 万 hm^2，绝收 120 万 hm^2，灾害直接经济损失超过 350 亿元。极端降水事件频繁出现，是导致洪灾的直接原因。

20 世纪 80 年代以来，华北、西北的水灾变化不明显，东北地区的水灾有一定的下降趋势。而我国整个北方地区旱灾面积比例都有显著的上升趋势。华东与华中地区水灾、西南与华南地区水旱灾害均在波动中呈上升趋势，华东与华中地区旱灾面积比例呈现较大波动，变化趋势不明显。从全国总体来说，近年来我国的旱灾成灾面积和旱灾粮食损失量一直处于不断上升的趋势中。农业水旱灾害比例的变化，客观地反映了气候变化对我国农业生产影响的情况（吕军等，2011）。

3. 低温冷害

低温冷害是指农作物生育期间，某一时期或整个生育期间的气温低于作物生长发育要求，引起农作物生育期延迟或生殖器官的生理机能受到损害，从而造成农业减产的一种农业气象灾害。由于不同地区农作物的种类不同，同一农作物在不同的发育时期对温度条件的要求不同，因此，低温冷害有明显的地域性。冷害主要发生在我国的东北地区的夏季和南方的初秋；对喜温作物如玉米、棉花、水稻等产生危害。

东北地区无霜期短，有效积温少，生长季低温冷害是影响东北地区农业生产的主要气象灾害，6 月、8 月和 9 月份出现的低温冷害对农作物正常生长的影响尤为明显，20 世纪 60 年代后期至 70 年代前期，东北低温冷害频发，灾害程度严重。方修琦等（2005）依据孙玉亭等人的研究统计了黑龙江省冷期（1960～1979 年）、暖期（1980～1999 年）和强烈增暖期（1990～1999 年）平均序列和各站点气温的均值和标准差，以各站点 1960～1979 年发生低温冷害的临界值为标准，计算 1980～1999 年暖期和 1990～1999 年强烈增暖期各地低温冷害发生的频率，以此分析变暖对延迟型低温冷害发生频率的影响。研究表明，在种植结构保持冷期（1960～1979 年）的状况不变的假设前提下，冷期、暖期和强烈增暖期出现一般低温冷害临界气温的频率分布的结果如图 2-3 所示：冷期黑龙江省大部分地区发生一般低温冷害的频率在 30% 左右，西北部地区达 40% 以上；暖期大部分地区的低温冷害频率降低到 10% 左右，强烈增暖期大部分地区无低温冷害发生。可见随着气候变暖，黑龙江省低温冷害发生频率明显减少，农作物种植风险降低。

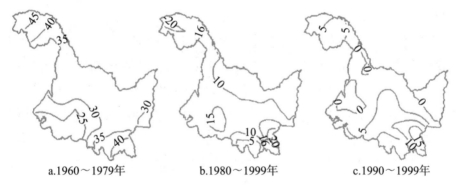

a.1960～1979年   b.1980～1999年   c.1990～1999年

图 2-3 黑龙江省出现延迟型冷害临界低温的频率（%）
空间变化（方修琦等，2005）

就气候变暖对我国低温灾害影响而言，气候变暖使我国低温灾害发生频率因地区不同而有增有减，但低温灾害的强度增大。如东北地区在 1969 年、1972 年、1976 年发生了严重的低温冷害，使东北地区粮食减产 300 亿 kg，但在 20 世纪 80 年代之后随着气温升高冷害发生频率减少。黄淮海麦区为我国的霜冻多发区，在 1981～2000 年，霜冻害发生了 9 次。我国华南历史上较少发生寒害，但是，在 1991 年、1993 年、1996 年、1999 年都发生了大范围的严重寒害，占 20 世纪 50 年代以来严重寒害次数的 62.5%，寒害发生频率显著增加。2008 年 1 月 10 日至 2 月 2 日，主要发生于南方地区的百年一遇的低温雨雪冰冻灾害，造成包括西北地区在内的 18 个省份受灾，农作物成灾 441.9 万 hm^2，绝收 169.1 万 hm^2，直接经济损失 537.9 亿元人民币；林业受灾面积2 266.7 万 hm^2，直接经济损失达 1 014 亿元人民币，损失更为惨重。

4. 风灾

风灾是我国新疆地区的主要气象灾害之一。新疆年风灾次数在 20 世纪 80 年代中期和 90 年代中后期增多，出现了风灾发生的高峰期。1985 年，全年因重大风灾造成可比损失达 5.3 亿元，1998 年达 13.9 亿元；就风灾损失值年代平均而言，20 世纪 90 年代为 80 年代的 5 倍以上。西藏地区为我国大风最多的地区之一，沿江一线、藏西北及藏东北地区大风日数都表现出减少趋势，南部边缘地区的大风日数在 20 世纪 70 年代至 80 年代中期呈减少趋势，此后逐年增加，1992 年以后虽略有减少，但始终保持在一个高值阶段。

目前，气候变化背景下，不少地区的平均风速有下降的趋势。但风灾主要与大风有关，而与平均风速关系不大，因此未来风灾的变化是不确定的。如果台风日数增多，也会增加我国东南沿海地区风灾发生的频次。

2.1.5　气候变化对农业病虫害的影响

中国是世界上农作物病虫害最严重的国家之一，具有种类多、影响大并时常暴发成灾的特点。据统计全国农作物病虫害近 1 600 种，其中，可造成严重危害的在 100 种以上，重大流行性、迁飞性病虫害有 20 多种，其发生范围和严重程度对国民经济，特别是农业生产常产生直接的重大影响。

农作物病虫害的消长与成灾除了受其自身生物学特性影响外，还受农作物品种、耕作栽培制度、施肥与灌溉水平等的制约，特别是受气候条件的影响很大。几乎所有大范围流行性、暴发性、毁灭性的农作物重大病虫害的发生、发展和流行都与气象条件密切相关，或与气象灾害相伴发生，一旦遇到灾变气候，就会大面积发生流行成灾。气候变化导致农业有害生物致灾的生态环境条件变化，尤其是地表温度增加、区域降水变化、农业结构、种植制度和种植界线变化等，已对中国农作物病虫害的发生与灾变、地理分布、危害程度等产生重大影响（霍治国等，2009）。

受气候变化、耕作制度变化等因素的影响，中国农作物病虫害发生危害呈现出新的态势（霍治国等，2012）：一是发生面积逐年增长，由 1949 年的 0.12 亿 hm² 次上升到 2006 年的 4.60 亿 hm² 次，而近 5 年年均发生面积超过 4.20 亿 hm² 次；二是暴发种类逐年增加，20 世纪 50～70 年代，每年约有 10 种有害生物暴发，80～90 年代每年约有 15 种有害生物暴发，21 世纪以来，每年暴发的有害生物增加到 30 种左右；三是灾害损失逐年扩大，1949～2009 年，虽经大力防治，生物灾害导致的全国粮食作物产量损失仍增加了 4 倍左右。其中，2000～2006 年，仅水稻、小麦、玉米、大豆 4 种主要粮食作物的实际产量损失就由 105.39 亿 kg 增加到 127.08 亿 kg，损失率增加了 20.58%。一般年景，造成粮食减产 10%～15%、棉花减产 20% 以上。在某些病虫害暴发年份，损失更为惊人，如 1990～1991 年全国小麦白粉病大流行，导致 1990 年小麦损失 14.38 亿 kg，1991 年虽经大力防治，实际损失仍达 7.7 亿 kg，局部严重地区减产 30%～50%，有些高感品种甚至绝收。迄今，无论是水稻、小麦、玉米、大豆等主要粮食作物，还是蔬菜、果树等园艺作物的生物灾害都呈加重态势。

气候变化导致的温度升高、降水变异以及耕作栽培制度变化等，一定程度上改变了农田有害生物的生存条件，致使病虫害的适生区域、发生时段、发生与流行程度、种群结构等发生变化，总体上向着有利于病虫害暴发灾变的方向发展。对气候变暖、降水变化影响病虫害的已有事实的检测（霍治国等，2012；霍治国等，2012）表明：

生长季变暖可使大部病虫害发育历期缩短、为害期延长，害虫种群增长力增加、繁殖世代数可比常年增加 1 个代次，发生界限北移、海拔界限高度增加，危害地理范围扩大，危害程度呈明显加重趋势。但也使一些对高温敏感的病虫害呈减弱趋势，致使小麦条锈病、蚜虫等病虫为害由低海拔地区向高海拔地区迁移。未来气候变暖将使中国大部农作物病虫害发生呈扩大、加重趋势。

一定区域、时段的降水偏少、高温干旱有利于部分害虫的繁殖加快、种群数量增长，降水、雨日偏多有利于部分病害发生程度和害虫迁入数量的明显增加，病虫为害损失加重；暴雨洪涝可使部分病害发生突增，危害显著加重；暴雨可使部分迁入成虫数量突增、田间幼虫数量锐减；降水强度大，可使部分田间害虫的死亡率明显增加、虫口密度显著降低。高温干旱年可使部分病虫害大发生、飞蝗可比常年多发生 1 代，持续多雨年可使部分病虫害发生界限北移。梅雨期长且梅雨量多的年份有利于江淮地区稻飞虱、稻纵卷叶螟的迁入危害，稻纵卷叶螟迁入早的年份可比常年多繁殖 1 代。西太平洋副热带高压偏强年份有利于害虫迁入始见期提早、数量增加、范围扩大、为害加重。台风暴雨可使部分病害突发流行、田间虫口密度显著降低，台风多雨有利于害虫危害的迁入。厄尔尼诺年的当年、次年易暴发农作物病虫害。

温度、降水、日照等气象因子可直接影响病虫害的生长发育及其危害能力，是影响病虫害发生与灾变的主要气象因子。病虫害的发生、发展和为害均要求一定的温度、雨湿、光照条件，多数病虫害随温度、雨强的增加、日照的减少，生命活动旺盛，发育速率增加、历期缩短，种群增长力增加。如西瓜蔓枯病潜育期在 15℃时，需要 10～11d，28℃时只需 3.5d。安徽宣州区 2007 年 7 月份降水 162mm，比常年偏多 1.3 倍，8 月上旬雨量超过常年 1～2 倍，致使稻纵卷叶螟迁入数量大增，导致稻纵卷叶螟大发生。7 月下旬，旬日照时数低于 42h 将导致石家庄棉花黄萎病大发生。

农业病虫害与气象灾害具有相伴发生的群发性。如历史上蝗虫成灾往往与大旱、洪水等相伴发生。1999～2003 年，我国北方地区连续发生了大面积的严重干旱，同时出现了新中国成立以来极其少见的大面积蝗灾。1991 年，我国气候异常，部分地区遭受了特大的洪涝灾害，当年农作物各种病虫灾害发生严重，造成全国粮食损失 160 亿 kg；其中，小麦病虫害（以条锈病、白粉病、穗期蚜虫为主）发生 7 300 多万 hm² 次，损失小麦 38 亿 kg；水稻（以稻飞虱为主）损失 48.6 亿 kg，稻飞虱共发生 2 300 多万 hm² 次，超过历史上发生最重的 1987 年，其中仅天津、河北就有 1.3 万多 hm² 稻田绝收，这是历史上从未有过的；棉花（以棉铃虫为主）损失 2.3 亿 kg（霍治国等，2002）。

1. 病害发生流行与气象

农作物病害的流行须具备 3 个条件，即有大面积种植的感病或抗病力差的作物品种，有大量致病力强的病原菌，有利于病原菌繁殖、传播、侵染的气象环境条件。病害流行是病原物群体和寄主作物群体在气象环境条件影响下相互作用的过程。病害流行程度与侵染循环周转速度密切相关，病害侵染循环周转越快，病原物群体增长就越快，病害也就增长得越快。通常能在一个生长季节中流行的病害，病原物都是多次再侵染的，病害在短期内发展快，波及面积大，发生的程度和造成的损失就越大。病原物的越冬越夏、传播和初侵染、再侵染是制约病害侵染循环周转的关键，其中气象条件常起主导作用。

（1）病原物的越冬越夏

病原物在不良气象条件下或寄主作物休眠期间常潜伏度过冬季和夏季，期间多不活动，是其一生中最脆弱的时期。能否越冬越夏主要取决于极端温度。如我国小麦条锈病菌，在无积雪覆盖的地区，1月平均温度高于 $-7 \sim -6℃$ 才能顺利越冬；在有积雪覆盖的地区，1月平均温度达 $-10℃$ 时也能越冬。夏季最热时期旬平均气温在 $23℃$ 以上的地区不能越夏。因此，小麦条锈病菌只能在高寒麦区的晚熟春麦或自生麦苗上越夏，秋季随气流返回温带或亚热带平原地区，侵染冬麦，并以潜伏菌丝在麦叶上越冬，次年麦苗返青后，重新长出孢子继续侵染；至小麦生长后期，再以夏孢子传播至高寒麦区，如此循环。

不同病原物的越冬、越夏场所并不完全相同，同一病原物也可在不同场所越冬或越夏。病原物越冬、越夏的场所也就是病害初侵染的主要来源，主要有田间、病株、带菌种子、病株残体、土壤、肥料、带毒虫媒（蚜虫、粉虱、黑尾叶蝉等）等。

（2）病原物的传播

病原物的传播是病害侵染循环中各环节间相互联系的纽带，病原物产生了大量的繁殖体，需要有效的介体或动力，才能在短期内把它们传播扩散，引起病害流行。气流、雨水、昆虫以及人为活动等都可传播病原物，其中，气流和雨水是病原物传播的主要外力，与病害流行的关系最为密切。①气流传播。气流是病原菌传播扩散的主要动力，病原菌的田间传播扩散主要依赖风力，气流携带可将病原菌传播扩散到几百里远的地方侵染农作物。如小麦锈病孢子成熟后，遇到风速为 $0.4m/s$ 的气流时就会扩散。当风力强时，锈菌孢子可被吹到 $1\,500 \sim 5\,000\,m$ 高空，飘到几百公里以外。②雨水传播。雨水不仅可以传播病原菌，还可以使病叶与健叶接触并造成伤口，有利于病菌侵入。

雨露的淋洗或雨滴的飞溅可使病原菌散开而传播，如水稻白叶枯病等的黏状菌脓，炭疽病的胶黏的孢子堆，可通过雨露和雨滴反溅而传播。暴风雨更可使病原物在田间大范围扩散。土壤中的病原物可通过雨滴反溅到寄主底叶背面；水流可携带病原物广泛传播。但雨水传播的距离一般都比较近。③昆虫传播。许多作物病毒都是依靠昆虫传播的，如黑尾叶蝉传播稻普通矮缩病，桃蚜、萝卜蚜传播油菜叶病毒，虫体又是病毒越冬繁殖的场所。此外，在昆虫的活动过程中，可黏附携带一些真菌孢子或细菌等病原物而传播，并可为害作物造成伤口，有助于病原物的侵入。传毒昆虫的数量越多、活动范围越广，对病害的流行越有利。④人为活动传播。人类在与农业生产相关的人为活动中，常常帮助了病原物的传播，如引种或调运带病种子、苗木或其他繁殖材料以及带有病原物的植物产品和包装器材，都能使病原物远距离的传播，造成病区的扩大和新病区的形成。农事活动如施肥、灌溉、播种、移栽、整枝、嫁接、脱粒等也可传播病原物。

（3）病原物的初侵染和再侵染

病原物的初次侵染与再次侵染与气象条件关系密切。病原物经过越冬后到了春季，气温一般达到 8～10℃，且湿度适宜，病原物才能形成菌丝或孢子等侵染器官，侵入寄主作物，病害发生后形成繁殖器官，才能进行再侵染。一般病菌再侵染的适宜气温在20℃左右（程中元等，2011）。

（4）病害发生流行

气象条件对病原物生长发育和侵染的影响。湿度是影响病原物生长发育和侵染的决定因素，高湿有利于真菌孢子萌发，高湿、水滴有利于细菌繁殖和侵入。因此，多雨年份易发生稻瘟病、小麦锈病、赤霉病和水稻白叶枯病等；少雨年份，有利于传毒昆虫的活动，病毒性病害容易流行，如水稻和小麦黄矮病等。田间湿度高，雨多、露多或雾多有利于病害流行，如马铃薯晚疫病。各种病原物的生长发育和侵染对气象条件的要求不同。当温度在 22～27℃范围内，相对湿度在 92%～98% 时，有利于稻曲病孢子萌发，从而加速稻曲病的流行。有些病菌对湿度非常敏感，如黄瓜绿粉病是由绿藻门集球藻引起，在温棚中，当每日相对湿度不低于 80%，相对湿度 100% 在 12h 以上，藻孢生长旺盛；当中午有 1h 以上相对湿度低于 70% 时，藻孢的发育受到抑制。

气象条件对病害潜育期的影响。温度对病害潜育期长短的影响最大，愈接近病原物要求的最适温度时，潜育期愈短，生长季节中重复侵染的次数愈多，病害蔓延就愈快愈猛。有些植物病虫害，如棉花枯萎病等，在气象条件不利时，症状隐退，等到气象条件适宜时再度出现。

气象条件对病害发生流行的影响。温度和雨湿条件对病害发生流行影响最为重要，适温高湿最易引起病害流行，造成严重危害。病害的发生流行要求一定的温度范围；在适宜温度范围内，有利于病害的发生流行，否则不利于病害的发生。降雨有利于大多数病菌的繁殖和扩散。绝大多数真菌的孢子在植株叶面液态水中的产生量和萌发率显著提高，霜霉菌和疫霉菌必须在液态水中才大量释放游动孢子，游动孢子借助水才能侵染成功。雨量大、持续时间长，可使小麦赤霉病、红麻炭疽病、白术星斑病、黄瓜黑星病等病害流行速率加快，病情加重。冬季雨量、春季中雨量增加对长江流域小麦白粉病的流行有促进作用。雨湿条件往往是农作物病害流行的主导因子；雨日多、湿度高的气候条件，易引起病害流行。如各种霜霉菌、疫霉菌、锈菌和半知菌、细菌引起的多种作物病害。日照时数及强度对病菌的存活和繁殖有一定的影响。紫外线能刺激小麦白粉病闭囊壳产生，从而减轻病菌当时的为害。日照时数多，油菜白锈病发病轻，为害也轻，反之则重。

2. 虫害发生与气象

农作物虫害的发生与环境条件密切相关，影响害虫发生的环境条件按性质可分为生物因素和非生物因素两大类。非生物因素中主要为气象、土壤因子，生物因素中主要是食料、寄主植物及其他有益生物。虫害发生是害虫群体和寄主作物群体在环境条件影响下相互作用的结果，其中，气象条件常起主导作用。影响农作物虫害发生的主要气象因子有温度、降水、湿度、光、风等。

（1）温度

温度对昆虫生长发育的影响最大，因为昆虫是变温动物，它的体温基本上取决于周围的环境温度；因此，它的新陈代谢和行为，在很大程度上受外界温度所支配。任何一种昆虫的生长、发育、繁殖、分布范围，都受温度的制约，都有它一定的适应范围。温度对害虫的影响包括害虫适应的温度范围、发育速度与温度、发生世代与有效积温的关系等，同时，还影响其生殖力及取食迁移等行为活动。

适应的温度范围。不同种类的害虫对温度的适应范围不同，害虫活动的温度范围一般为 6～36℃。根据温度对害虫的影响可分为致死高温区、适宜温区、致死低温区。在适宜温度范围内，害虫生命活动旺盛，寿命长，后代多；否则繁殖停滞，发育迟缓，甚至死亡。以温带地区为例，害虫适宜温区的温度范围为 8～40℃，最适宜温区为 20～30℃。害虫在高于适温范围时，将呈热昏状态；若温度继续升高到高温致死温区时，部分蛋白质凝固或酶系统破坏以致死亡。害虫的致死高温因虫种、虫态、高温持续时间而有所不同，多数害虫在 39～54℃ 时，都将热死。害虫体温下降到过冷却点之前时，虫体处于冷晕状态；在过冷却点以下，体液结冰或生理失调而致死。

发育速度与温度。在一定温度范围内大多数害虫各虫态发育速率与温度呈正相关，温度升高害虫各生育期缩短，反之则延长。在最适宜温度范围内，害虫发育速度最快，随温度升高而呈直线增长；繁殖力最大，数量多、危害重。据报道，在 18～30℃ 范围内，白背飞虱的若虫和全世代发育速率、成活率随温度升高呈 Logistic 曲线变化趋势，孵化率较高，当温度达到 35℃ 时，孵化率下降，若虫陆续死亡；若虫与成虫的寿命长短对温度要求不同；在 22～25℃ 范围产卵较多，种群内禀增长力与温度呈抛物线关系。

世代数与有效积温。害虫一年内的发生代数，主要决定于种的遗传性和不同纬度、高度地区的温度条件。根据某种害虫的发育起点温度、完成一个世代的有效积温，以及某地适于这种害虫生活所需的全年有效积温总和，可计算出这种害虫在这一地区可能发生的世代数。如黏虫发育起点温度为 9.6±1.0℃，完成一个世代的有效积温为 685.2℃；常年情况下，在北京可发生 3 代、郑州约 4 代，广州 6 代以上。玉米螟发育起点温度为 9.0℃，完成一个世代的有效积温为 710.0℃；常年情况下，在北京可发生 3 代、郑州约 4 代，广州近 7 代。总体上看，随着从北向南全年有效积温的增加，害虫发生世代数增加。

（2）降水和湿度

降水和湿度条件作为害虫生存发展的必要条件之一，对虫害的发生危害具有极其重要的影响，是影响害虫种群数量变动的主要因素，有利时起到加速促进作用，不利时则产生抑制作用。降水除了改变大气温度、湿度、光照和土壤含水量而影响害虫之外，还可直接影响害虫生命活动。北方冬季积雪形成地面覆盖，对土中或土面越冬害虫起着保护作用；大雨和暴雨对小型害虫及卵有冲杀作用，如蚜虫、叶蝉卵等；高温、高湿的梅雨天气，有利于寄生菌繁殖，引起少数病虫寄生菌蔓延，群体密度因而降低。湿度与害虫的存活率、数量、甚至体重的变化有着密切的关系。相对湿度43%～100%时，白背飞虱卵孵化率、若虫存活率、世代存活率、成虫产卵量和寿命、内禀增长力、种群趋势指数均随湿度增加呈抛物线趋势。湿度影响着害虫的迁飞能力、体重变化、虫口数量及发生程度等。在湿度为90%～100%及中温条件下，玉米螟产卵多，发育最快，成虫的交配次数也较高。在低湿条件下越冬复苏后的亚洲玉米螟虫体重量下降幅度明显大于高湿条件下，其死亡率与湿度呈负相关，20%～40%低湿条件下玉米螟不能化蛹，80%～100%高湿条件下能够化蛹。

（3）光照

光照对害虫的影响主要表现为光波、光强、光周期等方面。光波与害虫的趋光性关系密切，害虫对光波的反应因种类、性别和虫期而不同。如二化螟对紫光趋性最强；黄光对蚜虫引诱力较大；铜绿金龟甲雌虫趋光性强，雄虫则否；金蝇成虫正趋光，幼虫负趋光。害虫适应的可见光波长范围在250～700nm。一般情况下，短波光对昆虫有较大的引诱力，这表现在昆虫的夜出性，趋光性，如二化螟对330～440nm的趋光性较强。根据害虫的趋光性，可用各种波长的灯光诱捕或驱赶害虫；了解害虫发生时期及数量动态，可为预测预报提供依据。光强主要影响害虫的取食、栖息、交尾、产卵等昼夜节奏行为，且与害虫体色及趋集程度有一定的关系。如二化螟卵在光照90lx下完全不能孵化。蚜虫在黑暗中不起飞，而中午光照度超过10 000lx时，对迁飞也有抑制作用。蚊虫大多数在0.15～1.5lx的光照度下活动，强光及完全黑暗条件下活动较少。

光周期是引起害虫滞育和休眠的重要因子。光周期可引起或解除某些害虫的滞育。如三化螟、棉铃虫等，在长日照条件下，发育正常，短日照则滞育。而大地老虎、小麦吸浆虫等，则是长日照滞育型。我国长江流域的四川、湖北、浙江棉铃虫种群临界光周期较短，进入滞育期明显晚于黄河流域种群；对于黄河流域棉区，北部特早熟棉区的西北内陆棉区棉铃虫种群在光照时数短于 14h 后则将很快进入滞育状态。27 ~ 28℃时，梨剑蚊幼虫期在每昼夜 6 ~ 15h 光照下，化蛹全部进入休眠，光照延长到 17h 以上时则不休眠。光周期还影响害虫体型的变异。如豌豆蚜在无翅雌蚜的若虫期，经 20℃下光照 8h 的处理，所产生的后代为有翅型；经 25 ~ 26℃ 及 29 ~ 30℃下 16h 光照处理，就产生无翅型。光质对害虫的生殖能力有明显影响，用 X 射线或 γ 射线照射雄性害虫，可使害虫雄性不育，与之交配的雌虫只能产下未受精的、不能孵化的卵，从而可达到消灭害虫的目的。

（4）风

风是影响害虫迁移扩散的重要因子之一。飞翔类害虫大多常在微风或无风晴朗天气飞行，当风速超过 4.2m/s 时，就停止自动飞行。如稻水象甲只在无风或微风条件下出现迁飞峰期；微风能刺激黏虫起飞，并有偏爱迎风（或稍偏一点角度）起飞的习性。东亚飞蝗在 3.3m/s 风速下，逆风飞行，风速超过 3.4m/s 时，即改为顺风飞行。在强风下生长的害虫，多在背风处筑巢，或钻入土内。海岛上风大，害虫多为无翅型；低海拔和弱风处的都为有翅型。一些无翅害虫，常附于落叶碎片随气流升到高空，传至远方。对于具有远距离迁飞习性的害虫，如黏虫、稻飞虱、稻纵卷叶螟、棉铃虫、东亚飞蝗等，风直接影响着害虫的起飞、运转及降落。如黏虫、稻飞虱、稻纵卷叶螟等，在我国春夏季节，随偏南气流向北迁飞；晚秋，随偏北气流由北向南回迁；它与季风进退基本一致，并常随锋面天气系统移动；伴随降雨和下沉气流降落。黏虫、稻飞虱等害虫的迁飞高度主要分布于空中 500 ~ 2 000m，当风速超过 3.5m/s 后，成虫主要由气流推动前进。如以 8 m/s 的风速估算，棉铃虫成虫一夜在空中大约飞行 8.5 ~ 9.5h，完成的迁移距离约 250 ~ 280km。

3. 气候变化对农作物病虫害的影响

在全球气候变暖背景下，我国农作物病虫害频发重发，危害损失日益严重，已成为农业生产和粮食安全的重要制约因素。为定量揭示气候变化导致的温度、降水、日照变化对全国农作物病虫害变化的影响，采用1961~2010年50年间全国农区527个气象站点气象资料、全国病虫害资料以及农作物种植面积等资料，基于全国农作物病虫害发生面积率与气象因子的相关分析，进行气候变化对病虫害变化的主要影响因子筛选；基于筛选出的主要影响因子，分析气候变化对全国病虫害变化的影响关系（王丽等，2012；张蕾等，2012）。以期为开展气候变化对农作物病虫害影响的评估提供参考依据。

（1）资料来源与选取

气象资料取自国家气象信息中心，从全国564个站点中，剔除高山站、沙漠站、草原站，选取全国农区527个气象站点（图2-4）1961~2010年的逐日气象资料，包括日平均气温、降水量、日照时数等。病虫害资料来自全国农业技术推广服务中心，包括1961~2010年全国农作物病虫害逐年发生面积、导致的粮食损失等。农作物面积、产量资料来自中国种植业信息网，包括1961~2010年逐年的农作物种植面积、总产量等。

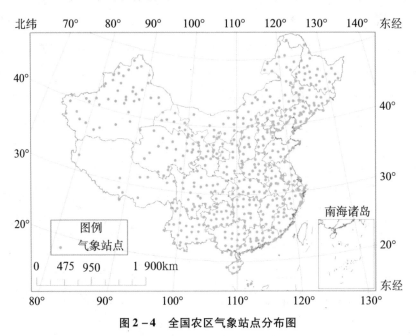

图2-4　全国农区气象站点分布图

（2）资料处理方法

选取的气象因子主要有温度、降水、日照时数，同时引入年平均降水强度这一复合因子。

对气象因子分析时采用因子的距平值，以便于比较，其计算方法如下：将 x 因子第 i 个站点第 j 年表示为 x_{ij}（ $i=1,2,\cdots,527; j=1,2,\cdots,50$ ），

则第 j 年 x 因子的全国平均值：
$$x_j = \sum_{i=1}^{527} x_{ij}/527 \qquad (1)$$

x 因子的 50 年平均值为：
$$\bar{x} = \sum_{j=1}^{50} x_j/50 \qquad (2)$$

第 j 年 x 因子的距平为：
$$x_j' = x_j - \bar{x} \qquad (3)$$

为消除农作物种植面积对病虫害发生面积的影响，将病虫害发生面积转换为病虫害发生面积率（即全国病虫害的发生面积率＝当年全国病虫害发生面积/当年农作物种植面积），并构建历年病虫害发生面积率距平序列。在分析过程中，同时对全国病虫害发生面积率距平与全年和不同界限温度下气象因子距平、全国病虫害发生面积率距平与不同等级降水量距平及其雨日数距平的相关关系进行分析。

在不同等级降水分析中，由于中国东西部差异很大，故针对不同年降水量的站点，采用陈晓燕等（2010）所划分的标准，以日降水量定义的降水强度划分标准（表2－4），分别计算小雨、中雨、大雨、暴雨4个等级强度的降雨量、雨日数及其百分比。

表2－4　不同年降水量对应的雨量等级划分标准

降水等级	按不同年降水量分为三类		
	≥500.0	45.0 ～ 499.9	＜45.0
小雨	0.1 ～ 9.9		0.1 ～ 2.9
中雨	10.0 ～ 24.9	左边一列的标准乘以	3.0 ～ 7.4
大雨	25.0 ～ 49.9	$\sqrt{\text{年降水量}/500}$	7.5 ～ 14.9
暴雨	≥50.0		≥15.0

注：引自陈晓燕等（2010）

（3）气候变化对农作物病害的影响

温度变化对病害的影响。图2－5给出了全国农作物病害发生面积率距平与农区年平均气温距平的相关关系，可以看出温度对病害的影响为正效应。全国农区年平均温度在11.4℃基础上每升高1℃，病害发生面积率将在0.38基础上增加0.41，以近50年平均种植面积（14 864.5万 hm^2，下同）为基准，则病害发生面积将增加6 094.4万 hm^2 次。

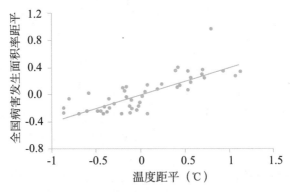

图2-5 全国农作物病害发生面积率距平与农区年平均气温距平的相关关系

不同界限温度下的平均温度变化对病害变化的影响（表2-5）表明，各界限温度下的平均温度变化对病害的影响均为正效应，0℃、5℃、10℃、15℃和20℃界限平均温度每升高1℃，可分别引起病害发生面积增加7 893.0万hm²、7 863.3万hm²、8 978.1万hm²、8 368.7万hm²、7 491.7万hm²次。

最低、最高温度对病害影响的正效应有所减小。全国农区最冷月平均温度、平均极端最低温度、最热月平均温度、平均极端最高温度每升高1℃，病害发生面积分别增加1 189.2万hm²、1 783.7万hm²、4 459.3万hm²和2 824.3万hm²次。

表2-5 全国农作物病害发生面积率与稳定通过各界限温度期间农区平均温度变化的相关关系

不同界限温度（℃）	各时段平均气温变化引起的病害面积率增加速率（/℃）	对应的病害发生面积变化（万hm²次）	显著性
0	0.531	7 893.0	**
5	0.529	7 863.3	**
10	0.604	8 978.1	**
15	0.563	8 368.7	**
20	0.504	7 491.7	*
25	—	—	—

注：** 表示极显著（$P<0.01$），* 表示显著（$P<0.05$），—表示未通过显著性检验

降水变化对病害的影响。全国农作物病害发生面积率距平与农区年平均降雨强度距平呈显著正相关（图2-6）。年平均降雨强度在6.59 mm/d基础上每增加1 mm/d，全国病害发生面积率就在0.38基础上增加0.44，则病害发生面积增加6 540.4万hm²次。表明降雨有利于大多数病菌的繁殖、侵染和扩散。

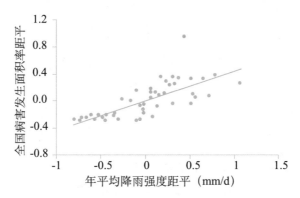

图 2 – 6　全国农作物病害发生面积率距平与农区年平均降雨强度距平的相关关系

从不同等级降水年雨日数百分比距平变化对病害的影响来看，近 50 年来，除年小雨日数百分比以每 10 年减小 0.55% 的速度降低外，中雨、大雨、暴雨百分比都在不同程度的增加。而除小雨日数百分比与病害发生呈负相关外，其余 3 个等级都呈正相关。在这 3 个等级中，随着降雨强度的增加，其对病害发生的影响逐渐增强；雨日数百分比每提高 1%，引起的病害发生面积率增加量分别是 0.25、0.42、0.68，病害发生面积增加量分别是 3 671.5 万 hm² 次、6 243.1 万 hm² 次、10 122.7 万 hm² 次；但拟合效果却逐渐降低（R^2 分别是 0.489、0.314、0.142）。

日照变化对病害的影响。全国农作物病害发生面积率距平与农区年日照时数距平呈显著负相关（图 2 – 7），农区年日照时数在 2 287.3h 的基础上每减少 100h，全国病害发生面积率在 0.38 基础上增加 0.23，则病害发生面积增加 3 418.8 万 hm² 次，表明日照的减少有利于病害的发生。

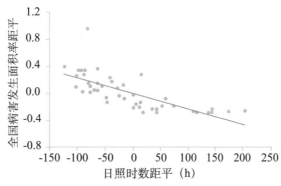

图 2 – 7　全国农作物病害发生面积率距平与农区年日照时数距平的相关关系

稳定通过各界限温度（0℃、5℃、10℃、15℃、20℃、25℃）时段内的日照时数与年日照时数的变化趋势相同，均呈逐年减少趋势。且病害发生面积率距平与稳定通过各界限温度期间日照时数距平均为显著负相关（表2-6），其中，稳定通过15℃期间日照时数距平对病害发生面积率距平的影响最大。气温稳定通过15℃期间日照时数每减少10h，病害发生面积率将增加0.027，则病害发生面积增加401.3万 hm^2 次。

表2-6　全国农作物病害发生面积率距平与稳定通过各界限温度期间日照时数距平的相关关系

界限温度（℃）	R^2	日照变化引起的病害面积率增加速率/10h	对应的病害发生面积变化（万 hm^2 次）	显著性
0	0.252	-0.021	312.2	**
5	0.209	-0.021	312.2	**
10	0.156	-0.021	312.2	**
15	0.192	-0.027	401.3	**
20	0.089	-0.018	267.6	*
25	0.212	-0.025	371.6	**

注：** 表示极显著（$P < 0.01$），* 表示显著（$P < 0.05$）

4. 气候变化对农作物虫害的影响

气候变暖对农作物害虫的生长、繁殖、越冬、迁飞等生态学特征均可造成一定的影响，导致害虫的发生时间、发生程度、发生范围等发生变化。近50年全国农作物虫害发生面积率呈显著的上升趋势，平均以0.27/10年的速度增加。从虫害发生面积率年代际变化来看，虫害发生面积率从20世纪60年代开始呈逐年代显著增加趋势，2001~2010年虫害发生面积率比60年代增加近1.12。

（1）温度变化对虫害的影响

全国农作物虫害发生面积率距平与年平均温度距平呈显著的正相关关系（图2-8），在50年平均温度11.37℃的基础上，年平均温度每升高1℃，全国虫害发生面积率增加0.648，全国虫害发生面积将增加0.96亿 hm^2 次。

从全国农作物虫害发生面积率距平与稳定通过不同界限温度的平均温度距平的关系来看，在稳定通过0℃、5℃、10℃、15℃、20℃界限温度条件下，全国虫害发生面积率与界限平均温度的关系密切，且均达到0.01的显著性水平，不同界限平均温度每升高1℃，全国虫害发生面积率增加分别为0.822、

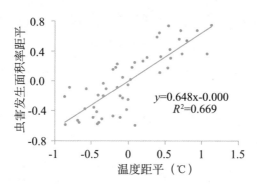

图 2-8　全国农作物虫害发生面积率距平与年平均温度距平的相关关系

0.824、1.000、0.851 和 0.750，全国虫害发生面积将分别增加 1.22 亿 hm² 次、1.23 亿 hm² 次、1.48 亿 hm² 次、1.27 亿 hm² 次和 1.12 亿 hm² 次。表明在一定的温度范围内，随着温度的升高，害虫的发育速度加快，生育期缩短，为害期延长，种群数量随之增加，发生为害的地理范围扩大，为害程度呈明显加重趋势。

在 <0℃ 的低温及当温度高于 25℃ 情况下，全国虫害发生面积率与其平均温度的关系并不显著，且随着温度的升高，这种关系越不明显。

（2）降水变化对虫害的影响

全国农作物虫害发生面积率距平与年平均降水强度距平呈正相关关系（图 2-9），且通过了 0.01 的显著性检验，即降雨日雨量的增加，对虫害的发生具有正效应。近 50 年全国年平均降水强度为 6.59 mm/d，且呈上升趋势；年平均降水强度每增加 1 mm/d，全国虫害发生面积率增加 0.713，全国虫害发生面积将增加 1.06 亿 hm² 次。

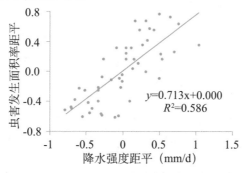

图 2-9　全国农作物虫害发生面积率距平与年平均降水强度距平的相关关系

从全国虫害发生面积率距平与稳定通过不同界限温度的平均降水强度距平的关系来看，除温度<0℃时两者关系不显著外，在其他界限温度时段内，全国虫害发生面积率距平与各界限温度下的平均降水强度距平均呈显著的正相关关系。

不同等级降水变化对虫害发生的影响关系表明：近50年全国平均小雨量呈减少趋势，虫害发生面积率与年平均小雨量呈负相关，虫害发生面积率随着年平均小雨量的减少而增加，平均小雨量每减少1mm，虫害发生面积率增加0.014，虫害发生面积将增加0.02亿hm^2次；近50年全国大雨雨量、暴雨雨量呈增加趋势，虫害发生面积率随着大雨、暴雨雨量的增加呈一定的增加趋势，年平均大雨雨量、暴雨雨量每增加1mm，虫害发生面积率分别增加0.004、0.008，虫害发生面积将分别增加59.5万hm^2、118.9万hm^2次。近50年全国微雨、小雨雨日数呈减少的趋势，虫害发生面积率与微雨雨日数、小雨雨日数均呈显著的负相关关系，微雨、小雨雨日数分别每减少1d，虫害发生面积率将分别增加0.066、0.052，虫害发生面积将分别增加0.10亿hm^2、0.08亿hm^2次。表明小雨量与微雨、小雨雨日数的减少，以及大雨雨量、暴雨雨量的增加对全国虫害的发生发展有利。

（3）日照变化对虫害的影响

从全国虫害发生面积率距平与年平均日照时数距平相关图（图2-10）可以看出，两者呈显著的负相关关系，表明日照的减少对虫害的发生有利，近50年年平均日照时数为2 287.26h，且呈下降趋势，年平均日照时数每降低100h，全国虫害发生面积率增加0.40，全国虫害发生面积将增加0.59亿hm^2次。

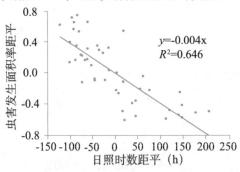

图2-10 全国农作物虫害发生面积率距平与年平均日照时数距平的相关关系

从全国虫害发生面积率距平与稳定通过不同界限温度的日照时数距平的关系来看，在温度≤25℃的各界限温度下，全国虫害发生面积率距平均与日照时数距平呈显著的负相关关系。

5. 未来气候变化对农业病虫害的影响

据国家气候中心分析预测，我国未来气候变暖趋势将进一步加剧。与2000年相比，2020年我国年平均地表气温将升高0.5~0.7℃，2050年将升高1.2~2.0℃，2070年将升高2.2~3.0℃。与此同时，未来100年我国极端天气气候事件发生的概率增大，我国将面临更明显的大旱、大涝、大冷、大暖的气候变化，旱涝等气象灾害和与天气气候密切相关的农业病虫害出现频率、影响范围、危害程度将会增加。

未来气候变暖可使我国农业害虫的越冬界限北移1~4个纬度，繁殖代数增加1~2个世代；害虫春季北迁时间提前、秋季南迁时间推迟，迁飞范围扩大；虫害发生趋势加剧。气候变暖有利于农作物病害的越冬、繁殖和侵染，发生流行的地理范围扩大，并使原危害不严重的温凉气候区危害加重。气候变暖将导致我国主要粮棉作物病虫害（水稻稻飞虱、稻纵卷叶螟、小麦蚜虫、吸浆虫、红蜘蛛、玉米螟、棉花蚜虫、红蜘蛛、棉铃虫、水稻纹枯病、白叶枯病、稻瘟病、小麦条锈病、白粉病、赤霉病、纹枯病等）发生趋势加重，将有全国大发生或区域大发生的可能。如不进行防治，病虫害导致的产量损失将达70%以上。

2.2 减缓气候变化国内外研究进展

2.2.1　生物固碳技术

工业革命以来，由于大量化石燃料的使用、森林砍伐过度与草地开垦等造成温室气体特别是CO_2浓度剧增，地球的温室效应增加，加剧了全球气候变化。以气候变暖为主要特征的全球气候变化，及气候变化与温室气体的关系都是目前无可争议的事实，切实减少温室气体排放、增加碳汇成为缓解气候变化的首要任务（IPCC，2007）。CO_2 是最主要的温室气体之一，随着全球经济发展，大气 CO_2 浓度仍在快速上升。与其他元素相比，碳循环得到了前所未有的关注。碳固定、碳捕获和碳储存也成为科学研究的热点。相关研究预测，我国 CO_2 排放量将于 2025～2030 年超过美国位居世界第一位（周广胜，2003；周凤起，2004）。我国政府自 2002 年开始向国际社会承诺承担控制全球气候变化的义务，我国 2003 年加入碳收集（碳固定）领导人论坛，目前我国已成为世界最大的碳排放国家之一。

所谓固碳也被称为碳封存，是指增加除大气之外碳库的碳含量措施，包括物理固碳和生物固碳。物理固碳是将二氧化碳长期储存在开采过的油气井、煤层和深海里。生物固碳是通过土地利用变化、造林及加强农业土壤吸收等措施，增加植物和土壤的固碳能力。生物固碳在减缓气候变化、实现人类可持续发展方面具有重要的意义。近年来，国际已经开展了广泛的生物固碳技术开发与应用，主要包括以下 3 个方面：一是保护现有碳库，即通过生态系统管理技术，加强农业和林业的管理，从而保持生态系统的长期固碳能力；二是扩大碳库以增加固碳，主要是改变土地利用方式，并通过选种、育种和种植技术，增加植物的生产力，增加固碳能力；三是可持续地生产生物产品，如以生物质能替代化石能源等。主要碳库包括森林系统、草地系统、湿地系统和农耕田土壤等，其中，土壤有机质作为地球表面最大的有机碳库（IPCC，2001；Blanco-Canqui and Lal，2004），强烈影响着温室气体的排放（Schimel *et al*.，2001；Lal，2003）、土壤碳固定（Lal，2004）、土壤肥力以及作物生产力（Stevenson and Cole，1999）。农田土壤固碳是《京都议定书》认可的固碳减排的途径之一，拥有巨大的固碳潜力，其对温室气体减排具有不可忽视的作用，可在短时期内有效补偿日益增加的工业 CO_2 排放，成为全球气候变化研究热点（潘根兴和赵其国，2005）。

长期过度不合理的利用资源，使得我国土地严重退化，森林、草地、耕地等主要生态系统的生态功能极度衰退，碳储量远远低于各生态系统潜在的碳存储能力。我国的森林覆盖率不足 20%，碳储量目前达到了 47.5 亿 t，但平均碳密度（40 t/hm²）仅达到了潜在植物碳储量的一半左右（Fang 等，

2001；方精云和陈安平，2001）。过度放牧与开垦使我国90%以上的草地不同程度退化，通过不同的管理措施，可大大提高草地的固碳能力（陈佐忠等，2000；李凌浩等，1998；郭然等，2008）。中国的耕地的土壤固碳能力巨大（杨学明，2000；刘纪元等，2004；韩冰等，2008），目前，我国农田面积为9 500万 hm^2，仅提高地面秸秆利用率一项措施，就可使我国农田土壤碳（C）的平衡由当前的每年净排9 500万 t C 转变为从大气中吸收8 000万 t C，可见生态系统固碳潜力很大，可为温室气体减排提供重要保障。

1. 农田土壤固碳研究进展

农业是全球主要温室气体排放源之一，在 IPCC 报告中，农田生态系统被认为是固碳潜力很大的生态系统。近年来，农田土壤固碳在国内外都得到了广泛的重视（Post 等，2004），农田土壤固碳通过采用有效管理技术措施提高土壤的有机碳和无机碳含量，将大气中的 CO_2 固持在土壤碳库中（Lar，2004，2008）（表2-7）。增加农田碳库，提高固碳潜力对保障粮食安全、缓解气候变化具有重要意义。一方面，固碳可以改善土壤结构，提高土壤肥力，实现土壤可持续利用；另一方面，实施保护性耕作，减少土壤腐蚀，切实保障气候变化背景下的区域粮食生产安全（潘根兴和赵其国，2005）。

表2-7　农田管理措施对土壤排放 CO_2 的作用

农田管理类别	缓和效应
农艺措施	+
养分管理	+
耕作、残茬管理	+
水分管理（灌溉、排水）	+/-
水稻管理	+/-
农林复合	+
撂荒土地利用	+

注：+表示对碳收集呈现正效应，本表引自 IPCC

由于土壤形成碳酸盐的速度较慢，目前，农田土壤固碳的研究主要聚集在土壤有机碳方面（Soil organic carbon，SOC）（Lar，2007）。众多农田管理技术都利于农田土壤固碳，如少耕、免耕，种植深根作物，合理利用化肥，秸秆还田，施用混合肥料，合理灌溉等。综合来讲，土壤有机碳库的平衡由输入和输出两方面因素共同决定（Lar，2004），土壤固碳可通过两种途径来实现：一是通过提高作物的生物量从而增加土壤碳库的作物光合产物输入；二是通过减少干扰等途径降低农田土壤碳的分解（Lar，2008）。IPCC对主要农田管理固碳措施进行了归纳和综合评价（表2－7）。前人对不同固碳措施的农田土壤固碳潜力进行归纳总结（逯非，2009），如表2－8所示。

表2－8　不同固碳措施的农田土壤固碳潜力

固碳措施	研究区域	情景	土壤固碳潜力或速率
施用氮肥	中国	增施氮肥	30.2 TgC/年
施用氮肥	美国	施用氮肥	6～18 TgC/年
保护性耕作玉米	美国	从传统耕作转为保护性耕作	460kgC/（hm²·年）
免耕	中国	推广免耕	3.58 TgC/年
免耕	英格兰	从传统翻耕转为免耕	145～235 kgC/（hm²·年）
减耕	英格兰	从传统翻耕转为免耕	40 kgC/（hm²·年）
免耕	干旱气候区	持续20年免耕	222.2 kgC/（hm²·年）
免耕	湿润气候区	持续20年免耕	97.2 kgC/（hm²·年）
保护性耕作大豆	美国	从传统翻耕转为免耕	333kgC/（hm²·年）
保护性耕作平均	美国	从传统翻耕转为免耕	337 kgC/（hm²·年）
免耕	巴西南部	免耕	380 kgC/（hm²·年）
灌溉	美国	水泵抽水灌溉	50～150kgC/（hm²·年）
秸秆还田	中国	全面推广秸秆还田	42.23 TgC/年
秸秆还田	中国河北	秸秆还田	830 kgC/（hm²·年）
秸秆还田	欧盟	秸秆还田	6.5 TgC/年
秸秆还田	英格兰	秸秆还田	532～717 kgC/（hm²·年）
施用禽畜粪便	德国巴伐利亚	使用禽畜粪便	343 kgC/（hm²·年）
施用禽畜粪便	欧盟 EU15	在农田施用禽畜粪便	13.4 TgC/年
污灌	欧盟 EU15	污灌	2.7 TgC/年

注：根据《农田土壤固碳措施的温室气体泄漏和净减排潜力》整理

目前主要的农田固碳措施包括：

（1）免耕

常规耕作措施会对土壤物理性状产生干扰，破坏团聚体对有机质的物理保护，影响土壤温度、透气性，增加土壤有效表面积并使土壤不断处于干湿、冻融交替状态，使得土壤团聚体更易被破坏，加速团聚体有机物质的分解（Paustian and Andren，1997）。免耕可避免以上影响，减少土壤有机碳分解损失（Follett，2001）。

免耕使地表土容重增加，产生厌氧环境，减少土壤有机质氧化并增加 N_2O 排放（Steinbach and Alvarez，2006），因减少耕作中机械使用，从而减少燃料消耗，降低了相关的碳排放。相关研究表明，少耕通过以盘型犁替代传统翻耕，农业机械化石燃料消耗导致的温室气体排放比传统翻耕减少 7 kg C/（$hm^2 \cdot$ 年），免耕由于节约了全部耕作的燃料，减少燃料温室气体排放 49 kg C/（$hm^2 \cdot$ 年）（West and Marland，2002）。

在增加土壤碳固定方面，免耕的碳增汇潜力大于常规耕作；在净碳释放量方面，相对于常规耕作 CO_2 源的作用，免耕则是 CO_2 的汇；在碳减排方面，免耕的减排潜力大于常规耕作。

（2）秸秆还田

秸秆是农业废弃物，多被燃烧后释放温室气体到环境中，国内最近的一些研究证实，土壤有机碳含量与秸秆还田量呈线性关系；此外，秸秆还田还有利于土壤碳汇的增加，同时，避免秸秆焚烧过程中产生温室气体。秸秆长时间分解后仅 3% 碳残留在土壤中，其余 97% 碳在分解过程中转化为 CO_2 分散到大气中（王爱玲，2000）。秸秆还田提高了土壤有机质含量，有利于土壤碳的增加，对作物增产具有积极作用。

秸秆还田措施对农业生态系统 C、N 循环的影响主要体现在两方面：一方面，促进反硝化和 N_2O 排放量的增加；另一方面，表现为高 C/N 的秸秆进入农田，进行 N 的固定，降低反硝化 N 损失，同时，秸秆分解时产生的化学物质，抑制反硝化（王改玲等，2006）。我国采用秸秆还田农田土壤固碳现状为23.89Tg/年，而通过提高秸秆还田量土壤可达到的固碳能力为42.23 Tg/年（韩冰等，2008）。Vleeshouwers 等研究认为，欧洲所有农田均采用秸秆还田，欧洲农田土壤的总固碳能力可达34Tg/年（Vleeshouwers 等，2002）。Lal 研究结果表明，若采用秸秆还田，全球农田土壤的总固碳能力可达 200 Tg/年（Lal，1999）。

（3）控施无机肥

研究表明，在我国不同的化学氮肥情景下，全国每年化学氮肥施用总量在 1 207 万 ~ 4 276 万 t，农田土壤的固碳潜力可以达到 12.1 ~ 94.31 TgC/年。

Follett 估算美国农田每年施用化学氮肥1150万t，土壤固碳潜力为6～18 TgC/年（Follett，2001）。合理的氮素施用有利于作物产量、生物量的增加，同时配合秸秆还田等措施可起到增加碳汇、减少 CO_2 排放的作用。

（4）水分管理

土壤水分状况是影响农田土壤温室气体排放或吸收的重要因素之一。目前，全球18%的耕地属水浇地，通过扩大水浇地面积，采取高效灌溉等措施可增加作物产量和秸秆还田量，从而达到提高土壤固碳目的（Lal，2004a）。水分传输过程中机械对燃料的消耗会带来 CO_2 的释放，高的土壤含水量也会增加 N_2O 的释放，从而抵消土壤固碳效益（Liebig 等，2005）。湿润地区的农田灌溉可以促进土壤碳固定，通过改善土壤通气性可以起到抑制 N_2O 排放的目的（Monteny 等，2006）。研究结果表明，土壤剖面的干湿交替过程可提高 CO_2 释放的变幅，同时，可增加土壤硝化作用和 N_2O 的释放（Fierer 和 Schimel，2002）。采用地下滴灌等节水灌溉方式，可影响土壤水分运移、碳氮循环及土壤 CO_2 和 N_2O 的释放速率，且与常规灌溉方式相比不增加温室气体的排放（Cynthia 等，2010）。

（5）农艺措施

通过选择作物品种，实行作物轮作等农艺措施可以提高粮食产量和土壤有机碳。国际上采用覆盖作物和豆科作物轮作等措施来提高土壤有机碳（Jarecki，2003）。豆科固氮作物可以减少外源 N 的投入，但其固定的 N 会增加 N_2O 的排放。在两季作物之间通过种植生长期较短的绿被植物既能增加土壤有机碳，又可吸收上季作物未利用的氮，从而达到减少 N_2O 排放的目的（Freibauer，2003）。

Lal 通过对亚洲中部和非洲北部有机农场的研究表明，增加有机肥投入及采用豆科作物轮作等措施，可以提高土壤有机碳（Lal，2004a）。种植越冬豆科覆盖作物可使相当数量的有机碳进入土壤，减少农田土壤 CO_2 释放的比例（Jarecki，2003），但是，这部分环境效益会由于 N_2O 的大量释放而部分抵消。氮含量丰富的豆科覆盖作物，可增加土壤中可利用的碳、氮含量，因此由微生物活动造成的 CO_2 和 N_2O 释放就不会因缺少反应底物而受限（Sainju 等，2007）。所以，可通过合理选择作物品种，实施作物轮作等措施提高土壤碳固定，减少温室气体排放。

2. 森林固碳研究进展

森林具有碳源和碳汇的双重作用，在陆地生态系统中具有巨大的碳储存能力，特别是森林碳汇功能不仅在缓解气候变暖趋势方面具有重要作用，增加森林的碳汇量是世界公认的最经济有效的减缓 CO_2 浓度上升的有效方法，而且森林碳汇抵消 CO_2 排放已成为国际气候公约的重要内容，并受到世界各国政府和科学家的广泛关注。

陆地生态系统中，森林是碳循环的主体，森林面积占全球陆地面积的27.6%，森林植被的碳贮量在全球植被中占有重要地位，森林土壤的碳贮量约占全球土壤碳储量的39%。陆地碳汇中约有一半储存在森林生态系统中，森林生态系统碳储量占陆地生态系统碳储量的46.6%左右（李顺龙，2005）。中国森林储碳量在20世纪70年代末期约为43.8亿t，中国森林植被吸收 CO_2 的功能明显增强。但我国森林的平均碳密度仍远远低于世界平均水平，赵敏等根据各省市的针叶林和阔叶林蓄积量资料，计算我国森林植被碳储量约3 788.1Tg（赵敏，2004），现有森林生态系统的实际储碳量也只达到潜在的植物储碳量的一半左右，固碳潜力还很大。

根据研究对象的时空尺度和研究手段，森林碳汇的研究方法分为样地清查法、微气象学方法、地面同位素方法和遥感估算法。

样地清查法是通过收获法测定典型样地植被、枯落物或土壤等碳储量，可细分为生物量法、蓄积量法、生物量与蓄积量为基础的碳储量估算法等。样地清查法是最基本和可靠的方法，但只能应用于小尺度研究。要解决大尺度上森林固碳的问题，需要借助模型模拟法和遥感估测法（沈文清等，2006；李恕云和吕佳，2009）。

微气象学法包括涡度相关法、静态箱法等。涡度相关法是通过测定林冠上方 CO_2 的传输速率，从而计算森林吸收固定 CO_2 量；静态箱法是将植被的一部分套装在密闭测定室内，通过 CO_2 浓度随时间的变化计算 CO_2 通量。

模型模拟方法主要应用在大尺度碳循环研究中，模型主要是基于生态系统的生态过程和机制，综合模拟植被的光合和呼吸作用以及与环境的相互关系，估算森林生态系统的净初级生产力和碳储量（杨海军等，2007；于贵瑞和孙晓敏，2008），模型模拟法尤其适于估算区域理想条件下的碳储量和碳通量，但在估算土地利用和土地覆盖变化对碳储量影响时存在较大困难。

遥感估算法就是利用遥感技术（GIS、GPS等）获得各种植被状态参数，配合典型的样地调查，进行植被空间分类和时间序列分析，在此基础上分析森林生态系统碳的时空分布及动态，估算大面积森林生态系统的碳储量以及土地利用变化对碳储量的影响（冯忠科等，2005；杨海军等，2007；于贵瑞和孙晓敏，2008）。利用遥感技术估算森林生态碳储量，主要是通过森林生物量换算出碳储量，植被指数、叶面积指数及植被覆盖度等是遥感估算生物量的主要参数（杨海军等，2007）。近年来，各国学者开始逐步在小范围内，针对不同的森林类型和立地条件，创造性的运用各种模型来估算碳蓄积和模拟碳循环过程。

森林在陆地生态系统与大气碳库循环和碳交换过程中具有主导地位，处于良好经营状态下的森林可以极大地提高森林碳库的碳吸收速度和碳吸收能力。合理轮伐以及木材的合理利用可以延伸森林碳汇作用，从而更好地发挥森林的碳汇效果。应对气候变化，增加森林碳汇，一方面要增加森林面积，另一方面要促进森林加快生长，提高蓄积量。目前，我国森林平均碳密度还很低，现有森林的实际储碳量仅有潜在储碳量的50%左右，固碳潜力还很大，国土中宜林土地的有限性决定了增加造林面积的受限性，但通过森林经营抚育，促进森林加快增长，提高林木蓄积，是未来增加生物碳汇的主要途径（杨洪晓等，2005）。

3. 草地固碳

草地作为陆地植被巨大的碳库，在减少和固定二氧化碳中具有重要功能。天然草地覆盖了近20%的陆地面积，中国是世界第二大草地大国，草地碳库蓄碳量将是十分可观的。在保护天然林和天然草地的同时，应大力发展速生丰产用材林和建设稳产高产的人工草地，实施生态农业，充分利用边际土地发展生物质能。我国具有先进的选种、育种技术，今后还应从提高植物生产力和固碳能力的角度出发，加强草种和树种的培育，为温室气体减排提供保障。

陆地系统的碳库都包括植物和土壤两部分。对于草地生态系统来说，植物碳库相对比较稳定，草地生态系统的固碳主要考虑土壤的固碳能力。已有大量实验观测表明，由于过度放牧等原因导致的草地退化将造成土壤有机碳的损失，而一些人类活动，特别是人工种草、围封草场和退耕还草等措施可以促进草地土壤有机碳的恢复和积累，其固碳能力如表2-9所示。IPCC报告分析和评价了草场退化、放牧管理、草地保护和恢复、施肥、灌溉、引种及防火对草地土壤有机碳的影响，并估算了全球草地2010年的固碳潜力为0.24Pg（IPCC，2001）。Gurney和Neff则总结了美国、加拿大和俄罗斯的草地改良的固碳潜力。我国的草地生态系统面积广阔，占全国国土面积的1/3多。由于近些年来的过度放牧等不合理的畜牧业活动，已经造成了我国草地生态系统，特别是土壤的有机碳贮量明显减少（陈佐忠，2000）。我国不同类型草地退化造成的有机碳损失和加强草地管理可能造成的土壤有机碳增加（马秀枝等，2005；温仲明等，2005）。目前，研究多以试验点土壤养分动态为主，未将土壤碳动态数据统一起来，进行中国草地生态系统人工恢复的固碳潜力的估算。

表2-9　主要草地管理措施的固碳速率 $\left[t/\left(hm^2\cdot 年\right)\right]$

草地措施	典型草地	荒漠草地	高寒草甸
人工种草	1.09	1.09	1.09
改良草场	0.9	0.9	0.9
退耕还草	0.5	0.5	0.5

注：根据《中国草地土壤生态系统固碳现状和潜力》整理

人工种草、退耕还草和草场围栏封育是3种最基本的草地管理措施，这些措施的累计面积的固碳总量分别是25.59 Tg/年、1.46 Tg/年和12.01 Tg/年，总计39.06 Tg/年。2004年是我国草地管理投资较多的一年，种草、退耕还草和草场围栏的3项工程面积均有较大的提高（中国畜牧业年鉴，2004），3种措施新增的固碳能力分别为5.70 Tg/年、0.38Tg/年和3.09Tg/年，合计新增9.17 Tg/年。

全国90%的天然草地存在不同程度的退化（国家环保总局，2000），直接表现是产草量及牧草质量下降，严重的超载过牧使地表结构受到破坏，土壤侵蚀，土质变粗，甚至荒漠化，土壤由碳库转变为碳源，带来的问题就是草地的恢复过程变得非常缓慢（牛书丽和蒋高明，2004）。要解决草原生态系统的碳泄漏并增加碳封存量必须对退化及未退化的天然草地进行保护，加强自然保护区的建设，尽可能依靠自然力恢复轻度退化草场的生态服务功能，对重度退化草场进行封育（蒋高明，2003），将人类对草原的干扰减到最低，用最经济有效的方法使大部分天然草地能够完全发挥其生态服务功能。

4. 湿地固碳研究进展

湿地是陆地生态系统的重要组成部分，为全球及区域环境提供各种各样的生态系统服务功能，其中包括土壤固碳功能。由于其自身的特点，湿地在植物生长，促淤造陆等生态过程中积累了大量的无机碳和有机碳。加上湿地土壤处于水分过饱和的状态，具有厌氧的生态特性，土壤微生物以嫌气菌类为主，微生物活动相对较弱，所以，碳每年大量堆积而得不到充分的分解，逐年累月形成了富含有机质的湿地土壤。过去关于陆地生态系统固碳潜力的研究多集中于农田和森林生态系统（韩冰等，2005；李忠佩和吴大付，2006；李新宇和唐海萍，2006），然而湿地是世界上最大的碳库之一，在全球碳循环中发挥着重要作用。并且湿地具有持续的固碳能力，很多湿地从上一次冰河消融就开始成为碳汇（韩冰等，2005）。

5. 我国湖泊湿地的固碳能力

段晓男（2008）根据湖泊的固碳速率，将全国的湖泊湿地分为 5 个湖区，即东部平原地区湖泊湿地、蒙新高原地区湖泊湿地、云贵高原地区湖泊湿地、青藏高原地区湖泊湿地和东北平原地区与山区湖泊湿地。各湖区平均固碳速率由高到低排序为：东部平原地区湖泊湿地、蒙新高原地区湖泊湿地、云贵高原地区湖泊湿地、青藏高原地区湖泊湿地、东北平原地区与山区湖泊湿地，各湖泊湿地固碳速率和能力如表 2 – 10 所示。

表 2 – 10　我国湖泊湿地固碳速率和能力

湖泊湿地类型	面积（km²）	固碳速率 [gC/（m²·年）]	固碳潜力 （GgC/年）
东部平原地区湖泊湿地	21 171.60	56.67	1 056.49
蒙新高原地区湖泊湿地	19 700.30	30.26	596.13
云贵高原地区湖泊湿地	1 199.40	20.08	24.08
青藏高原地区湖泊湿地	44 993.30	12.57	283.53
东北平原地区与山区湖泊湿地	3 955.30	4.49	21.64
总计	91 019.63		1 981.87

注：根据《中国湿地生态系统固碳现状和潜力》整理

自然条件是影响各个湖区湖泊固碳潜力的重要因素之一。由于青藏高原湖泊湿地海拔较高、植被稀少，并且缺乏外来的碳输入源，因此，沉积速率缓慢，沉积物中的碳的含量偏低。各个湖泊固碳速率的差异不显著，但有随着湖泊面积增大而减少的趋势。地处干旱半干旱区的蒙新高原湖泊，周边缺乏植被的保护，风沙淤积成了湖相沉积物的一个主要来源。云贵高原湖泊属于高山湖泊，海拔较高，湖水较深。受人为干扰比较小的湖泊如泸沽湖，洱海等，沉积速率较慢，固碳能力较低。人为活动对湖泊固碳潜力也有重要的影响。我国东部人口密集，工农业生产活动发达，人类活动对湖泊的干扰较为明显，如围垦、水土流失、水利建设等，导致进入湖区的外源物质增多，沉积速率高。此外，大量的工农业废水进入湖泊，一方面，使沉积物中碳的含量增加。另一方面，造成湖泊的富营养化，水生植物大量生长，死亡后腐烂造成内源污染。巢湖等湖泊的最近几十年的沉积记录相对于千年尺度上表现出沉积速率快、沉积物 TOC 含量高的特点（刘恩峰等，2005）。已有研究表明人类活动在一定程度上提高了湖泊单位面积的固碳能力，但更多的是造成湖泊面积减少和衰老加剧。消失的湖泊的固碳量大大降低，降低人类对湖泊的干扰强度是维持湖泊湿地固碳潜力的长期性和稳定性的重要保障。

我国沼泽湿地分为泥炭和苔藓泥炭沼泽、腐泥沼泽、内陆盐沼、沿海滩涂盐沼和红树林沼泽五种类型。已有研究表明，各种类型沼泽的固碳速率有较大的差异，其中红树林湿地的固碳速率最高，达到 444.27 gC/（m² · 年），其次是沿海滩涂盐沼，为 235.62 gC/（m² · 年），远高于内陆盐沼 [67.11 gC/（m² · 年）]，泥炭和苔藓泥炭沼泽和腐泥沼泽的固碳速率最低。盐化沼泽对我国沼泽湿地每年的固碳量的贡献最大，占到 36.65%；其次是泥炭和苔藓泥炭沼泽，占到 25.88%（马学慧等，1996；赵红艳等，2002；王国平等，2003；段晓男，2008），结果如表 2-11 所示。

表 2-11　沼泽湿地的固碳速率和固碳能力

沼泽湿地类型	面积（km²）	固碳速率 [gC/（m² · 年）]	固碳潜力 （GgC/年）
泥炭和苔藓泥炭沼泽	42 349	24.80	1 050.26
腐泥沼泽	24 977	32.48	811.25
内陆盐沼	22 369	67.11	1 501.12
沿海滩涂盐沼	1 717	235.62	404.56
红树林沼泽	2 561	444.27	1 137.78
总计	93 973		4 905.03

注：根据《中国湿地生态系统固碳现状和潜力》整理

全球泥炭湿地主要分布在北纬45°~65°，我国的泥炭湿地主要分布在青藏高原，东北的大小兴安岭地区，气候寒冷加上土壤的厌氧特性，极大限制了营养物质的转化和有机物质的分解。我国泥炭湿地的平均固碳速率和国外的一些研究类似。

红树林湿地通常分布在我国南方的沉积性海岸线上，沉积速率比较快。此外，红树林湿地的生产力较高，并且地下根系周转比较缓慢。所以，高的沉积速率和低的分解速率导致红树林湿地具有最高的固碳潜力。湿地不仅捕获颗粒细小的沉积物和有机质形成独特的红树林土壤，并且也沉积了由于海浪和风暴潮带来的颗粒较大的沉积物，因此，红树林湿地固碳速率较高。这里植物枯枝落叶生产力较高，使得大量植物固定的碳进入红树林土壤。虽然沿海盐沼和红树林湿地的固碳潜力较大，但由于这两种类型的湿地比较脆弱。近几十年来，我国累计丧失海滨滩涂湿地面积约 $2.00 \times 10^6 hm^2$ 以上，相当于沿海湿地面积的50%。杭州湾以南滨海湿地地区中的红树林湿地面积由20世纪50年代初的5万 hm^2 下降到目前不足2万 hm^2。

随着对湿地认识的提高，湿地保护和恢复得到了更多的重视。按照《中国湿地保护行动计划》，到2010年中国将遏制住由人类活动导致天然湿地萎缩的趋势；到2020年，将逐步恢复退化或丧失的湿地。2003年国务院批准的《全国湿地保护工程规划》（2004~2030年）提出，到2030年，使90%以上的天然湿地得到有效保护；同时，还将完成湿地恢复工程140万 hm^2，根据实施规划，2005~2010年湿地恢复的固碳潜力为（6.57Gg·C）/年。

固碳技术对于地球生态系统的碳循环和碳固定具有重要作用，在减缓气候变化、实现能源可持续发展方面具有重要的意义。

2.2.2　农业节能减排技术

世界能源委员会在20世纪80年代末对"节能"定义是：采取技术上可行、经济上合理、环境和社会可接受的一切措施来提高能源、资源的利用效率；在1995年又提出了"应用高技术提高能效"的理念。对于节能减排，国内外学者做了相应的大量研究，Balakrishoan. P 等（2006）研究指出，德国在节能减排中已有非常成功的经验，尤其体现在监测、统计及考核等方面。德国政府在重视节能服务体系建设、节能技术研发、建筑节能、能源统计等方面所做的有益探索实践和经验（顾永强等，2000），德国的经验为我国提供了很好的参考。

农业农村节能减排是中国节能减排非常重要的一部分，抓好农业农村节能减排工作是实现全国节能减排目标的关键环节之一。目前，随着农药化肥施用、农田开垦不合理等因素导致农村生态环境恶化，突出表现在：农业农药化学试剂污染严重，化肥、农药、农膜等过度使用、残留农药对环境产生不良影响，据统计全国每年化肥使用量达 4 700 万 t，利用率仅为 35% 左右；农药使用量 140 多万 t，利用率仅为 30% 左右；农业副产品和农业废弃物利用不够充分，造成不必要的环境污染和能源损失，农业每年产生 6 亿多 t 秸秆和 30 多亿 t 的畜禽粪便，农村每天产生生活垃圾近 100 万 t，大多没有得到有效利用；部分乡镇企业及农渔机械能耗偏高，生产工艺落后；农村沼气等新能源建设落后。农村宜建沼气池农户数量为 1.46 亿户，已建成的只占 15% 左右，对养殖场和养殖小区沼气工程建设、省柴节煤炉灶、生物质固化成型、生物液体燃料、太阳能利用等节能项目投入有限。

因此，我国广大农村地区节能减排工作潜力很大。目前，农村能源利用率仅为 25%，生活节能具有很大潜力。农业机械的性能差、能耗高，乡镇企业的技术、工艺和设备落后，生产节能潜力也很大。全国有近 1.5 亿农户适宜发展沼气。在我国大量宜农宜林的荒山、荒坡和盐碱地可用于种植非粮能源作物，能源开发潜力大。化肥、农药等利用率不高。流失严重，全国农业和农村的污染减排潜力也相当大。

为深入贯彻落实《农业部关于加强农业和农村节能减排工作的意见》，普及农业和农村节能减排技术，农业部在第五届中国国际农产品交易会上发布了"农业和农村节能减排十大技术"。主要包括：畜禽粪便综合利用技术、秸秆能源利用技术、太阳能综合利用技术、农村小型电源利用技术、能源作物开发利用技术、农村省柴节煤炉灶炕技术、耕作制度节能技术、农业主要投入品节约技术、农村生活污水处理技术和农机与渔船节能技术。此"十大技术"全面总结了我国近年来在农业和农村节能减排方面取得的成就。涵盖了农业和农村节能减排的主要方面，包括基于农村生物质资源最为丰富的畜禽粪便、秸秆及能源作物等综合开发利用技术；基于自然条件开发利用的太阳能、小风能、微水能等能源开发技术；基于节约能源的农村省柴节煤、耕作制度改革、农业机械节能、农业投入品节约等生产生活节能技术；基于减少和治理农业和农村污染物排放的农村生活污水处理等污染防治技术。

主要农业节能减排技术如下。

1. 发展生物质能源和可再生能源改善农村能源结构

一是通过发展农村户用沼气、建设养殖场沼气工程、实行秸秆气化固化等措施，加快秸秆、畜禽粪便、农产品加工副产品和能源作物等生物质能源的开发利用，实现农业生产的良性循环，改善农村能源结构，提高能源利用效率。其中秸秆的回收利用受到广泛重视，秸秆综合开发利用的途径有以下几种：秸秆粉碎直接还田，可以增加土壤有机质含量；秸秆通过青贮、氨化作为饲料发展畜牧业；利用秸秆发展食用菌；秸秆固化成型，将秸秆粉碎，通过机械压缩成型，既可作为建筑材料，也可作燃料直接燃烧；秸秆气化，将秸秆在缺氧状态下燃烧并发生化学反应，生成高品位、易输送、利用效率高的气体燃料，供居民生活生产使用；秸秆液化，一种是将秸秆经过热解液化可产生生物油，用于锅炉等热力设备燃料，经再加工处理可替代柴油、汽油用于内燃机；另一种是将秸秆经生物工程发酵处理，可生产燃料乙醇，作为清洁能源用于生产生活。秸秆发电，既可建大型发电厂，也可在粮食加工企业发展小型秸秆发电。通过推广各种秸秆综合利用技术，可以把秸秆利用起来，既可减少环境污染，又可增加农民收入。

二是加快太阳能、风能、小水电等可再生能源的开发建设，使之成为农村能源的重要补充。农业能源耗费量大，合理利用自然可再生能源是农业农村节能减排有效方法。太阳能是一种无污染能源，具有清洁安全、便利和取之不尽的诸多优点。使用太阳能不但节约常规能源，也是针对"温室效应"采取的有效对策之一：我国太阳能资源丰富，开发利用太阳能，可以发展太阳能日光温室，利用玻璃、薄膜等材料，建设太阳能日光温室，生产蔬菜、瓜果、花卉、苗木等，用太阳能替代煤、电等能源；可通过太阳能热水器，利用光热转换，将太阳的辐射能转换为热能，将水加热供人们使用；也可以太阳能光伏发电，利用光伏转换具有独立电源，用于城乡居民生产和生活，如太阳能灯、太阳能发电、太阳能水泵等。

对于广大农村而言，逐步扩大沼气、太阳能、生物质能源等可再生能源利用比例和依靠农业技术革新，大力推广使用省柴节煤炕连灶，秸秆汽化等节能产品和技术，既可以破除农村能源制约瓶颈，也可为农村节能减排工作作出贡献。

沼气燃料的温室气体排放因子远低于煤和石油（Flavin, 2008），分别为 748 g/kg 的 CO_2 和 0.023 g/kg 的 CH_4；而煤炭则分别高达 2 280 g/kg CO_2 和 2.92g/kg CH_4。1990～2005 年的 15 年中，我国的农户沼气累计提供了相当于 2.84×10^7 t 标煤的能量，相当于减排 7.3 亿 t 温室气体当量（刘宇等，2008）。按照农户沼气以及规模化沼气工程的发展规划，到 2020 年将达到年产约 600 亿 m^3 沼气，可相应减排温室气体当量 1.2 亿 t。

2. 大力推进改造农业机械节能

使用老式农耕机械不但耗费大量农业能源，也影响农业环境。大力推荐改造农业机械，可扩大机械化耕作面积，提高生产效率、是减少农民劳动强度，节种、节肥，增加农民收入的有效途径。更新淘汰部分老旧农业机械、高能耗老旧装备，引进先进的节能技术，进一步加强农业机械设备的节电节油，通过政府鼓励和奖励农民购置节能机具，最大限度的减少农业能源消耗。

3. 推广合理施肥减少排放

根据作物需肥规律、土肥供肥性能和肥料效应，制定各地区配比施肥方案，明确肥料的施用量、施肥时期和施用方法，做到因土施肥、因作物施肥。增施有机肥，提高化肥利用率，减少排放；由于农药过量使用或使用技术不当，目前农作物对农药的吸收率仅有 20%～30%，大部分以大气沉降和雨水冲刷的形式，进入土壤、大气、水体和农产品中，造成农业面源污染，影响农产品质量。在实际生产中，推广科学合理使用农药技术，引导农民科学用药、合理用药，严禁使用高毒、高残农药和过量用药，使用高效、低残留农药，提高农药、农用塑料薄膜等生产资料利用效率，减少环境污染。

4. 推广农田节水技术，实现节能节水

农业生产离不开水，据专家测算，农业用水量占全社会用水量的 64%。由于目前农田水利设施不配套，栽培技术落后，管理方式粗放，生产中水资源浪费现象十分严重。加大推广喷灌滴灌等节水技术力度，将工程、农艺、生物和管理措施集成在农田，就能大大地节约农业用水。

5. 推广免耕栽培技术，实现节本节能

免耕栽培是一种不翻动表土，直接在茬地上播种的栽培耕作制度，它是传统农业的继承和发展，是将免耕、秸秆还田及机播、机收等技术综合在一起的配套技术体系。免耕栽培最直接的作用就是减少机耕费用，节约农业生产成本和能源。免耕同时可以节水，通过作物秸秆覆盖地表，减少水分蒸发，提高农田保水蓄水能力。其次免耕可以节肥，免耕可减少水土流失，加上秸秆还田，提高有机质含量。

此外，农户对节能减排技术的应用是一种技术选择行为，国内外学者对农户技术选择行为已做了较多的研究，主要包括从激励的角度，经济学的角度和行为学的角度对农户技术选择行为的分析（马永祥，2004；裴建红，2005；喻永红等，2006）。农户技术选择行为受多种因素的影响（Feder 和 Just，1985；朱希刚和赵绪福，1995；吴秀敏，2007；胡浩等，2008），在节能减排技术推广中采取政府主导、加大宣传力度，提高农民素质和提倡适度规模经营是推广节能减排技术的主要途径（杨建州，2009）。

目前，我国农村节能减排取得了较大进展，基本形成了以农村沼气等生物质能源开发为重点，以太阳能、风能、微水电等高效利用为补充的可再生能源开发利用体系。截至 2006 年 12 月，全国农村户用沼气池 2 200 万个。年产沼气 85 亿 m^3，相当于替代 1 330 万 t 标煤。全国太阳能集热器保有量达 7 500 万 m^2，推广太阳灶 60 万台。推广省柴节煤炉灶 1.9 亿户，节能炕 2 000 万铺，加上各类农机、渔业生产节能，农业和农村年节能能力已达到 5 000 多万 t 标准煤。在十几个省市开展了不同经济生态类型区的乡村清洁工程建设示范，建成 500 多个示范村。示范村以农村废弃物资源化利用为重点，生活垃圾和生活污水处理利用率、农作物秸秆资源化利用率达到 80% 以上。

随着经济发展，农业种植技术更新，能源利用紧张，如何高效循环利用能源，保障粮食安全是现代农业的重点工作。做好农业农村节能减排，有助于优化我国的能源结构，缓解能源压力，保护生态环境，有利于合理有效地利用农业资源，改善农业生产农民生活条件，提高农民生活质量，而且对于农业农村可持续发展具有重要意义。

2.2.3　农林生物质新能源技术

1. 农林生物质新能源的概念与特点

生物质（Biomass）是任何可再生的或可循环的有机物质（不包括多年生长的用材林），包括专用的能源作物与能源林木，粮食作物和饲料作物残留物，树木和木材废弃物及残留物，各种水生植物、草、残留物、纤维和动物废弃物、城市垃圾和其他废弃材料。生物能（Bioenergy）指用于生产能量（电，液体、固体和气体燃料，热）的生物质（孙振钧，2004）。

农林生物质能源主要包括农业生物质资源和林业生物质资源。其中，农业生物质资源主要包括农作物秸秆和农产品加工废弃物。农作物秸秆是我国广大农村地区传统的生活用能源，其中，水稻、玉米和小麦秸秆占到84.3%；农产品加工废弃物有稻壳、玉米芯、花生壳和甘蔗渣等（赵军等，2008）。近年来，我国着重发展其能源可高效利用的高能品种有甜高粱、甘蔗、木薯、芒草等，并通过转基因方法得到光合效率更高的作物品种。在国家"十五"规划、"863"计划中，已建成利用甜高粱茎秆生产燃料乙醇的工业示范装置。林业生物质资源是指森林生长和林业生产过程提供的生物质能源，在我国农村能源中占有重要的地位。

农林生物质的特点。农林生物质能源具有可再生性、低污染性、广泛分布性、可贮存性、总量十分丰富等特点。

（1）可再生性

农林生物质能通过植物的光合作用再生，可保证能源的永续利用。

（2）低污染性

农林生物质是太阳辐射能和空气中的 CO_2、水经光合作用的产物，由 C、H、O 等元素组成，灰分低，在生物质利用过程中 NO_2、S 等酸性气体的排放较少，环境污染小。刘力（2006）等对几种农林植物的废弃物灰分分析表明，禾本科秸秆灰分的主要结晶相为氯化钾和硫酸钾，而麻秆的结晶相主要成分是氯化钠和氯化钾。这两类植物秸秆有所不同（图2-11）。山核桃外壳成分比较复杂，内壳以碳酸钙和钠长石结晶相为主，速生杉木木屑的结晶相以硫酸钾为主（图2－12）。

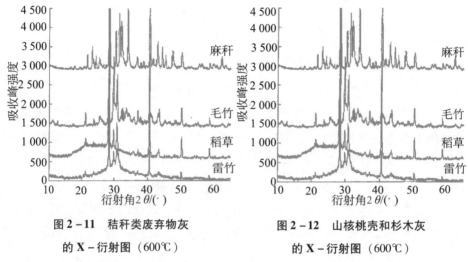

图2－11　秸秆类废弃物灰
的 X－衍射图（600℃）

图2－12　山核桃壳和杉木灰
的 X－衍射图（600℃）

根据《几种农林植物秸秆与废弃物的化学成分及灰分特性》整理

CO_2 参与植物的光合作用和燃烧反应的可逆循环利用过程，即：

$$CO_2 + 2H_2O + 太阳能 \xrightarrow{\text{叶绿素}} (CH_2O) + H_2O + O_2$$

$$(CH_2O) \xrightarrow{\text{燃烧}} CO_2 + 热能$$

上述两式中（CH_2O）表示生物质生长过程中吸收的碳水化合物的总称，如果以上两个反应的反应速率有合适的匹配，在生物质作为能源利用过程中，排放的 CO_2 又有效地通过光合作用被生物质吸收，CO_2 甚至可以达到平衡，从而使整个生物质能循环利用系统可实现 CO_2 的零排放，有效地防止了 CO_2 的释放对环境的危害。

（3）广泛分布性

生物质种类繁多，分布极其广泛。从南极到北极，从海洋到陆地，平原到高山，到处都有生物质能的分布。

（4）可贮存性

与可再生能源太阳能、风能相比，生物质能突出的优点是可贮存性好。

（5）总量十分丰富

生物质资源极其丰富，生物质能的年生产量远远超过全世界总能源需求量，相当于目前世界总能耗的 10 倍。我国可开发为能源的生物质资源到 2010

年可达 3 亿 t。随着农林业的发展特别是炭薪林的推广，生物质资源还将越来越多。目前，生物质能的消耗占世界总能源消耗的 14%，在发展中国家这一比例达 40%。

2. 农林生物质新能源利用和开发现状

21 世纪能源的可持续利用与生态系统的保护成为全球热点。据 IPCC 报告，温室气体 CO_2 的排放促使全球温度增高 0.5℃（IPCC，2007），气候变化不仅带来世界范围种植格局的改变，还使能源加速枯竭。Cook J 和 Beyea J（2000）估计气候变化 A2 情景下，分别在 40 年、50 年和 240 年之后原油、天然气和煤炭这些能源将会枯竭。面对能源紧张严峻问题，美国创建能源农场，计划在 21 世纪 50 年代可再生能源占有量要超过整体能源的 33%；巴西的酒精能源计划、印度的绿色能源工程、土耳其能源最优化解决方案等都是国际社会解决能源问题的举措（Ayhan，2001）。

目前，生物质能技术的研究与开发已成为世界重大热门课题之一，备受世界各国政府与科学家的关注。国外尤其是发达国家的科研人员做了大量的工作。美国在生物质能利用方面，处于世界领先地位，美国能源协会（1993）制定计划要求到 2020 年生物燃料代替 20% 的化石燃料。现在，各种形式的生物质能占美国消耗总能源的 4% 和美国可再生能源的 45%。据报道，美国有 350 多座生物质发电站，生物质能发电的总装机总容量达 10 000MW。美国每年用农村生物质和玉米为原料大约生产 450 万 t 乙醇，计划到 2010 年，可再生的生物质可提供约 5 300 万 t 乙醇（蒋建新，2005）。英国政府在环保目标中，对生物质能源的开发利用给予了高度重视，政府已承诺要使可再生能源成为英国能源的重要组成部分。英国政府在此方面的目标就是，在 10 年之内国家电力需求的 10% 来自生物质（P. Mekendry，2002）。英国能源部部长布赖恩·威尔逊 2002 年 1 月 30 日宣布：英国政府将投资 290 万英镑开发下一代生物质能技术。该项目将进一步推进现有生物质能技术的发展，使政府能够实现在再生能源和减少温室气体排放方面的承诺。奥地利成功地推行建立燃烧木质能源的区域供电计划，目前已有容量为 1 000~2 000kW 的 80~90 个区域供热站。加拿大有 12 个实验室和大学开展了生物质的气化技术研究。加拿大用木质原料生产的乙醇产量为每年 17 万 t。比利时每年用甘蔗渣为原料，制取乙醇量达3.2万t以上。瑞典和丹麦正在实行利用生物质进行热电联产的计划，使生物质能在提供高品位电能的同时，满足供热的要求。在德国，生物质被用来和煤混用，用于发电、产气等。欧盟在1998年白皮书上提出，到2010年生物质能利用占能源消耗总量的12%，是1998年的5.6%的2倍还多。法国的目标是，在2年之内将生物质燃料的产量提高3倍，使能源作物种植面积达到100万hm^2，并最终成为欧洲生物质燃料生产的第一大国。联合国环境与发展大会（UNCED）预计到2050年生物质能利用将占全球能源消费的一半左右。生物质能源将提供世界60%的电力和40%的液体燃料（植物石油、酒精），使全球CO_2的排放量大幅度减少。总之，西欧及北美等国利用的生物质能已占所需总能源的相当比例，如奥地利、比利时、丹麦、意大利、加拿大等国，生物质能约占全部能源的1%~8%；法国、芬兰、美国每年可提供总能源的10%~40%（黄仲涛等，2002）。

我国从20世纪80年代以来一直重视生物质能研究和开发，国家"六五"计划就开始设立研究课题，进行重点攻关，主要在气化、固化、热解和液化等方面开展研究开发工作（吴相淦，1988；蒋剑春，1999；徐冰燕，1999；高先声，2002）。

我国是农业大国，生物质能资源相当丰富，据统计我国目前每年至少有相当5亿t标准煤的废弃生物质可以利用，相当于每年有3亿t生物质液化燃油的开发潜力，这种清洁型能源资源，可缓解能源和环境的双重压力。由国家统计局（2003）统计估算，自1998~2003年，我国的可开发生物质资源总量为7亿t左右标准煤，其中农作物秸秆约3.5亿t，占50%以上（表2-12）。在我国"十二五"规划中，"农林生物质工程"已被列为中长期重点专项计划。按最低标准计算，到2020年，可开发生物质资源量能够达到15亿t标准煤，其中农林生物质能源可提供70%，成为未来替代石油、天然气等的第一能源。以农林生物质能源为主的生物质资源的开发利用在我国也相继开展。蒋艳和白先放（2010）研究表明，生物质资源不仅能解决能源紧缺问题，对温室气体CO_2的排放也有控制作用。孙振钧（2004）研究显示，在可收集的条件下，中国目前可利用的生物质能资源主要是传统生物质，包括农作物秸秆、薪柴、禽畜粪便、生活垃圾、工业有机废渣与废水等。

表 2 – 12 2003 年我国生物质能源可获得量

种类	资源总量 （亿 t）	实际获得量 （亿 t）	获得量当量* （tce）	比例 （％）
秸秆及农业加工剩余物	22	3.6	17 000	57
林业加工剩余物	20	2.0	11 400	38
合计			28 400	95

根据《我国农林生物质资源分布与利用潜力的研究》整理

注：tce（ton of standard coal equivalent）是 1t 标准煤当量，是按标准煤的热值计算各种能源量的换算指标

目前，生物质资源的主要组成部分是作物秸秆。在这些可开发的生物质资源中，农作物秸秆有 40% 作为饲料、肥料和工业原料，尚有 60% 可用于能源用途，约 2.1 亿 t 标准煤；薪柴主要作为燃料，但有 40% 的森林剩余物未加利用，约 0.3 亿 t 标准煤；禽畜粪便除少部分作为肥料外，大部分成为农村的主要污染源，约有 0.6 亿 t 标准煤的资源量；工业有机废渣至少有 80%，即 0.7 亿 t 标准煤的资源可以利用；至于生活有机垃圾，特别在农村、小城镇，至少可从中获得 0.8 亿 t 标准煤的资源量。

3. 农林生物质产业发展趋势及技术现状

我国农林生物质能源主要应用于生物质发电，生物质液体燃料，生物质有机高分子材料和能源农林业现代化。技术包括：秸秆气化装置和燃气净化技术；秸秆和林木质直接燃烧供热系统技术；纤维素原料生产燃料乙醇技术；生物质热解液化制备燃料油、间接液化生产合成柴油和副产物综合利用技术；高效沼气和发电工程系统；组装式沼气发酵装置及配套设备和工艺技术；有机垃圾混合燃烧发电技术；城市垃圾填埋场沼气发电技术；生物质致密成型燃料压缩技术等。

生物质气化发电的应用和推广发展较快。在江苏兴化的联合发电系统，装机容量为 6MW 的生物质气化及余热，其日处理生物质 120t 气化效率最高达 78%，燃气机组发电效率为 29.8%，系统的发电效率 27.8%。垃圾焚烧是当前世界各国采用的城市垃圾处理技术之一，既可以回收热能，又不占用土地。国内建立了焚烧发电的示范工程，深圳、乐山和徐州等城市已建设了垃圾焚烧场，日处理垃圾 150 ~ 300t，北京、沈阳、广州、晋江、上海和昆明等大型城市也相继兴建了较大规模的垃圾焚烧发电厂，其日处理能力均达 1 000t 以

上（王丰华等，2009）。图 2 - 13 为现代农林工生物质能一体化系统总体技术路线图，图 2 - 14 为农生物质同时制取炭、气、液产品的工艺流程图。

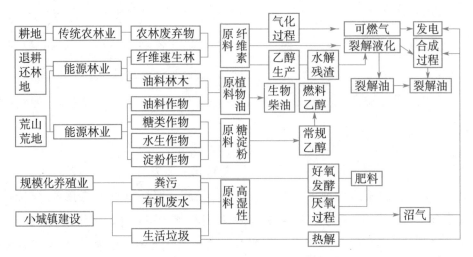

图 2 - 13　现代农林工生物质能一体化系统总体技术路线

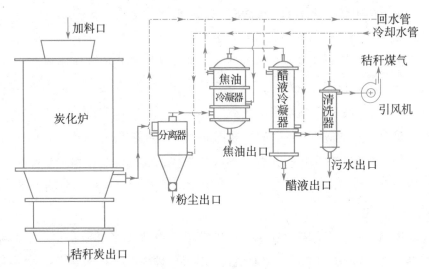

图 2 - 14　农林生物质同时制取炭、气、液产品的工艺流程图

（1）直接燃烧法

直接燃烧法是最早采用的一种生物质开发利用方式，可以最快速度地实现各种生物质资源的大规模无害化、资源化利用，成本较低，因而具有良好的经济性和开发潜力。该方法通常是在蒸汽循环作用下将生物质能转化为热

能和电能，为烹饪、取暖、工业生产和发电提供热量和蒸汽。小规模的生物质转化利用率低下，热转化损失约为 30%~90%。通过利用转化效率更高的燃烧炉，可以提高利用率。生物质燃烧最常用的是锅炉燃烧和流化床燃烧技术，后者由于氮氧化物的低排放特性迅速得到青睐。国外相关研究结果表明，直接燃烧是燃气轮机使用的切实可行的方法（Eriksson 和 Kjellstrem，2004）。

（2）秸秆分解技术

孙润仓（2002）研究表明，农业秸秆组分中半纤维素与木质素连接的化学键不仅有 7-酯键，还有 α-酯键和醚键；这些结合键对特殊介质环境如酸、碱、温度、压力、生物酶、物理射线、超声场、磁场的反应是不一样的，在一定条件下它们可以同步或分步断裂。后来佘雕、耿增超（2010）进一步研究确定了农业秸秆 90% 以上的主要组分是纤维素、半纤维素和木质素，三者的含量占秸秆总量的 90% 以上。如何对其进行组分分离成为秸秆生物质转化利用的关键。然而，秸秆结构复杂，其纤维素组分是由 β-1,4 苷键结合的葡萄糖长链大分子；半纤维素组分具有 β-D-吡喃木糖主链。目前，虽然秸秆前景广阔，但秸秆的复杂结构使高效集成化清洁分离技术难以实现。目前主要采用热化学分离、物理化学分离、化学分离（酸化学分离以及碱化学分离）、生物分离等技术。秸秆还可以生成生物质有机复合肥，如图 2-15 所示。张齐生（2008）研究表明，农林生物质炭的加入促进了土壤对镉的吸附，降低了镉的有效性。其变化规律是随生物质炭的增加而把镉固定在土壤中，从而可以减少作物中重金属的含量，如在三级镉污染的土壤（100mg/kg 为三级、0.6mg 为二级、0.3mg 为一级）和加入 4% 秸秆炭的土壤中种植小白菜试验，小白菜叶中镉的含量减少 49.43%；小白菜根中镉的含量减少 73.51%。

（3）农林生物质能源固化技术

生物质气化和固化成型技术在产业化利用方面已经初具规模（孙永明等，2005）。固体成型技术是指在一定温度与压力作用下，将原来分散的、没有一定形状的生物质废弃物压制成具有一定形状、密度较大的各种成型燃料的高新技术。秸秆、谷壳和木材等的屑末下脚料由于体积密度小，占用空间大，直接焚烧浪费资源且污染环境。该技术以连续的工艺和工厂化的生产方式将这些低品位的生物质转化为易储存、易运输、能量密度高的高品位生物质燃

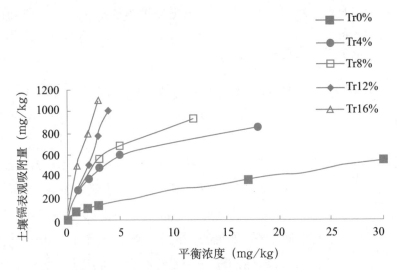

图 2 – 15　棉秆炭处理土壤对 Cd^{2+} 的吸附等温线

料，从而使燃烧性能得到明显改善，热利用效率显著提高，为高效再利用农林废弃物、农作物秸秆等提供了一条很好的途径。

（4）热化学技术

热化学转化技术是生物质能源开发利用的主要途径，与其他技术相比，具有功耗少、转化率高、较易工业化等优点（王丰华等，2009）。生物质热化学转化包括气化、热解、液化和超临界萃取，其中，气化和液化技术是生物质热化学利用的主要形式。

（5）气化及气化发电技术

气化是生物质转化的最新技术之一，该技术是指在一定的热力学条件下，将组成生物质的碳氢化合物转化为含 CO 和 H_2 等可燃气体的过程。这些产物既可供生产、生活直接燃用，也可用来发电，进行热电联产联供，从而实现生物质的高效清洁利用。此外，欧共体还开展了生物质气化合成甲醇、氨的研究（米铁等，2005）

另外，我国已基本具备了发展生物质气化合成甲醇技术的条件，只要各部分的关键问题得到解决，并结合新技术和提高系统效率，生物质气化合成甲醇技术就会具有广阔的发展前景。生物质能转化为电能，正面临着前所未有的发展良机。国能生物质发电公司已开始实施秸秆发电项目，河北、山东、江苏、安徽、河南、黑龙江等省的 100 多个县（市）也已开始投建或是签订秸秆发电项目（王丰华等，2009）。

（6）超临界流体萃取

超临界流体（SCF）具有气液两重性的特点，它既有与气体相当的高渗透能力和低黏度，又兼有与液体相近的密度和对许多物质优良的溶解能力。在超临界水中，将煤炭和生物质能源转化为清洁的氢能，具有气态产物中 H_2 含量高，无需对原料进行干燥，反应不生成焦油等副产品，不造成二次污染等优点（闫秋会等，2005）。Demirbas 用超临界水萃取法使水果皮产生富氢气体。与其他热解、气化等热化学法相比，超临界萃取法能直接处理潮湿物料而不用对其干燥，并且能在较低温度下保持高的萃取效率。

4. 生物质能源开发与利用未来展望

生物质能的资源量丰富并且是环境友好型能源，从资源潜力、生产成本以及可能发挥的作用分析，包括生物燃油产业化在内的生物质能产业化开发技术将成为中国能源可持续发展的新动力，成为维护中国能源安全的重要发展方向。我国生物质能源发展潜力巨大、前景广阔，并正在逐步打破中国传统的能源格局（王应宽，2007）。生物质固体成型燃料也是农业部今后的重点发展领域之一，推广农作物秸秆固体成型燃料为推广的重点之一，尤其是在东北、黄淮海和长江中下游粮食主产区进行试点示范建设和推广。

生物质能的产业化发展过程也并非一帆风顺，因为生物质原料极其分散，采集成本、运输成本和生产成本很高，成为生物质能产业发展的瓶颈。

2.3 适应气候变化研究进展

全球气候变化已成为世界共同面对的问题，如何减缓和适应气候变化的影响日益引起人们的重视。国内外相关研究相继对适应性进行了定义，1995年在俄罗斯圣彼得堡召开的国际气候变化适应性会议将气候变化适应性定义为：气候变化适应性包括所有的、在行为或经济结构上的、旨在减轻因气候系统变化所致社会脆弱性的调整（Smith J. B.，N. Bhatti，G.，1996）。IPCC报告提出：气候变化的适应性是指生态、社会或经济系统响应现实的或预计的气候变化及其影响、旨在减轻危害或开发有利机会的调整（IPCC，2001）。Burton 认为，气候变化的适应性既指适应过程，也指被适应的条件，即通过适应的过程减轻气候变化的脆弱性；通过稳定大气中温室气体的浓度防止对气候系统的危险干预，这个概念是指在过程、措施或结构上的改变，以减轻或抵消与气候上的变化相联系的潜在的危害，或利用气候变化带来的机会，它包括降低社会、地区或活动对气候变化和变率的脆弱性的调整（Burton *et al.*，2002）。UNFCCC 把"适应"定义为"保护国家和社会免受气候变化不利影响的实际措施"（UNFCCC，2006），这个定义侧重于应对人为活动导致的气候变化。UNDP 定义"适应"为"对降低气候变化危害，利用气候变化机遇不断加强认识，开发方法和贯彻实施的过程"（UNDP，2006）。适应性的概念意味着任何调整，无论是被动的、反应的、还是预期的，即作为一种改进与气候变化相联系的不利影响的方法（Stakhiv，1993）；Burton 认为，对气候的适应性是一种过程，即人们减轻气候对人类健康和人类的不利影响，以及利用气候环境所提供的有利机会（Burton，1992），气候变化的适应性不仅是气候因素和非气候因素相互作用的结果，而且与其他非气候条件有关，即有时称之为干预条件（马世铭，2003）。非气候条件足以影响系统的敏感性和其调整的特性，例如，连年的干旱有可能对两个地区的作物产量产生类似的影响，但由于这两个地区的经济和社会结构的不同，可能会对农民产生不同的影响，并且采取的适应响应，不论是短期的，还是长期的都可能不同（Smit *et al.*，2000）。

《联合国气候变化框架公约*》（以后简称"公约"）的缔约方，特别是发展中国家，一直十分重视适应问题，在气候对话中适应被作为关键的"发展中国家问题"之一，发达国家缔约方承诺帮助那些对气候变化不利影响特别脆弱的发展中国家缔约方，满足其对这些不利影响的适应成本的需要（UNFCCC，Article 4.4）。《公约》的许多条款都涉及适应气候变化的问题。公约第4.1条要求所有缔约方考虑到它们共同但有区别的责任，以及各自具体的国家和区域发

---

* 注：英文名称：United Nations Framework Convention on Climate Change，缩写：UNFCCC

展优先顺序、目标和情况，在公约下与适应气候变化有关的承诺包括：为适应气候变化的影响做好合作准备；拟订和详细制定沿海地区的管理计划，水资源和农业以及受到旱灾、沙漠化及洪水影响的地区的保护和恢复综合性计划（UNFCCC，Article 4. 1）。《公约》第一次缔约方大会（COP1）上通过的 11 号决定《关于资金机制经营实体的政策、计划优先顺序和资格标准的初步指导方针》。确定近期适应计划的优先事项是开展对气候变化可能影响的研究，确定特别脆弱的国家或区域，建立适应政策和提高适应能力，开始强调资助适应气候变化，但进展比较缓慢。在 COP7 的马拉喀什协定中进展明显，建立了三个与适应气候变化有关的基金：最不发达基金、气候变化特别基金（SCCF）和适应性基金（李玉娥，2007）。从 COP8 开始适应气候变化被提到议事日程，COP8 通过的《德里宣言》强调了应在可持续发展的框架下应对气候变化的原则，强调要重视气候变化的影响和适应问题，提出将适应作为减缓气候变化的补充策略。2004 年 COP10 通过了《气候变化适应和响应措施的布宜诺斯艾利斯工作计划》，波恩亚尔适应和响应测定工作计划（Buenos Aires 计划）被采用，支持将主流的适应措施列入可持续发展计划。在 2005 年举行的 COP11 会议中采纳了气候变化影响、脆弱性和适应的更为详尽的 5 年工作计划，帮助参与国家在实施适应措施时做出周密的计划，以上所做的一切使适应的重要性得到了重申，把适应气候变化问题提到了前所未有的高度（吕学都，2007）。

2006 年的联合国气候变化大会达成了"内罗毕工作计划"，在管理"适应基金"的问题上取得一致，基金将用于支持发展中国家具体的适应气候变化活动。到 2007 年的巴厘岛会议，2012 年以后的气候框架的四个板块：适应、减缓、技术和资金问题的提出，适应被放在了第一的位置，可见国际社会对气候变化适应问题的关注，突显了未来适应气候变化的重要性。

国家层面上，关于适应气候变化研究的重点侧重于适应技术和措施，然而这些适应技术和措施大多是基于站点尺度的，只能使当地获利。如联合国开发计划署在不丹实施的全球环境基金项目，通过加强灾难管理能力、人工降低索托米湖的水位和安装预警系统等措施来强化普纳卡—旺地和查姆卡流域的适应能力；在安第斯山脉中部的拉斯何莫萨马斯夫推行包括实施用水管制以保证水利发电在内的各种适应措施，适应当地山区生态系统的恶化；厄瓜多尔的农民正在建造传统的 U 形滞留池，以在湿润的年份收集水，到了干旱年放水

（Warren，2006）。20 世纪 80 年代，欧洲中部根据气候条件对土地利用进行了优化，冬小麦、玉米、蔬菜种植面积增加，春麦、大麦和马铃薯面积减少（Parryet et al.，1988），在美国和加拿大兴起的免耕技术也是适应气候变化的有效措施。这些适应项目的研究往往是基于当地具体的气候、灾害所提出的，能够使当地受益，全球效益不大。这是发达国家和发展中国家在适应气候变化方面存在的矛盾，也是适应气候变化当前在国际上进展缓慢的原因。

在全球气候变化背景下，农业系统是受全球变化影响最为显著的部门之一（李祎君和王春乙，2010），可以影响到农业生产的方方面面，如图 2 – 16 所示（刘彦随等，2010）。农业生产在面对气候变化的影响时显得极其脆弱，气候变化造成的粮食短缺可能会比海平面上升产生的影响来得更快、也更早。如果地球继续更暖、温度的继续升高，从中纬度地区到高纬度地区作物产量最终将随之下降，温度增加 4℃ 或更高，将使全球粮食产量受到严重的影响（任小波，2007）。由于人类长期从事农业耕作，各种农作物已经适应了当前生存温度条件，如果气候变暖，气温升高，超出作物适应的生存温度区间，将造成作物减产。气候变化对农业生产造成的严重影响已经受到了广泛的关注，积极进行气候变化的影响、脆弱性评估，以及研发适应气候变化的技术、及时采取适应措施无疑对农业应对气候变化具有重要意义。

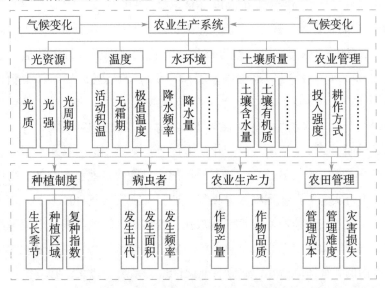

图 2 – 16　气候变化对农业生产的影响

农业的"适应气候变化"包括两方面：一是农民和农村社区在面临气候变化时自觉调整他们的生产实践，取决于农民掌握农业技术的水平及收入的高低；二是在面对气候变化可能带来的减产或新机会时，政府有关决策机构积极宣传指导、有计划地进行农业结构调整，以尽量减少损失和实现潜在的效益（蔡运龙，1996），以提高农业对气候变化不利影响的抵御能力，增强农业适应能力。下面主要从4个方面综述农业适应气候变化研究进展。

2.3.1 改革种植制度调整种植结构适应气候变化

不同学者对种植制度的理解角度不同，定义也不同。陈启锋（1964）从土地利用角度出发，认为种植制度实际上是土地（耕地）的利用制度，是利用土地组织作物生产的技术——经济措施制度。高惠民（1988）则从时间和空间的关系出发，认为种植制度是指在时间上的种植安排，在空间（一个生产单位或区域）上采用的不同的种植形式，这两方面的有机结合所形成的总的种植体制，称为种植制度。刘巽浩和韩湘玲（1987）从系统学的角度出发，认为种植制度是一个技术体系，是一个地区或生产单位农作物的组成、配置、熟制与种植方式所组成的一套相互联系，并与当地农业资源、生产条件等相适应的技术体系。他们认为，统筹兼顾是种植制度的总原则，种植制度是一个集生态、社会、经济效益为一体的最优化种植体系。目前，最为普遍的定义如下：种植制度是耕作制度的核心，是指一个地区或生产单位作物布局与种植方式的总称。其中，作物布局是种植制度的基础，是指一个地区或生产单位作物结构与配置的总称；作物结构又称为种植业结构，包括作物种类、品种、面积比例等；配置是指作物在区域或田地上的分布，即解决种什么作物，各种多少面积与种在哪里的问题，它决定作物种植的种类、比例、一个地区或田间内的安排、一年中种植的次数和先后顺序。种植方式是种植制度的体现，包括复种、轮作、连作、间作、套作、混作和单作等。

农业生态系统是受气候变化影响最直接、最脆弱的系统（谢立勇等，2009），因此迫切需要探索一条可持续发展道路，以适应和减缓气候变化。人为适应气候变化对农业生产布局与结构调整的影响主要表现在种植制度的变化上。通过调整种植制度和种植结构适应气候变化是目前农业适应气候变化采取的主要措施之一，针对气候变化对农业的可能影响，分析未来光、热、水资源重新分配和农业气象灾害的新格局，改进作物品种布局，选用抗旱、抗涝、抗高温等抗逆品种等都能达到适应气候变化的目的（李虹，1998）。

各粮食作物的种植分布存在明显的空间差异，主要是由自然条件决定的，而其分布的变化除了受经济行为的影响外，主要受气候变化影响，而气候条件中又以温度影响最为显著（陆魁东等，2007）。分析各农作物的年际变化情况发现作物种植比例与年平均温度存在一定的关系，年平均温度低于15℃时，小麦、玉米种植比例高于水稻的种植比例。当年平均温度高于15℃时，水稻的种植比例明显占优势，玉米、小麦的种植比例减小。水稻的种植比例随着温度的升高而增大，而小麦、玉米的种植比例随着温度的升高而减小（李祎君和王春乙，2010）。

随着热量增加，除了种植比例发生变化外，各个地区的种植面积也发生了变化。气候变暖较为显著的黑龙江省的水稻的播种面积大幅度增加，种植北界已经移至大约北纬52°的呼玛等地区，粮食作物的种植结构也发生了很大的变化，从主要以小麦和玉米为主的粮食作物种植结构变为以玉米和水稻为主（云雅如等，2005），而东南和华南地区水稻的种植比例减少。黑龙江、内蒙古和新疆地区小麦种植比例减少幅度在10%以上，如图2－17所示（云雅如等，2005），西藏、贵州、河南地区小麦的种植比例有所增加。全国大部分地区的玉米种植比例呈现增加趋势。甘肃省棉花和玉米的种植面积迅速扩大（刘德祥等，2007），如图2－18所示（邓振镛等，2007）。棉花种植海拔高度提高100m，其主产区河西走廊的种植面积比20世纪80年代扩大了7倍（周震等，2006），喜温作物谷子等作物种植面积也有所扩大，复种指数提高（郑振镛等，2008）。气温增加明显，越冬作物种植界限北移西扩（杨晓光等，2010）。

我国北方干暖化趋势明显，南方洪涝灾害频发，不同地区的种植制度也随之发生变化。甘肃近些年玉米及马铃薯种植面积有所增加，小麦播种面积有所下降，是农民适应干暖气候特点而自觉调整了作物种植比例（杨小利等，2009）；甘肃省中部半干旱地区，干旱灾害发生频率非常之高，小麦产量低而不稳，而耐旱作物糜、谷、马铃薯、胡麻、豆类等作物的种植面积迅速扩大

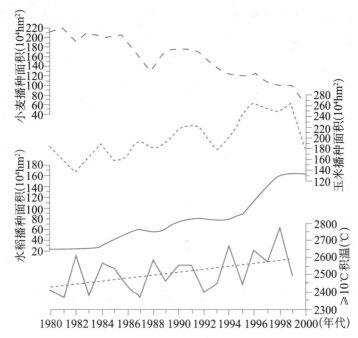

图 2-17 过去 20 年黑龙江省主要粮食作物播种面积和≥10℃积温变化

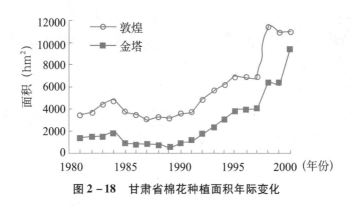

图 2-18 甘肃省棉花种植面积年际变化

（邓振镛等，2006；姚小英等，2004）。在洪灾胁迫下，地跨湖南和湖北的两湖平原，通过发展早熟早稻品种与迟熟晚稻组合搭配错开洪涝高峰期，部分实现了农业避洪减灾（王德仁和陈苇，2000；陶建平和李翠霞，2002）。

气候变化使中国主要作物品种的布局也将发生变化。华北目前推广的强冬性冬小麦品种将为半冬性冬小麦品种所取代；比较耐高温的水稻品种将在南方占主导地位；东北地区玉米的早熟品种逐渐被中、晚熟品种取代（孙智辉和王春乙，2009）。

气候变暖使春季土壤解冻期提前，冻结期推迟，生长季热量增加，多熟制向北、向高海拔推移，复种面积扩大，复种指数提高。各地热量资源不同程度增加，一年两熟、一年三熟的种植北界有所北移，主要农作物的种植范围、产量、质量也随之变化。单从热量资源的角度考虑，我国北方的种植制度发生了两种变化：一是多熟制向北推移，复种指数提高；二是作物品种由早熟向中晚熟发展，作物单产增加（李祎君和王春乙，2010）。双季稻种植北缘由原先的北纬28°推进到31°~32°地区；稻麦两熟由原先的长江流域推进到华北平原的北缘（北纬40°）（章秀、福王丹英，2003）；我国冬小麦种植北界与我国20世纪50年代所确定的冬小麦种植北界（长城沿线）相比，从大连（北纬38°54′）推移到了抚顺—法库—彰武一线（北纬42°30′）（郝志新等，2001）；华北地区两年三熟制已改为冬小麦—玉米一年平播两作（江爱良，1993）。这些改变导致我国复种指数逐年增加，有效地促进了粮食增产，50年来我国复种指数增加和粮食产量关系如图2－19所示（汪涌等，2008）。气候变暖总的来说将有利于多熟制的发展，带来熟制和作物结构的改变，为我国两熟区、三熟区向北向西扩展，提供了热量条件（Wang Futang 等，1997）。复种面积将扩大，复种指数将提高，在我国种植熟制南北界变化的敏感区域，可以提高复种指数，如增加麦—稻两熟、麦—棉两熟、油菜—稻两熟、麦（油菜）—稻—稻三熟、麦—玉米—稻三熟等多熟制的面积。相关地区需要根据水资源和当地农业气候资源的具体情况，调整农业种植结构以及品种结构。在华中和华东稻区北部选用生育期较长、产量潜力较高的中、晚熟品种替代生育期较短、产量潜力较低的早、中熟品种（周曙东等，2009）。

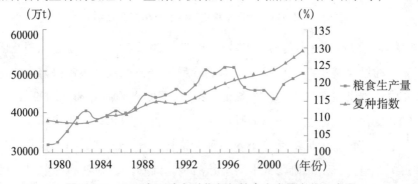

图2－19　1980年以来复种指数与粮食生产量变化示意图

水分条件是决定农牧交错带位置及其气候生产力的关键因素，在降水不变，温度升高的情况下，现有的农牧交错带将东南移，范围扩大；同时气候生产力可能下降。而在温度升高、同时降水增加的气候情景下，农牧交错带的移动变缓，甚至不变，视降水的情况而定。降水增加能部分或完全补偿因温度引起的气候生产力的下降，气候生产力甚至有可能增加（裴国旺等，2001）。

2.3.2　调整农业技术管理措施适应气候变化

由于气候条件对农业生产影响的直接性，使得气候变化对农业尤其是种植业生产影响的强度和范围要超过其他产业与经济活动。通过科学研究、理论探索、试验总结、技术推广、组织管理以及政策机制等多元化措施，加强适应能力建设，以应对未来气候变化的不利影响，具有重要的现实意义。农业生产对全球气候变暖的适应并不是被动的、消极的反应，而是以经济、社会和生态环境的协调发展为原则，从系统的观点进行综合考虑，实现各个系统之间的相互协调，保证农业生产的可持续发展（谢立勇等，2009）。

由于我国地域差异显著，种植制度和作物品种多样，各地区的农业生产条件相差很大，要制定有效的适应气候变化方案，应当针对不同区域的气候条件和农业发展目标，识别不同区域面临的主要气候变化风险，因地制宜，合理安排推广执行各项适应措施，增强农业部门的适应能力（王雅琼和马世铭，2009；刘巽浩和陈阜，2005），具体措施如表2-13所示（李希辰和鲁传一，2011）。

表 2-13　适应气候变化措施

项目	措施
农业结构和种植制度	提高复种指数，调整播期，优化作物布局，轮作，间种
节水灌溉	管道输水，渠道防渗，滴灌，喷灌
水利工程	水库、塘堰大坝，小型集雨蓄水工程
品种选育	高光效品种选育，综合抗逆性强品种选育
生态农艺措施	地膜覆盖，种子包衣，保护性耕作，害虫管理
监测保障	建立监测系统，制定应急预案，人工降雨
转移风险	农业保险
生态建设	退耕还湿、还林、还草，绿化，改良土壤
新技术研究	基因工程，深施肥技术，公众教育

注：根据《我国农业部门适应气候变化的措施、障碍与对策分析》文献整理

各项技术措施综合运用，可缓解或抵消气候变化和灾害的不利影响。如2000年以来，东北地区几乎连年遭遇干旱、洪涝或者低温寡照气象灾害，但是，粮食总产量却保持稳中有升的态势（图2－20）（谢立勇等，2011）。

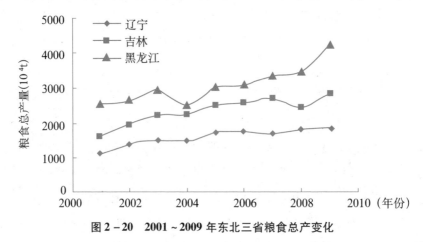

图2－20　2001～2009年东北三省粮食总产变化

主要应对气候变化的农业技术选择包括以下几个方面。

1. 选育品种，调整布局，增强农作物抵御自然灾害的能力

随着气候变化，一些地区原有的一些农作物品种不能适应气候变暖的环境，从而出现减产与受灾等问题，为适应这一变化，针对不同灾害、不同地区、不同的作物，引进新品种，选用不同的技术手段指标筛选培育的适用性较好的新品种，抗灾减灾，达到作物高产、稳产、优质的目的。

气候变暖使我国年平均气温上升，各地的热量资源都有不同程度的增加，农业生产随之做出适应性调整，保证其可持续发展。华北地区小麦品种向弱冬性演化，以前推广的冬小麦品种大多属于强冬性，因冬季无法经历足够的寒冷期以满足春化作用对低温的要求，已经被半冬性或弱冬性生态类型的冬小麦品种所取代。适宜栽培的品种向弱冬性方向演化是应对气候变暖的适应性行为，有助于小麦总产的稳定和提高（张宇，2000）；东北地区玉米的早熟品种将逐渐被中熟、晚熟品种取代（杨尚英，2006）。由于品种培育期较长，为适应气候变化，从外地引种是简便而行之有效的途径之一。华南、华中和华东地区要引进和培育耐高温、耐涝的水稻新品种，而西南地区要引进和培育耐高温、耐旱的水稻新品种。其次，选育抗逆性强的农作物新品种，增强

农作物的抗逆性：如选育耐高温、耐干旱、抗病虫害的优质农作物新品种，以应对气候变暖和极端天气气候事件的影响；选育耐盐碱的农作物新品种，即使在海平面升高、沿海滩涂盐碱加重时也不影响对滩涂盐碱地的开发利用；再有可以通过改善农作物的生理特性，即选育高光合效能和低呼吸消耗的品种，在生育期缩短的情况下也能取得高产优质，及对光周期不敏感品种，即使在种植界限北移时也不因日照条件的变化而影响产量（郑广芬等，2006）。

在全球变暖的大背景下，根据各区域农业气候资源变化特征，因地制宜调整作物结构，以应对气候变化。西北干旱区由于干旱增加，调减高耗水量作物及品种，扩大节水型、耐旱型作物生产面积，增加作物种群的多样性，提高适水性和节水效率，实现作物结构抗旱减灾（刘德祥等，2005）。西北南部山区和中部干旱区马铃薯种植面积达到 26.67 万 hm^2，实现了扩大节水型、耐旱型粮食作物的生产。东北地区气候变暖、热量增加有利于水稻的种植，一定程度上减少了低温冷害的威胁，延长了水稻生长期，利于水稻增产，东北地区水稻的播种面积已由 1985 年的 115.5 万 hm^2 增加到 2005 年的 209 万 hm^2，增加了 80.9%（谢立勇等，2009）。但是，在气候变化导致一些作物的种植区域扩大，种植北界北移的过程中，有可能导致农作物的冷害、冻害的风险性增大，因此要有充分的灾害风险意识，做好农作物区域的规划和种植界限北移的界定，做好引种种植的评估工作，防范灾害的发生。此外，气候变化背景下使极端天气事件发生的几率不断增加，如持续高温干旱等天气使得农业生产受害的可能性变大，因此适应气候变化的应对措施一定不能冒进，以避免不当的调整造成的灾害发生。

2. 改进耕作措施以适应气候变化

气候变化形势下，原有的耕作措施必然会受到冲击，适应性降低，应采取新的耕作措施，适应气候变化，使农业稳定发展。

保护性耕作技术以降水高效利用和环境保护为核心，结合我国生产实际，集成农机及农艺等多项技术，包括全方位深松技术、机械化少耕覆盖技术、机械化免耕覆盖技术、少（免）耕覆盖轮耕技术等。新型的保护性耕种技术，改革和创新了传统耕作模式，实现了传统的保护性耕种技术与现代高新农业技术有效的集成，形成了完整的保护性耕种技术体系，包括麦类油菜等条播作物留茬与马铃薯等穴播作物间作轮作技术，以留茬带保护牧草带；灌草间作以灌木带保护牧草带；粮草间作轮作以多年生牧草带保护作物带；田间间作向日葵、饲料玉米、草木樨等高秆作物或牧草，秋后留茬作为生物保护篱网；以及适宜的间作轮作组合及带宽。这一系列措施可以有效实现抗旱保墒、保土、防治沙尘暴，省工、高效经济用水，促进农民增收，区域生态环境改善、粮食持续安全生产，综合效益显著（钱坤等，2011）。

3. 加强农田管理

气候变暖和干旱使水分成为制约农业发展的重要因素，因此在农业技术上也采取了相应的应对措施。改善灌溉系统和灌溉技术，如滴灌、喷灌、管道灌溉，提高水分利用效率，减少灌溉中水资源的浪费；进行定额灌溉、减少灌溉次数、灌关键水等改进灌溉制度，实行科学灌溉；改进抗旱措施，开发节水高效种植模式和配套节水栽培技术；推广农业化学抗旱技术，如利用保水剂作种子包衣和幼苗根部涂层、在播种和移栽后对土壤喷洒土壤结构改良剂、用抗旱剂和抑制蒸发剂喷湿植物和水面以减少蒸腾和蒸发、开发活性促根剂促根抗旱；采取残茬或秸秆还田等措施防止地表水资源蒸发；利用作物的水分胁迫诱导反冲机制，合理配置有限的水资源，节水的同时达到稳产的目的（杨晓光等，2000）。

水肥管理是农田管理重要环节，在土壤水分很低的情况下，养分的有效性及利用率大大降低，也可能会出现施肥使作物初期耗水量增加，引起后期更严重的水分胁迫，导致作物减产。根据作物生长季内土壤水分状况和作物长势，合理灌溉与施肥，充分发挥水肥作用，提高作物抗逆能力，减少资源浪费（钱坤等，2011）。

气候变暖也影响土壤中生物物理和化学过程，土壤有机质的微生物分解将加快，长此下去将造成地力下降。因此，相应地改进了施肥方式，如改一次大量施肥为少量多次施肥，减少了化肥的损失；根据 N 的释放随时间变化规律，掌握施肥时间，以作物吸收量最大最快的生育阶段肥效最佳；再如采用化肥深施、混施等方式，提高肥效，减少损失（谢立勇等，2009）。

4. 加强病虫草害防治，适应气候变化

农作物害虫发生发展与气候条件关系密切，气候变暖将影响作物害虫发生世代数、发生数量和地理分布界限，许多病虫害的危害将加剧。针对作物病虫草害的范围扩大和流行蔓延，农业生产上采取加强对田间害虫天敌的保护，发挥天敌对害虫的控制作用，研制并合理施用高效、低毒、无毒新型化学农药等措施，减少用药量，保护生态平衡；培育抗病虫良种，减轻害虫危害（陈友祥等，2005）。

5. 加强基础设施建设

在适应气候变化能力建设方面，基础设施建设是必不可少的重要措施之一。我国农田水利基础设施建设工程始建于 20 世纪 50 年代，当时大部分工程是因地制宜、就地取材、利用沟、塘、坡地兴建起来的，工程起点低，很多工程已基本接近其使用寿命。干渠、支渠的衬砌比重小，基础设施破损失修也十分严重，造成了渠系水利用系数低，蓄水集雨能力不足。因此，需要加强农业基础设施建设，完善农田基础设施，提高抗旱排涝的能力，提高水资源利用率。另外，基础设施管理方面，合理开发和优化配置现有水资源，完善农田水利基本建设的新机制，制定用水节水相关政策，提高水利系统对气候变化影响的适应能力。将气候变化对水资源承载能力的影响作为约束条件考虑，并使这一要求具体地落实到建设项目中（林而达，2005）。

6. 发展设施农业，提高农业抗御自然灾害的能力

随着经济水平不断提高，设施农业面积大幅度扩展，设施农业发展为反季节栽培提供的基础保障。塑料大棚、温室等设施可以一定程度上抵御严寒、干旱、暴雨、病虫害等灾害，提高农业适应气候变化等能力。

2.3.3 农业防灾减灾适应气候变化

全球气候变化背景下，极端天气灾害日趋严重，病虫害越冬基数增大，影响范围扩大，农业遭受气象灾害和生物灾害的频率、强度、范围逐渐加大，灾害造成的损失巨大，因此，对农业气象灾害、生物灾害的研究有其深远的意义。对农业重大气象灾害进行发生规律性、时空分布性和风险性分析，重大病虫草害流行性、暴发性和危险性的成灾规律分析，建立灾害的监测预警技术体系和防控减灾关键技术体系，以指导在气候变化情景下的农业灾害防灾减灾，保证农业生产持续稳定发展。

全球气候变化将对我国未来的气候和农业产生深远影响。未来全球气温和降雨变化，可能使许多地区的农业和自然生态系统无法适应或不能很快适应这种变化，造成大范围的植被破坏和农业灾害，产生破坏性影响（周曙东等，2010）。我国是世界上遭受气象灾害影响最严重的国家之一，气象灾害每年造成的损失占整个自然灾害损失的70%左右，造成的直接经济损失占国民生产总值的3%～6%（翟盘茂等，2009）。在全球气候变化背景下，天气和气候极端事件发生的频率和强度在加大（丁一汇，2002）。自20世纪50年代以来，我国农作物由于极端气候事件的影响受灾、成灾面积日益扩大。我国农业受灾面积、经济损失、农业粮食损失变化如图2-21所示，可以看出近50年来气象灾害导致的农业受灾面积不断扩大，粮食减产量逐年增加，农业经济损失逐年升高（房世波等，2011）。

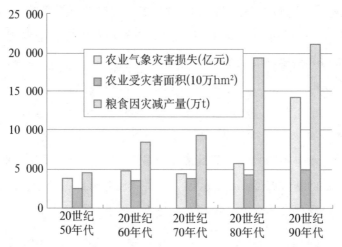

图2-21　1950～2000年以来我国农业气象灾害受灾损失、作物受灾面积和粮食减产趋势

　　为了防范和适应气候变化，必须认真考虑有可能采取的农业对策。由于我国地域差异显著，种植制度和作物品种多样，各地区的农业生产条件相差很大，因此不同区域的气候变化影响的风险和严重程度不同。要制定有效的适应气候变化方案，还应当针对不同区域的气候条件和农业发展目标，识别不同区域面临的主要气候变化风险，因地制宜，合理安排推广执行各项适应措施，增强农业部门的适应能力。表2-14说明，根据区域划分列出了不同区域的主要气候变化风险和风险等级，以及可能采取的适应措施（李希辰和鲁传一，2011）。

表 2 – 14　各区域气候变化风险及适应措施识别

区域	风险/机会		风险等级	农业部门可能采取的措施
东北地区	（1）	干旱	H	（1）调整农业布局和种植技术，品种选育
	（2）	洪涝	M	（2）节水灌溉，建设示范试点
	（3）	极端气候事件（低温冷害和霜冻）	M	（3）修建蓄水工程设施
				（4）保护生态，退耕还湿、退耕还草
	（4）	生长季延长，复种成为可能	L	（5）加强农田管理技术的研发、示范与推广
华北地区	（1）	干旱	H	（1）计划用水，提高水资源的综合利用效率
	（2）	耕地退化，水土流失，土地沙漠化	H	（2）退耕还林，植被恢复建设
	（3）	极端气候事件	M	（3）培育选育抗旱新品种，优化作物布局
	（4）	气候变化有利于设施农业	L	（4）发展设施农业
江南、华南及东部沿海地区	（1）	极端气候事件（洪涝、高温、低温、暴雨）	H	（1）防灾减灾工程建设，加强监测预警能力
	（2）	海平面上升，海水倒灌，盐渍化	H	（2）选育抗逆品种
	（3）	病虫害	M	（3）对病虫害进行综合治理
	（4）	农作物减产	L	（4）调整种植结构，提高复种指数
西北地区	（1）	干旱	H	（1）水资源管理，节水灌溉
	（2）	极端气候事件	M	（2）建立灾害预警机制
	（3）	气候变暖、降水增加	M	（3）调整种植结构
				（4）加强农业新技术应用研究
西南地区	（1）	干旱	H	（1）节水灌溉，合理利用水资源
	（2）	暴雨	H	（2）灾害研究，建立预警体系
	（3）	气温下降、降水减少	M	（3）调整结构，实行防旱涝栽培
				（4）因地制宜，选择不同作物品种，发展农林复合型生态农业

注：H、M、L 分别表示风险等级为高、中、低。根据《我国农业部门适应气候变化的措施、障碍与对策分析》文献整理

　　通过选用抗灾品种、高效合理栽培模式、适期播种、建立完善育苗中心、科学施肥、合理排灌、覆盖保护、化学调控、节本增效栽培技术等减灾避灾技术措施，建立不同作物灾害防御关键技术体系，从而增强作物生产持续减灾避灾能力。

　　依据前人的研究成果和已发表文献，防灾减灾适应气候变化对策可概括为以下几个方面。

1. 改革耕作措施和管理措施适应气候变化

气候变化形势下，原有的耕作措施必然会受到冲击，适应性降低，应采取新的耕作措施，实施保护性耕作、旱作农业，以适应气候变化，使农业稳定发展。

气候变暖总的来说将有利于多熟制的发展，带来熟制的改变、作物品种结构的改变。复种面积将扩大，复种指数将提高。但值得强调的是：但气候干暖化会使作物的可利用水资源量减少，同时，极端气候事件发生的频率和强度在加大，增加了种植制度改变的风险。盲目的没有科学论证的种植制度，极易给粮食生产带来严重灾害（房世波等，2011）。气候变化背景下，气候变异增大，尽管气候变暖趋势明显，但年度之间温度和降水波动明显，其间势必出现低温年，因此，对种植制度的调整必须采取十分慎重的态度。在一熟制改两熟制或两熟制改三年两熟制的地区，在调整农作物的品种结构时，不仅要考虑温度条件，还需要综合考虑到降雨及极端天气气候事件可能带来的影响，在气候变化环境下的光、温、水资源重新分配和农业气象灾害格局的基础上，充分利用气候变化带来的热量资源增加、复种指数增加等优势，规避高温热害、干热风、干旱等气候变化带来的不利因素，进而改进作物布局，趋利避害，减缓气候变化的不利影响，保证粮食生长的高产稳产。例如，甘肃省中部半干旱地区，干旱灾害发生频率非常之高，近些年玉米及马铃薯种植面积有所增加，小麦产量低而不稳，而耐旱作物糜、谷、马铃薯、胡麻、豆类等作物的种植面积迅速，通过调整作物种植比例而提高了当地农民收入（姚小英等，2004；邓振镛等，2006）；在洪灾胁迫下，地跨湖南和湖北的两湖平原，通过发展早熟早稻品种与迟熟晚稻组合搭配错开洪涝高峰期，部分实现了农业避洪减灾（王德仁和陈苇，2000；陶建平和李翠霞，2002）。

旱地农业是受气候变化影响最为脆弱地区之一，如何适应气候变化直接关系到我国粮食安全。国内外旱地农业在适应气候变化中，主要依托选择耐旱作物品种、秸秆或地膜覆盖、秸秆还田、培肥地力、以肥调水、节水补充灌溉、化学制剂和农机农艺相结合等技术，以适应气候变化影响。

2. 选育抗逆性强的农作物品种，增强农作物抵御自然灾害的能力

为减少气候变化对农作物的不利影响，选育优良品种是重要的适应性对

策。新品种选育时，考虑未来光、温、水资源重新分配和农业气象灾害的新格局，选用耐高温、耐干旱、抗病虫害、及耐盐碱的新品种，对于防灾避灾具有重要意义（李虹，1998）。现有研究表明，基因技术为应对气候变化提供了更多的可能（Goodman *et al.*，1987），通过体细胞无性繁殖变异技术、体细胞胚胎形成技术、原生质融合技术、DNA 重组技术等，快速有效地培育出抗逆性强、高产优质的作物新品种是重要途径。此外开发农作物高光效育种、抗高温育种技术、选育抗逆品种，不但可以抵消气候变化引起的不利影响，还可以充分利用未来农作物的高 CO_2 肥效作用使粮食获得增产（Theu，1998）。

3. 大型水利工程和农田水利建设

全球气候变暖将改变各地的温度场，进而改变大气环流的运行规律。因此，降水的季节与地区分布会随之变化，降水的年际变率和旱涝出现的几率增加会给农业生产构成很大威胁。完善水利工程和农田水利建设，成为增强各地抗旱、排洪与防淹、防溃的能力，保证农业适应气候变化而持续发展的有效途径。研究表明只有较大的农业高效用水工程规模，才能实现从水资源的开发、调度、蓄存、输运、田间灌溉到作物的吸收利用形成一个综合的完整系统，不断提高节水工程标准和质量，降低农业用水成本，适应现代农业发展需求（上官周平和邵明安，1999）。农田水利工程中的蓄水、引水、调水、提水以及机井是农业抗旱的基础设施，这些工程的兴建，会为抗旱提供有力保障（李建忠和谭渤，2002）。我国的三峡工程提高了应对抗旱、洪涝等极端事件的能力，很大程度上减缓和避免了可能产生的经济和人民生命财产损失（陈志恺，2011）。农业灌溉工程通过蓄、引、提、泄水来调整水在空间和时间的分布，用灌水和排水来满足作物在不同生育期对水分的需求。因此，在排灌设施完善、水利管理水平高的地区，遇涝能排，遇旱能灌，排灌自如，为农业稳产高产提供了可靠保证（龙振球，1992）。

我国各区域因地制宜，加强农田水利工程建设，防灾避灾，促进现代农业发展（王馨婕等，2007；王维华，2011；魏明华等，2011）。如桂中地区应对旱灾发生特征的水利工程现状和潜力分析，及应对灾害为核心的，改造现有蓄水、引水工程灌区渠系以提高当地防灾减灾能力（韦朝强，2004）；基于河北省水旱灾害的发生特征和未来防灾减灾所面临的形势及存在的问题，提出工程措施和非工程措施相结合的河北省防灾减灾对策（翟国静，2002）。陕西关中地区利用新技术和新材料修建的灌溉工程对于改善农业生产环境，减少自然灾害危害，发展本地区社会经济等起了关键作用（王向辉和卜风贤，2012）。

4. 监测预测，建立农业生产气象保障和调控系统

（1）完善农业气象灾害综合监测预警体系

加强暴雨、台风、强对流、干旱、大雾等农业灾害性天气监测预警平台建设和应急服务系统建设，建立农业生产气象保障系统和农村气象监测；加强对农业灾害性天气中长期预报、预警能力，提高预报的准确性和及时性。华北干旱监测技术体系通过对北方农业干旱进行天基、空基、地基相结合的立体动态监测，建立考虑不同地区特点的区域气候模式、作物生长模式、陆面水文过程模式和遥感信息相结合的农业干旱预警技术，农业干旱预警模式，预报准确度达到80%左右（王春乙，2010）。低温冷害滚动预警体系，从地面人工观测、作物模拟模式和卫星遥感3个方面，建立了低温冷害立体监测体系，改进了原有的单一评估指标，可以在作物生长发育的不同阶段实现对低温冷害的动态监测，综合监测准确率达到了85%以上。建立的东北玉米和新疆棉花低温冷害预警体系，实现了统计方法、模拟模式方法等、不同时效滚动的预测功能，预测精度达到了80%以上。长江中下游地区水稻高温热害灾害监测通过开展地面实时观测资料、数值模拟技术和3S技术的研究，基于卫星遥感空气温度（Ta）的技术、卫星监测非同温和混合像元地物温度技术、基于ENVISAT-ASAR的水稻制图等多项国际先进技术制定长江中下游地区水稻高温热害指标，建立了长江中下游地区水稻高温热害灾害监测，高温热害监测精度在80%～85%。华南寒害监测技术体系，建立寒害指标、监测模型、技术方法以及配套的数据库和软件系统；实现寒害的实时动态监测，实现了华南寒害的动态监测，监测准确率在87%以上。基于气象、遥感及野外观测、调查等资料，以自然致灾和人工胁迫致灾试验等为途径，首次创建亚热带主要农作物干冷、湿冷寒冻害等级指标体系及灾损标准，实现亚热带主要农作物空间分布遥感信息提取；首次建立寒冻害监测预警技术体系和省级业务平台，实现寒冻害实时动态监测（王春乙，2010）。建立了包括农业气象综合数据库及数据库应用服务系统、农业重大气象灾害空间数据库、多源遥感资料

处理系统、农业重大气象灾害监测预警评估系统（AGMDMWS）、农业重大气象灾害服务产品交互制作系统、基于 ArcServer 的农业重大气象灾害监测预警服务产品发布系统、基于 Web 的农业干旱与作物低温冷害调控技术查询系统，可实现制作及发布灾害监测、预警信息，为农业防灾减灾和可持续发展提供了有力的气象保障服务（王春乙，2010）。

（2）加强人工影响天气的能力和应急反应能力建设，为农业生产者提前做好防范工作

根据自然环境和农业自然灾害发生规律，制定各种自然灾害的防灾应急预案；积极开展人工影响天气活动，不断优化人工降雨等作业方案和技术方法，更好地服务于农业生产。为了分担气候灾害所带来的风险，减轻农民因气象灾害遭受的损失，应当积极推广农业保险。农民可以通过保险有效地减少极端天气气候事件造成的损失从而迅速恢复生产能力，保险也可以减轻大灾之年政府赈灾的财政负担（杨晓光等，2010）。

此外，气候变暖、大气 CO_2 增加与紫外光的增强必然会对各种作物病、虫、草害的发生规律、危害程度、病原、害虫与杂草的种群结构以及天敌种类等产生连锁影响，畜禽动物疫病状况亦会有所变化。需要建立多点、长期性的监测网络，以便正确地分析病、虫、草害与疫病的变化趋势，并相应地采取综合性防治对策。

5. 加强生态环境建设，降低农业生产对气候变化的敏感性

农业环境是农业生产的物质基础，保护农业环境就是保护农业持续生产的能力。良好的水质、土壤、空气及综合农业生态条件，不仅能促进作物生长，还能减少自然灾害的发生和发展，增强抗御能力，保证农业稳产、优质、高产。生态环境的改善有利于农业生产条件的改善，而农业生产条件的改善有利于降低农业生产对气候变化的敏感性，有利于农业生产的可持续发展。在气候变化的脆弱区域实施退耕还湿、退耕还林、退耕还草，农林结合，发展立体农林复合型生态农业，建立和恢复良好的农业生态环境。保护和发展防护林、水源涵养林、植树造林、封山育林、营造绿色水库，解决水土流失、植被覆盖率低的问题。平整土地、改良土壤，使汛期部分水分贮存于地下土壤和岩石缝隙中，减少汛期径流量。此外，建立稳定的农业生态系统是抗御

气候变化的根本性措施。包括适应气候变化及调整农业布局，合理规划农业结构及耕作、种植制度；积极发展生态农业和资源节约型农业，推行间套复种、多熟种植及"立体农业"和雨养农业；依据生态学原则发展大农业和旱地农林业；建设多种类型的稳定的农业生态系统，研究规划不同类型区农业自然资源承载系统的最大可能承载力，禁止超载运行，增加农业系统的抗逆性和可恢复性。

参考文献

［1］ Ayhan Demirbas. Energy balance，energy sources，energy policy，future developments and energy investments in Turkey，Energy Cinversation and Management，2001，42：1239～1258

［2］ Balakrishoan P，Parameswaran M，Push Pangadan K. Babu Liberalization，Market power，and Productivity Growth in Indian Industry. Journal of Policy Reform，2006，9（1）：55～73

［3］ Burton I，Huq S，*et al.* From impacts assessment to adaptation priorities：the shaping of adaptation policy. Climate policy，2002

［4］ Cook J，Beyea J. Bioenergy in the United Sates：progress and possibilities ［J］. Biomass and Bioenergy，2000，18（6）：441

［5］ Cynthia M K，Dennis E R，William R H. Cover Cropping Affects Soil N_2O and CO_2 Emissions Differently Depending on Type of Irrigation . Agriculture，Ecosytems and Environment，2010，137：251～260

［6］ Eriksson G，Kjellstrem B. Combustion of wood hydrolysis residue in a 150 kW powder burner. Fuel，2004，83：1 635～1 641

［7］ Fang J Y，Chen A P，Peng C H *et al.* Changes in forest biomass carbon storage in China between 1949 and 1998. Science，2001，292：2320～2323

［8］ Feder G，Just R E. Adoption of Agricultural Innovation sin Developing Countries：A Survey. Economic Development and Cultural Change，1985，33：255～297

［9］ Fierer N，Schimel J P. Effects of Drying-Wetting Frequency on Soil Carbon and Nitrogen Transformations. Soil Biology Biochemistry，2002，34：777～787

［10］ Flavin C. Building a Low-carbon Economy. Worldwatch Institue. State of the Wold . W. W. Norton & Company，2008

［11］ Follett R F. Soil management concepts and carbon sequestration in cropland soils. Soil &Till age Research，2001，61（1~2）：77~92

［12］ Freibauer A，Rounsevell M，Smith P，et al. Carbon Sequestration in the Agricultural Soils of Europe. Geoderma，2004，122：1~23

［13］ Geng Z C，Sun R C，Xu F，et al. Comparative study of hemicelluloses released during two-stage treatments with acidic organosolv and alkaline peroxide from caligonum mono-goliacum and tamarix spp. Polym. Degradation and Stability，2003，80（2）：315~325

［14］ Goodman R M，Goodman H，Hauptli A et al. Gene transfer in crop improvement. Science，1987，236：48~54

［15］ IPCC Climate Change 2007 Mitigation. Intergovernmental Panel on Climate Change，2007

［16］ IPCC. IPCC Third Assessment Report：Climate Change，2001（TAR）

［17］ Jarecki M，Lal R. Crop Management for Soil Carbon Sequestration Critical Reviews in Plant Sciences. Plant Sciences，2003，22：471~502

［18］ Lal R and Bruce J P. The potential of world cropland soils to sequester C and mitigate the greenhouse effect. Environmental Science & Policy，1999，2（2）：177~185

［19］ Lal R carbon management in agriculture soils. Mitigation and Adaptation Strategies for Glob al Change，2007，12（2）：303~322

［20］ Lal R carbon sequestration impacts on global climate change and food security. Science，2004，304（5677）：1623~1627

［21］ Lal R World cropland soils as a source or sink for atmospheric carbon. Advances in Agonomy，2001，71：145~191

［22］ Lal R. Soil Carbon Sequestration Impacts on Global Climate Change and Food Security. Science，2004，304：1623~1627

［23］ Liebig M. A. ，Morgan J. A. ，Reeder J. D. ，et al. Greenhouse Gas Contributions and Mitigation Potential of Agricultural Practices in Northwestern USA and western Canada. Soil Tillage Research, 2005, 83: 25 ~ 52

[24] Liu H., Jiang G., Zhuang H., Wang K., Distribution, utilization structure and potential of biomass resources in rural China: With special references of crop residues. Renew Sustain Energy Rev, 2008, 12: 1402 ~ 1418

[25] Monteny G. J., Banink A., Chadwick D., Greenhouse Gas Abatement Strategies for Animal husbandry. Agriculture, Ecosystems and Environment, 2006, 112: 163 ~ 170

[26] P. Mekendry. Energy Production from biomass (Partl): overview of biomass. Bioresource Technology, 2002, 83 (1): 37 ~ 46

[27] Parry, M. L., Carter, T. R., Knoijin, N. T., *et al*. The Impact of Climatic Variations on Agriculture. Kluwer, Dordrecht, 1988

[28] Paustian K., Andren o, Janzen H. H., *et al*. Agriculture Soils as a sink to Mitigate CO_2 Emission. Soil Use and Mangement, 1997, 13 (4): 230 ~ 244

[29] Post W. M., lzaurralde R. C., Jastrow J. D., *et al*. Enhancement of carbon sequestration in US soils. BioScience, 2004, 54 (10): 895 ~ 908

[30] Qiu Guowang, Zhao Yanxia, Wang Shili. Arid Zone Research, 2001, 18 (1): 23 ~ 28

[31] Sainju U. M., Schomberg H. H., Singh B. P., *et al*. Cover Crop Effect on Soil Carbon Fractions under Conservation Tillage Cotton. Soil Tillage Research, 2007, 96: 205 ~ 218

[32] Smit, B., Burton, I., Klein, R. J. T., Wandel, J.. An anatomy of adaptation to climate change and variability. Climatic Change, 2000, 45: 223 ~ 251

[33] Smith J. B., N. Bhatti, G. Menzhulin, R. Benioff, M. I. Budyko, M. Campos, B. Jallow, and F. Rijsbermen (eds.). Adapting to Climate Change: An International Perspective. New York, NY, USA: Springer-Verlag, 1996, 475

[34] Stakhiv, E. Z., Evaluation of IPCC Adaptation Strategies. Fort Belvoir: Institute for Water Resources, United States Army Corps of Engineers, 1993

［35］Steinbach H. S. and Alvarez R. Change in Soil Organic Carbon Contents and Nit rous Oxide Emissions after Introduction Agroecosystems. Journal of Environmental Quality, 2006, 35 (1): 3~13

［36］Sun R C, Sun X F. Characterization of hemicelluloses andlignin released in two-stage organosolv and alkaline peroxidetreatments from Populus euphratica. Cell. Chem. Technol. , 2002, 36 (3~4): 243~263

［37］Theu J, Chavula G. Elias C (in press) Malawi: how climate change adaptation options fit within the FCCC national communication and national development plans. In: Smith JB, Bhatti N. Menzhulin G, Campos M, Benioff R, Rijsberman F, Jallow B (eds) Adapting to climate change: assessments and issues. Springer Verlag, New York: The University of Chicago Press, 1998

［38］UNFCCC (United Nations Framework Convention on Climate Change), 2003

［39］UNFCCC. 气候变化框架公约京都议定书. 日本京都, 1997

［40］US Department of Energy. Electricity from biomass: National Biomass Power Program. Five Year Plan. US DePartment of Energy, Washington DC. 1993

［41］Vleeshouwers L. M. , Verhagen A Model Study for Europe. Global Change Biology, 2002. (8): 519~530

［42］Wang Futang. Impacts of climate change on cropping system and its implication for China. Acta Meteorologica Sinica, 1997, 11 (4): 407~415

［43］Warren, Rachel, Nigel Arnell, Robert Nicholls, Peter Levy and Jeff Price. "Understanding the Regional Impacts of climate change, Research report prepared for the stern review on the economics of climate change. " Research working paper No. 90 Tyndall Centre for climate change, Norwich, 2006

［44］West T. O. and Marland G. Net carbon flux from agricultural ecosystems: method logy for full carbon cycle analyses, 2002, 116 (3): 439~444

［45］West T. O. and Marland G. A synthesis of carbon sequestration, carbon emission, and ner carbon flux in agriculture: a compare in the United States. Agriculture, Ecosy stems and Environment, 2002, 91 (1~3): 217~232

［46］X. Deglise, P. Magne. Pyrolysis and industrial charcoal. In Biomass- Regemerable Energy, ed. D. O. Hall & R. P. Overend, John Wiley, NewYork. 1987

[47] 白鲁刚，颜涌捷，李庭琛等．煤与生物质共液化的催化反应．化工冶金，2000，21（2）：198~203

[48] 边炳鑫，赵由才，康文泽．农业固体废物的处理与综合利用．北京：化学工业出版社，2005

[49] 蔡运龙．全球气候变化下中国农业的脆弱性与适应对策．地理学报，1996，51（3）：202~212

[50] 陈长青，类成霞，王春春等．气候变暖下东北地区春玉米生产潜力变化分析．地理科学，2011，31（10）：1272~1279

[51] 陈晓燕，尚可政，王式功等．近50年中国不同强度降水日数时空变化特征．干旱区研究，2010，27（5）：766~772

[52] 陈友祥，陈超，魏宏伟．气候变暖与农业生产应对措施．安徽农学通报，2005，11（3）：79~83

[53] 陈峪，黄朝迎．气候变化对东北地区作物生产潜力影响的研究．应用气象学报，1998，9（3）：59~65

[54] 陈志恺．加大宣传力度让公众了解水旱灾害与水利工程抗灾作用．中国水利，2011（12）：11

[55] 陈佐忠．中国典型草原生态系统．北京：中国科学技术出版社，2000

[56] 程中元，王青，王志强．气象要素对植物病害侵染循环的影响．现代农业，2011（6）：48

[57] 崔静，王秀清，辛贤等．生长期气候变化对中国主要粮食作物单产的影响．中国农村经济，2011（9）：13~22

[58] 崔秀艳，王长文，乔洁等．鹅对玉米秸秆和羊草消化利用的研究．饲料研究，2009，2：52~56

[59] 单葆成，徐永生，张祖立．辽宁省机械化保护性耕作技术发展现状与对策研究．农机化研究，2008（9）：234~236

[60] 邓振镛，王强，张强等．中国北方气候暖干化对粮食作物的影响及应对措施．生态学报，2010，30（22）：6278~6288

[61] 邓振镛，张强，韩永翔等．甘肃省农业种植结构影响因素调整原则探

讨．干旱地区农业研究，2006，24（3）：126～129

[62] 邓振镛，张强，刘德祥等．气候变暖对甘肃种植业结构和农作物生长的
影响．中国沙漠，2007，27（4）：627～632

[63]《第二次气候变化国家评估报告》编写委员会．第二次气候变化国家评
估报告．北京：科学出版社，2011

[64] 丁一汇，张锦，宋亚芳．天气和气候极端事件的变化及其与全球变暖的
联系．气象，2002，28（3）：3～7

[65] 方修琦，王媛，徐锬等．近20年气候变暖对黑龙江省水稻增产的贡献．
地理学报，2004，59（6）：820 ～ 828

[66] 方修琦，王媛，朱晓禧．气候变暖的适应行为与黑龙江省夏季低温冷害
的变化．地理研究，2005，24（5）：664～672

[67] 房世波，韩国军，张新时等．气候变化对农业生产的影响及其适应．气
象科技进展，2011，1（2）：15～18

[68] 冯仲科，罗旭，石丽萍．森林生物量研究的若干问题及完善途径．世界
林业研究，2005，18（3）：25～28

[69] 高亮之，李林，金之庆．中国水稻的气候资源与气候生态研究．农业科
技通讯，1994（4）：5～8

[70] 高先声．生物质能源的利用和生物质气化．太阳能，2002（1）：5～8

[71] 戈进杰．生物降解高分子材料及其应用．北京：化学工业出版社，2002

[72] 辜晓青，李美华，蔡哲等．气候变化背景下江西省早稻气候生产潜力的
变化特征．中国农业气象，2010，31（S1）：84～89

[73] 顾永强，乔金安，张可新．德国节能减排多措并举．油气田环境保护，
2009（2）：54～56

[74] 郭然，王效科，逯非等．中国草地土壤生态系统固碳现状和潜力．生态
学报，2008，28（2）：862～867

[75] 国家统计局．中国统计摘要．北京：中国统计出版社，2003

[76] 韩冰，王效科，逯非等．中国农田土壤生态系统固碳现状和潜力．生态
学报，2008，28（2）：612～619

[77] 郝志新，郑景云，陶向新．北京气候增暖背景下的冬小麦种植北界研

究．地理科学进展，2001，20（3）：254～261

[78] 胡浩，张晖，岳丹萍．规模养猪户采纳沼气技术的影响因素分析——基于对江苏 121 个规模养猪户的实证研究．中国沼气，2008，26（5）：21～25

[79] 胡建宏，许秀娟．新型秸秆微贮饲料饲喂肉猪的生长动态研究．西北农业学报．2002，11（2）：10～12

[80] 黄建华，娄军，张志勇等．复合酶解玉米秸秆和活菌制剂应用饲喂蛋鸡试验．饲料研究．1998（9）：27～28

[81] 黄仲涛，高孔荣，叶振华．生物质能的研究与开发．中国科学基金，2002（3）：193～195

[82] 霍治国，王石立．农业和生物气象灾害．北京：气象出版社，2009

[83] 霍治国，李茂松，王丽等．降水变化对中国农作物病虫害的影响．中国农业科学，2012，45（10）：1935～1945

[84] 霍治国，李茂松，王丽等．气候变暖对中国农作物病虫害的影响．中国农业科学，2012，45（10）：1926～1934

[85] 霍治国，钱拴，王素艳等．2001 年农作物病虫害发生流行的气候影响评价．安全与环境学报，2002，2（3）：3～7

[86] 江爱良．中国 40 年来气候变化的某些方面及其对农业的影响，气候变化对中国农业的影响．北京：科学出版社，1993

[87] 蒋恩臣，何光设．稻壳、锯末成型燃料低温热解特性试验研究．农业工程学报，2007，23（1）：188～191

[88] 蒋建新，陈晓阳．能源林与林木生物转化能源化研究进展．世界林业研究，2005，18（6）：39～43

[89] 蒋剑春，徐建华．林业剩余物制造颗粒成型燃料技术研究．林产化学与工业，1999，19（3）：35～37

[90] 蒋剑春，应浩．中国林业生物质能源转化技术产业化趋势．林产化学与工业，2005，25（增刊1）：5～9

[91] 蒋剑春等．木质压缩成型燃料技术设备的引进和开发．森林能源研究（第一版）．北京：中国科学技术出版社，1991

[92] 蒋艳，白先放．低碳经济背景下农林资源禀赋地区生物质能产业发展思考．致富时代，2010（4）：73

[93] 矫江，许显斌，卞景阳等．气候变暖对黑龙江省水稻生产影响及对策研究．自然灾害学报，2008，17（3）：41～48

[94] 居辉，熊伟，许吟隆等．气候变化对我国小麦产量的影响．作物学报，2005，31（10）：1340～1343

[95] 李虹．浅析气候变暖对我国农业的影响及对策．农业经济，1998（2）：13～14

[96] 李建忠，谭渤．提高抗灾能力搞好抗旱工作．防汛与抗旱，2002（1）：26～29

[97] 李克勤．东北三省水稻生产概况、经验及启示．中国稻米，2004（6）：15～16

[98] 李凌浩，刘先华，陈佐忠．内蒙古锡林河流域羊草草原生态系统碳素循环研究．植物学报，1998，40（10）：955～961

[99] 李茂松，李森，李育慧．中国近50年旱灾灾情分析．中国农业气象，2003，24（1）：8～11

[100] 李怒云，吕佳．林业碳汇计算量．北京：中国林业出版社，2009

[101] 李顺龙．森林碳汇经济问题研究．东北林业大学（博士论文），2005

[102] 李希辰，鲁传一．我国农业部门适应气候变化的措施、障碍与对策分析．农业现代化研究，2011，32（3）：324～327

[103] 李秀芬，陈莉，姜丽霞．近50年气候变暖对黑龙江省玉米增产贡献的研究．气候变化研究进展，2011，7（5）：336～341

[104] 李祎君，王春乙．气候变化对我国农作物种植结构的影响．气候变化研究进展，2010，6（2）：123～129

[105] 李玉娥．气候变化影响与适应问题的谈判进展．气候变化研究进展，2007，3（5）：303～307

[106] 林而达．气候变化危险水平与可持续发展的适应能力建设．气候变化研究进展，2005，1（2）：76～79

[107] 刘宝亮，蒋剑春．中国生物质气化发电技术研究开发进展．生物质化学

工程，2006，40（4）：47～52

[108] 刘德祥，董安祥，梁东升等．气候变暖对西北干旱区农作物种植结构的影响．中国沙漠，2007，27（5）：831～836

[109] 刘德祥，董安祥，陆登荣．中国西北地区近43年气候变化及其对农业生产的影响．干旱地区农业研究，2005，2（23）：195～200

[110] 刘德祥，赵红岩，董安祥等．气候变暖对甘肃夏秋季作物种植结构的影响．冰川冻土，2005，27（6）：806～812

[111] 刘芳，乔英云，巩志坚等．农林废弃物的综合利用．第六届全国绿色环保肥料新技术、新产品交流会论文集，2006

[112] 刘纪远，王绍强，陈镜明等．1990～2000年中国土壤碳氮蓄积量与土地利用变化．地理学报，2004，59（4）：483～496

[113] 刘力，郭建忠，卢凤珠．几种农林植物秸秆与废弃物的化学成分及灰分特性．浙江林学院学报，2006，23（4）：388～392

[114] 刘彦随，刘玉，郭丽英等．气候变化对中国农业生产的影响及应对策略．中国生态农业学报，2010，7（18）：905～910

[115] 刘颖杰，林而达．气候变暖对中国不同地区农业的影响．气候变化研究进展，2007，3（4）：229～233

[116] 刘宇，匡耀求，黄宁生．农村沼气开发与温室气体减排．中国人口·资源与环境，2008，18（3）：48～53

[117] 吕军，孙嗣旸，陈丁江．气候变化对我国农业旱涝灾害的影响．农业环境科学学报，2011，30（9）：1713～1719

[118] 吕学都．气候变化国际政策发展动向和展望．环境保护，2007，（11）：36～42

[119] 马力强．生物质能．科学大众，2006（增刊1）：6～8

[120] 马隆龙，肖艳京．生物质气化发电．能源工程，2000（2）：4～9

[121] 马永祥．庆阳市农业科技推广模式研究．西北农林科技大学（博士论文），2004

[122] 米铁，唐汝江，陈汉平等．生物质气化技术及其研究进展．化工装备技术，2005，26（2）：50～56

[123] 潘根兴，高民，胡国华等．气候变化对中国农业生产的影响．农业环境科学学报，2011，30（9）：1698～1706

[124] 潘根兴，赵其国，蔡祖聪．《京都议定书》生效后我国耕地土壤碳循环研究若干问题．中国基础科学，2005（2）：12～18

[125] 潘根兴，赵其国．我国农田土壤碳库演变研究：全球变化和国家粮食安全．地球科学进展，2005，20（4）：384～393

[126] 裴建红．农业技术推广体系创新研究．山东农业大学（博士论文），2005

[127] 钱惠康，高之栋．建立水土保持地面监测体系．江苏水利，2003（3）：37～38

[128] 钱坤，王俊，杨书运．适应气候变化的农业措施．农技服务，2011，28（10）：1487～1489

[129] 裘国旺，赵艳霞，王石立．气候变化对我国北方农牧交错带及其气候生产力的影响．干旱区研究，2001，18（1）：23～28

[130] 曲先锋，彭辉，毕继诚等．生物质在超临界水中热解行为的初步研究．燃料化学学报，2003（3）：230～233

[131] 曲音波．开发生物质资源实现可持续发展．国际技术经济研究，1999，2（2）：29～32

[132] 任小波．气候变化影响及其适应的经济学评估．地球科学进展，2007，22（7）：754～759

[133] 上官周平，邵明安．21世纪农业高效用水技术展望．农业工程学报，1999，15（3）：17～21

[134] 沈文清，马钦彦，刘允芬．森林生态系统碳收支状况研究进展．江西农业大学学报，2006，28（2）：312～317

[135] 石春林，金之庆，葛道阔等．气候变化对长江中下游平原粮食生产的阶段性影响和适应性对策．江苏农业学报，2001，17（1）：1～6

[136] 孙芳．农业适应气候变化能力研究—种植结构与技术方向．中国农业科学院（博士论文），2008

[137] 孙万仓，武军艳，方彦等．北方旱寒区北移冬油菜生长发育特性．作物

学报，2010，36（12）：2124~2134

[138] 孙永明，李国学，张夫道等．中国农业废弃物资源化现状与发展战略．农业工程学报，2005，21（8）：16

[139] 孙振钧，中国生物质产业及发展取向．农业工程学报，2004，20（5）：1~5

[140] 孙智辉，王春乙．气候变化对中国农业的影响．科技导报，2010，28（4）：110~117

[141] 谭方颖，王建林，宋迎波等．华北平原近45年农业气候资源变化特征分析．中国农业气象，2009，30（1）：19~24

[142] 陶建平，李翠霞．两湖平原种植制度调整与农业避洪减灾策略．农业现代化研究，2002，23（1）：26~29

[143] 汪涌，王滨，马仓等．基于耕地面积订正的中国复种指数研究．中国土地科学，2008，22（12）：46~52

[144] 王爱玲．黄淮海平原小麦玉米两熟秸秆还田效应及技术研究．北京：中国农业大学（博士论文），2000

[145] 王春乙．中国重大农业气象灾害研究．北京：气象出版社，2010

[146] 王德仁，陈苇．长江中游及分洪区种植结构调整与减灾避灾种植制度研究．中国农学通报，2000，16（4）：1~8

[147] 王丰华，陈庆辉．生物质能利用技术研究进展．化学工业与工程技术2009（3）：32~35

[148] 王改玲，郝明德，陈德立．秸秆还田对灌溉玉米田土壤反硝化及 N_2O 排放的影响．植物营养与肥科学报，2006，12（6）：840~844

[149] 王洪涛，路文静．农村固体废物处理处置与资源化技术．北京：中国环境科学出版社，2006

[150] 王静，杨晓光，李勇等．气候变化背景下中国农业气候资源变化 Ⅵ．黑龙江省三江平原地区降水资源变化特征及其对春玉米生产的可能影响．应用生态学报，2011，22（6）：1511~1522

[151] 王丽，霍治国，张蕾等．气候变化对中国农作物病害发生的影响．生态学杂志，2012，31（7）：1673~1684

[152] 王庆一. 可持续能源发展财政和经济政策研究参考资料. 中国可持续能源项目, 2005

[153] 王润元, 张强, 刘宏谊等. 气候变暖对河西走廊棉花生长的影响. 气候变化研究进展, 2006, 2 (1): 40~42

[154] 王素艳, 郭海燕, 邓彪等. 气候变化对四川盆地作物生产潜力的影响评估. 高原山地气象研究, 2009, 29 (2): 49~53

[155] 王维华. 加强农田水利工程建设促进现代农业发展. 科技与企业, 2011 (15): 167

[156] 王向辉, 卜风贤. 陕西农业减灾技术近代化发展研究. 科学技术哲学研究, 2012, 29 (1): 82~85

[157] 王馨婕. 节水工程在津南区农业中的应用探讨. 山西建筑, 2007, 33 (34): 364~365

[158] 王应宽. 中国生物质能产业的发展空间探析. 产业论坛, 2007 (2): 19~27

[159] 王友华, 周治国. 气候变化对我国棉花生产的影响. 农业环境科学学报, 2011, 30 (9): 1734~1741

[160] 韦朝强. 桂中地区干旱的成因及解决措施. 中国农业水利水电, 2004, (7): 81, 85

[161] 魏明华, 鲁仕宝, 郑志宏. 农业水利工程建设风险分析. 农业工程学报, 2011, 27 (增刊1): 233~236

[162] 温从科, 乔旭, 张进平等. 生物质高压液化技术研究进展. 生物质化学工程, 2006 (1): 32~34

[163] 吴相淦. 农村能源 (第一版). 北京: 农业出版社, 1988

[164] 吴秀敏. 养猪户采用安全兽药的意愿及其影响因素. 中国农村经济, 2007 (1): 17~24, 38

[165] 谢立勇, 郭明顺, 刘恩财等. 农业适应气候变化的行动与展望. 农业发展, 2009 (12): 35~36

[166] 谢立勇, 李艳, 林淼. 东北地区农业及环境对气候变化的响应与应对措施, 2011, 19 (1): 197~201

［167］徐冰燕．中国生物质气化技术的发展与前景．太阳能学报，1999
（10）：162～168

［168］闫秋会，郭烈锦，梁兴．煤与生物质共超临界水催化气化制氢的实验
研究．西安交通大学学报，2005，39（5）：454～457

［169］颜涌捷，任铮伟．纤维素连续催化水解研究．太阳能学报，1999，20
（1）：55～58

［170］杨海军，邵全琴，陈卓奇等．森林碳蓄积量估算方法及其应用分析．地
球信息科学，2007，9（4）：5～12

［171］杨洪晓，吴波，张金屯等．森林生态系统的固碳能力和碳储量研究进
展．北京师范大学学报（自然科学版），2005，41（2）：172～177

［172］杨建州，高敏珲，张平海，陈丽娜，邓美珍．农业农村节能减排技术
选择影响的实证分析．中国农学通报，2009，25（23）：406～412

［173］杨尚英．气候变化对我国农业影响的研究进展．安徽农业科学，2006，
34（2）：303～304

［174］杨小利，姚小英，蒲金涌等．天水市干旱气候变化特征及粮食作物结
构调整．气候变化研究进展，2009，5（3）：179～184

［175］杨晓光，陈阜，宋冬梅等．华北平原农业节水实用措施试验研究．地理
科学进展，2000，19（2）：162～166

［176］杨晓光，李茂松，霍治国．农业气象灾害及其减灾技术．北京：化学工
业出版社，2010

［177］杨晓光，刘志娟，陈阜．全球气候变暖对中国种植制度可能影响：Ⅵ.
未来气候变化对中国种植制度北界的可能影响．中国农业科学，2011，
44（8）：1562～1570

［178］杨晓光，刘志娟，陈阜．全球气候变暖对中国种植制度可能影响Ⅰ.气
候变暖对中国种植制度北界和粮食产量可能影响的分析．中国农业科
学，2010，43（2）：329～336

［179］杨学明．利用农业土壤固定有机碳：缓解全球变暖、提高土壤生产力．
土壤与环境，2000，9（3）：311～315

［180］姚小英，邓振镛，蒲金涌等．甘肃省糜子生态气候研究及适生种植区

划. 干旱气象, 2004, 22 (2): 52~56

[181] 于贵瑞, 孙晓敏. 中国陆地生态系统碳通量观测技术及时空变化特征. 北京: 科学出版社, 2008

[182] 于树峰, 仲崇立. 农作物废弃物液化的实验研究. 燃料化学学报, 2005, 33 (2): 205~210

[183] 余雕, 耿增超. 农业秸秆生物质转化利用的研究进展, 西北林学院学报, 2010, 25 (1): 157~161

[184] 喻永红, 张巨勇, 喻甫斌. 可持续农业技术 (SAT) 采用不足的理论分析. 经济问题探索, 2006 (2): 67~71

[185] 云雅如, 方修琦, 王丽岩等. 我国作物种植界线对气候变暖的适应性响应. 作物杂志, 2007 (3): 20~23

[186] 云雅如, 方修琦, 王媛等. 黑龙江省过去20年粮食作物种植格局变化及其气候背景. 自然资源学报, 2005, 20 (5): 697~705

[187] 云雅如, 方修琦, 王媛等. 黑龙江省过去20年粮食作物种植格局变化及其气候背景. 自然资源学报, 2005, 20 (5): 697~705

[188] 曾英, 黄祖英, 张红娟. 气候变化对陕西省冬小麦种植区的影响. 水土保持通报, 2007, 27 (5): 137~140

[189] 翟国静. 河北省水旱灾害及防灾减灾对策. 河北水利水电技术, 2002 (4): 21~23

[190] 翟盘茂, 王萃萃, 李威. 极端降水事件变化的观测研究. 气候变化研究进展, 2009, 3 (3): 144~148

[191] 翟盘茂, 章国材. 气候变化与气象灾害. 科技导报, 2004 (7): 11~14

[192] 张厚瑄. 中国种植制度对全球气候变化响应的有关问题 I. 气候变化对我国种植制度的影响. 中国农业气象, 2000, 21 (1): 9~13

[193] 张蕾, 霍治国, 王丽等. 气候变化对中国农作物虫害发生的影响. 生态学杂志, 2012, 31 (6): 1499~1507

[194] 张明, 袁益超, 刘幸拯. 物质直接燃烧技术的发展研究. 能源研究与信息, 2005 (1): 15~20

[195] 张齐生, 周建斌, 屈永标. 农林生物质的高效、无公害、资源化利用.

林产工业，2008，1（6）：3~8

[196] 张强，邓振镛，赵映东等．全球气候变化对我国西北地区农业的影响．
　　生态学报，2008，28（3）：1210~1218

[197] 张强，杨贤为，黄朝迎．近30年气候变化对黄土高原地区玉米生产潜
　　力的影响．中国农业气象，1995，16（6）：19~23

[198] 张全国，雷延宙．农业废弃物气化技术．北京：化学工业出版社，2006

[199] 张塞主编．中国统计年鉴1994（第一版），北京：中国统计出版
　　社，1994

[200] 张树杰，张春雷．气候变化对我国油菜生产的影响．农业环境科学学
　　报，2011，30（9）：1749~1754

[201] 赵军，王述洋．我国农林生物质资源分布与利用潜力的研究．农机化研
　　究，2008（6）：231~233

[202] 赵俊芳，杨晓光，刘志娟．气候变暖对东北三省春玉米严重低温冷害
　　及种植布局的影响．生态学报，2009，29（12）：6544~6551

[203] 赵敏．中国主要森林生态系统碳储量和碳收支评估．中国科学院植物研
　　究所（博士论文），2004

[204] 中国农村能源年鉴编辑委员会．中国农村能源年鉴（1998~1999年版）．
　　北京：中国农业出版社，1999

[205] 中华人民共和国农业部．中国农业统计资料．北京：中国农业出版
　　社，2000

[206] 周凤起．发展环境友好能源，保护环境和公众健康．冶金管理，2004
　　（12）：41~44

[207] 朱希刚，赵绪福．贫穷山区农业技术采用的决定因素分析．农业技术经
　　济，1995（5）：18~21

[208] 祖世亨，曲成军，高英姿等．黑龙江省冬小麦气候区划研究．中国生态
　　农业学报，2001，9（4）：89~91

第 三 章

农业应对气候变化研究重要成果

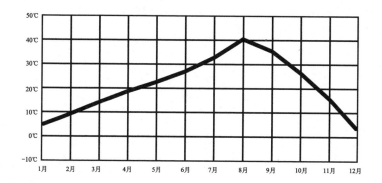

"十一五"期间，农业农村科技工作围绕应对气候变化的科技需求，大力强化产学研联合，在农林生态系统固碳减排、农业重大气象灾害监测预警、农林生态与循环农业、农业节水、农林生物质能源、农业防灾减灾等方面取得了突破性进展，为有效应对与减缓、适应气候变化，提高农业综合生产能力提供了科技支撑。

3.1 农林生态系统减缓气候变化研究成果

农业活动在许多时候被认为是温室气体的排放源，因为现代农业生产中种植业、养殖业消耗大量物质，向环境排放 CO_2、N_2O、CH_4 等温室气体。但实际上农业活动同时也是温室气体的汇，通过土壤固碳、植物光合作用等途径固定大气中的 CO_2，通过改进耕作技术和方法，还可降低各种温室气体的排放，为减缓气候变化做出应有的贡献。近年来，通过国家各大科技计划的安排，在农林生态系统减缓气候变化研究方面取得了较大进展，特别是在土壤固碳、植物固碳、农业活动过程减排等方面取得了一系列成果，为减缓气候变化做出了较重要的贡献。

3.1.1 北方旱地 N_2O 减排与固碳技术

北方旱地面积大，近年来受化肥施用量增加、管理粗放等因素的影响，土壤碳储量呈下降趋势、N_2O 排放量随季节和施肥的变化大，因此，提高土壤碳储量、减少 N_2O 排放，是有效提高农业对气候变化贡献的重要方面。

1. 硝化抑制剂对旱地农田 N_2O 减排的效果

在北方 4 个典型旱地农业区系统开展了 N_2O 减排技术研究，其中，在辽宁中部草甸棕壤区（辽宁沈阳）和华北灌溉农田褐土区（山西运城）开展了水肥管理减排 N_2O 研究，在辽宁北部棕壤区（辽宁昌图）开展了土壤碳库培育减排 N_2O 研究。

2009～2011 年连续 3 年在沈阳草甸棕壤开展硝化抑制剂在玉米田 N_2O 减

排中作用的田间原位连续观测研究。在施肥量为 150kg N/hm^2 情况下，N$_2$O 的年排放总量为 0.41~1.45 kg N/hm^2；在施肥量为 180kg N/hm^2 的情况下，N$_2$O 的年排放总量为 0.46~2.16 kg N/hm^2。硝化抑制剂或硝化与脲酶抑制剂组合（双氰胺 DCD、氢醌 HQ 或 3，4－二甲基吡唑磷酸盐 DMPP）使土壤 N$_2$O 排放量减少了 15.22%~50.34%。根据土壤温度与含水量结果分析，发现降水量少、气温高的条件下，含 DCD 组分的抑制剂（DCD 和 FL）的 N$_2$O 减排效果比 DMPP 或 NBPT 效果好；降水量大、温度适中时，单施 DCD 则 N$_2$O 排放抑制效果不佳；降水量居中但土壤温度较低时，DCD 则失去了 N$_2$O 减排作用，而 DMPP 则显示出最高的 N$_2$O 减排效率。或者说，同一种抑制剂，在不同土壤含水量年份有着不同的 N$_2$O 抑制效率，DCD 更适合于高温度、低含水量条件，而 DMPP 更适合于低温度、高含水量条件。

在不同地区的试验结果，山西省运城市董村农场褐土冬小麦—夏玉米轮作农田试验结果显示，2008~2009 年小麦季 N、DCD 和 NBPT 处理（180 kg N/hm^2）的 N$_2$O 累积排放量分别为（1.27±0.14、1.37±0.15 和 1.26±0.14）kg N/hm^2，各处理间 N$_2$O 排放量和粮食产量均无显著差异。2009 年玉米季常规化肥（208.8 kg N/hm^2）、添加硝化抑制剂双氰胺肥料和添加硝化抑制剂 3，4－二甲基吡唑磷酸盐肥料处理的 N$_2$O 累积排放量分别为（5.77±1.74、5.47±1.69 和 2.94±0.70）kg N/hm^2，DMPP 处理显著抑制了施肥和灌溉后高峰期 N$_2$O 排放量，相对于 N 处理降低了 49.0% 的累积排放量。此外，研究中还发现 DCD 和 DMPP 均在沈阳草甸棕壤中有较佳抑制效果，而 DCD 在运城褐土中则失去抑制 N$_2$O 排放的作用。这表明，尽管硝化抑制剂是一项有效的 N$_2$O 减排技术，但是在应用时还需要特别注意其在不同土壤类型和含水量条件下的适用性。

上述研究结果的主要创新点在于：①通过多年连续田间原位观测试验，证明了硝化抑制剂等可以使辽宁沈阳草甸棕壤和山西运城褐土 N$_2$O 排放量减少 -0.52%~50.34%（平均 28.52%）。②不同水热条件下，抑制剂的 N$_2$O 排放抑制效率不同，DCD 更适于低含水量条件，高含水量条件下甚至失去抑制效果，而 DMPP 抑制效率年际间波动相对较小，更倾向于在高含水量条件下保持较佳抑制效率。

2. 秸秆还田、施有机肥、轮作模式的土壤固碳潜力显著

通过大田试验，设计常规种植、留茬覆盖、垄沟种植、粮草轮作、有机（鸡粪）培肥、草炭土改良和测土推荐施肥等 7 个处理。结果表明：①不同种植模式 N_2O 排放量差异较大，留茬覆盖、粮草轮作及有机培肥模式 N_2O 排放量较高。与其他处理（常规种植模式除外）相比，测土施肥模式按玉米需肥规律配比施肥，适当增加了磷、钾肥的施用量，在获得较高生物产量的前提下，减少了 N_2O 排放量47.4%。②有机培肥、草炭土改良及留茬覆盖三种模式均能明显增加土壤有机碳的含量。有机培肥（鸡粪）和草炭土改良的土壤有机碳含量较常规种植模式使耕层土壤分别增加了39.5%和31.6%，20～40cm 层土壤分别增加了21.3%和6.6%，40～80cm 层土壤分别增加了82.6%和51.4%，是增加土壤碳源的主要措施；其次是留茬覆盖模式，3 个层次土壤有机碳含量都有所提高，分别提高了7.8%、1.3%和28.6%；垄沟种植模式对下层土壤有机碳含量提高明显，20～40cm 层土壤提高了19.7%，40～80cm 层土壤增加了40%。

3. 北方旱地固碳增汇和 N_2O 减排集成与推广应用

提出了适宜于北方旱作农田固碳和氧化亚氮减排的耕作、种植和水肥管理等综合技术，并集成了我国北方旱地农田固碳增汇和 N_2O 减排集成技术规程一套。氮肥过量施用，导致 N_2O 成为我国农业系统中最重要的温室气体，尤其是旱地农田，N_2O 占旱地农田系统温室气体总排放量的80%以上。秸秆还田等碳截获措施虽可增加土壤的碳蓄积，但同时却大幅增加了 N_2O 排放量。施用化肥和农药降低了旱地土壤的 CH_4 排放强度。证明了在我国北方旱地农田系统中，采用在氮肥中添加硝化抑制剂可以获得显著的 N_2O 减排效果，减排 N_2O 达30%～50%。秸秆还田措施与添加硝化抑制剂相结合，可以达到既增加土壤碳含量，又减少 N_2O 排放的目的。

3.1.2 稻田温室气体排放特点与规律

针对长江三角洲高产集约农区普遍存在的化肥、农药投入量大、农田污染物质排放量大和水体富营养化程度高的突出问题和沟河湖塘密布的区域环境条件特点，研究明确了秸秆还田、土壤耕作和水肥管理措施对农田土壤、

作物生长、农田养分排放和温室气体排放影响的特点和规律。在稻—麦种植模式下，研究稻田周年高产条件下秸秆周年全量还田对温室气体 CH_4 和 N_2O 排放的影响。结果表明，稻季 CH_4 排放通量呈先升高后降低的变化趋势。水稻移栽后 20d 左右各出现 CH_4 排放峰值，排放高峰大约持续 10d 左右，秸秆还田处理 CH_4 排放高于不还田处理。水稻生长中期开始搁田，2d 后土壤基本落干，此时所有处理的 CH_4 排放通量急剧下降，即使搁田 14d 后再度复水，CH_4 排放通量始终维持较低水平直至水稻收获。小麦生长季秸秆还田处理 CH_4 排放很少，但仍高于秸秆不还田处理，秸秆不还田处理还有少量 CH_4 吸收现象。N_2O 在稻季搁田期间和麦季 1 月上旬有大量排放，其余时间排放较少，秸秆还田时 N_2O 排放低于秸秆不还田处理。

从全年 CH_4 和 N_2O 排放来看，秸秆还田下年排放 CH_4 417.93 kg/hm^2、N_2O 7.39 kg/hm^2，秸秆不还田处理年 CH_4 和 N_2O 排放量分别为 185.73 kg/hm^2 和 10.91 kg/hm^2，秸秆还田处理每年比秸秆不还田处理多排放 CH_4 232.20 kg/hm^2、N_2O 减排 3.52 kg/hm^2，总体上温室效应高于后者。说明减少稻季 CH_4 排放是稻麦两熟制农田温室气体减排的重要途径。

在稻麦两熟制秸秆全量还田条件下，比较了种植小麦和水稻时旋耕、翻耕 2 种耕作方式的排放规律。结果表明：在水稻移栽后 30d 左右各处理出现 CH_4 排放峰值，排放通量峰值最大的是麦季旋耕—稻季旋耕处理，达 77.04 （mg·m^2）/h，其次是麦季翻耕—稻季旋耕处理，排放通量峰值为 75.93 （mg·m^2）/h。排放高峰过后，所有处理的 CH_4 排放通量自水稻移栽后 60d 左右开始直至水稻收获始终维持较低水平。水稻生长季 CH_4 平均排放通量的大小顺序表现为麦季翻耕—稻季旋耕 > 麦季旋耕—稻季旋耕 > 麦季旋耕—稻季翻耕 > 麦季翻耕—稻季翻耕，平均排放通量分别为 （12.98、11.19、10.69、10.46）（mg·m^2）/h。

秸秆还田条件下稻季 N_2O 平均排放通量从高到低依次是麦季翻耕—稻季翻耕、麦季翻耕—稻季旋耕、麦季旋耕—稻季翻耕、麦季旋耕—稻季旋耕，平均排放通量分别为 （71.25、59.57、58.59、54.81）（μg·m^2）/h。同时，采用稻季翻耕措施可有效减少秸秆还田后稻季 CH_4 气体排放，较稻季旋耕平均减少 CH_4 气体排放 12.5%，减轻稻季农田排放温室效应约 11.1%。

小麦秸秆全量还田后，水稻生长季灌溉方式对甲烷排放有影响，节水灌溉明显减少水稻生长季 CH_4 的排放，与常规灌溉相比平均减少21.33%；施氮水平对 CH_4 排放存在影响，且对 CH_4 排放量的影响因灌溉方式不同而异，节水灌溉条件下，CH_4 排放量随施氮水平的提高而降低，常规灌溉下 CH_4 排放量随施氮水平的提高而提高。

3.1.3　高效降解生物质专用微生物的筛选

围绕阻碍纤维素乙醇产业化的三大因素（预处理技术，纤维素酶成本，五六碳糖共代谢）展开研究，开发出低毒、耦合型预处理技术，开展了基于不同种类高效纤维素复合酶，有重点地对不同农作物秸秆原料进行了酶解机理和工艺参数化研究，研制出了一体化高效水解—在线分离可发酵糖酶—膜反应器，构建出高效代谢葡萄糖与木糖的基因工程细菌 *Zymomonas* Mobilis，达到较高的木糖转化率和乙醇收率；开发出同步水解糖化—共发酵—乙醇分离膜生物反应器，完成了纤维素乙醇中试基地的建设。

利用特有的功能微生物复合系筛选技术——"外淘汰法"，针对水稻秸秆、小麦秸秆、玉米秸秆、甘蔗渣等生物质废弃物材料，经过长期的定向驯化共构建出 9 组真菌或细菌主导的利用木质纤维素生产乙醇菌系。对各组复合菌系，测试并明确了对木质纤维素材料的分解能力、分解酶活表达周期、乙醇生产能力，考察了底物的选择性、温度、pH 值、抑制性底物含量等培养条件对菌系分解能力的影响。同时，采用 T-RFLP 等分析手段研究揭示了各个复合菌系的微生物组成和分解木质纤维素过程的菌群动态变化过程，结合测序手段对纤维素向乙醇转化各阶段的主要菌株进行了分析，推断细菌复合菌系中关键菌株为 *Clostridium*、*Paenibacillus*、*Pseudoxanthomonas* 等，真菌复合菌系中为曲霉菌、木霉菌等，并辅以一系列能够生产促进纤维素降解辅助因子的菌株。

进一步的研究表明：依据组合生物学原理，利用复合菌系（菌系 MC1）中起主导作用和辅助型菌株可以组建分解能力明显优于单菌性能的菌群组合，在保留原有菌群降解能力的基础上（96h 内代谢 1% 浓度的纤维素底物），根据代谢途径进行优化组合能够有效地提升乙醇生产能力和最大底物量。经过调控，重组菌群在批次发酵中纤维素底物处理能力达到 8%，乙醇转化率超过

80%。利用人工重组的菌群作为模拟菌系，结合宏基因组和宏转录组学分析，分析各菌株间关系和协同分解机理，证明菌群中数株关键菌株担负着纤维素分解，其他菌株一方面通过消耗分解产物来消除产物的反馈抑制，另一方面，通过生产如表面活性剂、溶胀素等辅助物质，从而促进分解过程。同时，基于对菌群代谢路径的分析，采用 pH 值调控、碳氮源调控、底物类似物添加等手段可以人为的调控代谢路径，获取不同的主要代谢产物。

以绿色木霉 TL‑124 为出发菌株，先后经过紫外诱变、离子注入、等离子体诱变和 NTG 诱变获得的突变株 T. viride N879 的纤维素酶，总酶活力比野生型出发菌株 T. viride TL‑124 提高了 138%，内切酶活力（CMCase）、β‑葡萄糖苷酶活力和外切酶活力（脱脂棉酶活力）分别比出发菌株提高了 161%、118% 和 127%。成功构建了高表达耐热木聚糖酶的异常汉逊酵母和黑曲霉工程菌株，并在乳酸克鲁维高产耐热木聚糖酶工程菌株的优化培养上获得突破性进展，分泌表达水平高于原计划的 6 倍以上。100L 自动发酵罐中木聚糖酶产酶水平达到 6 000U/L 以上，目的蛋白提取回收率 80% 以上；提高目的蛋白表达量和回收量，生产酶成本降低 5% ~ 10% 以上。2 个菌株的产酶水平已达工业化生产水平，其中，木聚糖酶已由山东青岛康地恩生物集团进行应用评价，在纸浆漂白和脱墨工艺中应用良好。

通过预试验采集到 78 个降解纤维素样本，经刚果红纤维素粉琼脂分离纯化，获得 231 个纤维素降解菌株，用滤纸条培养基筛选得高效降解菌株 12 株，再经过以羧甲基纤维素钠（CMC）和麦麸为主的发酵培养基筛选，筛选得到纤维素酶活力较高且酶活性稳定的菌株 1 株，经鉴定为绿色木霉。命名为绿色木霉 T4.，该菌最适产酶时间为 4d，滤纸酶活、棉花酶活、CMC-Na 酶活分别为 1 876U/L、182.1U/L、7236U/L。将木霉孢子接种于含不同浓度潮霉素的 M‑100 固体培养基上，27℃培养 3d。结果表明，潮霉素浓度在 150μg/ml 时便能完全抑制木霉的生长。将经初筛选出的 24 株具有潮霉素抗性的菌株在产酶培养基中培养（其中，整合 cbh 与整合 eg 基因的菌株各 12 株），再次进行酶活复筛，结果 EG 酶活有大幅度提高，EG 酶活最高值提高了 60.21%、而 CBH 酶活最高值增加 51.68% 且酶活性稳定。经试验发现最适产酶温度在 27 ~ 30℃之间：最适宜产酶的时间是发酵 4 ~ 5d，不同的纤维素酶产酶维持时间不同，滤纸酶活、CMC-Na 酶活在 3 ~ 6d 中均有较高的酶活性。

细菌中筛选到一株高产木聚糖酶的细菌 DT83。利用生理生化鉴定和 16SrDNA 鉴定相结合的方法对 DT83 进行了鉴定，确定该菌为短小芽孢杆菌（*Bacillus pumilus*）。克隆到了 DT83 的木聚糖酶基因（*xynA*），将该基因提交到 GENEBANK 注册号为 EU421717。*xynA* 构建到 pET − 28a（＋）载体上转化入 *E. coli*BL21 进行非融合表达，对转化子的产木聚糖酶优化分析得出：转化子产木聚糖酶的高峰在 48 ~ 60 h，并且转化子可以长时间内保持较高酶活；转化子的最佳 IPTG 诱导浓度为 0.02 mmol/L，最适产酶温度为 25 ~ 28℃；转化子最高木聚糖酶活可达到 250 IU/L 以上，其中胞外可达到 208 IU/L。该转化子胞外酶活远远超过其他木聚糖酶外源表达的胞外酶活，为目前报道的国内外最高水平。利用 SDS-PAGE 分析转化子表达天然木聚糖酶情况得出：转化子细胞内在 4 h 即可表达出目的蛋白，胞内目的蛋白表达量在 12 h 达到高峰；从 SDS-PAGE 电泳图可以看出转化子产生的木聚糖酶分子量和 *B. pumilus* DT83 产生的木聚糖酶分子量大小一致。

从常年堆放的水稻秸秆垛下面的新鲜土壤及腐烂秸秆中筛选分离获得一株具有较高纤维素酶活菌株 C − 5，经培养特征观察和 16S rRNA 序列分析鉴定为链霉菌。该菌株同时具有一定的漆酶、过氧化物酶、木聚糖酶和果胶酶活性。以稻草粉为唯一诱导碳源培养基，采用液体摇瓶发酵法，对其产纤维素酶进行了单因素优化试验和 4 因素 3 水平正交设计优化试验。C − 5 的最佳培养条件为：稻草粉 5%（w/v），豆饼粉 1.5%（w/v），初始 pH 值为 7.5，培养温度 31℃。在此最佳培养条件下 C − 5 的 CMCase 酶活达到了 41.37U/L，是优化前 CMCase 酶活的 3.32 倍。链霉菌 C − 5 的产酶进程长，酶活维持较高水平可达 10d 以上。

3.1.4　畜禽粪污沼气化处理技术研究与应用

从高浓度物料沼气发酵过程传质规律、混合搅拌模式、流场数值模拟、搅拌器参数优化及流场模拟软件、高效升温保温、发酵过程抑制规律及解除等六个方面对高固体高浓度物料高效沼气发酵工艺关键问题进行了深入研究与技术集成，突破了高固体、高浓度原料沼气工程生产上的共性关键技术和制约因素。初步解决了高浓度物料沼气发酵传质困难、易抑制、易结壳，传热不均以及混合搅拌能耗高等生产实际问题，降低运行能耗，提高产出效率，为畜禽粪便、有机废弃物等原料规模化沼气生产提供共性的工艺技术支撑，为改变规模化沼气工程产气效率低，沼液养分含量低、资源化率低的生产现状提供了技术支撑。

以猪粪为原料，在常温、进料 TS 为 8%、水力停留期（HRT）为 15.3d 条件下，在 4.6L 的反应器中试验研究了径向和轴向长度比（分别为 2∶1、1∶1、1∶2、1∶3）对厌氧消化传质过程的影响。并测试了反应器上、中、下部位料液产气潜力。1∶1 的反应器拥有比其他反应器更好的产气性能，在池容产气率上分别比 2∶1、1∶2、1∶3 的反应器高出 1.25%、18.75% 和 20.00%；从残存物料的产气总量来看，1∶1 的反应器在上、中、下三个部位料液的产气量均低于其他三个反应器，这说明 1∶1 的反应器在径向和轴向都拥有较好的对物料的降解能力。表明 2∶1、1∶2、1∶3 的反应器与 1∶1 的反应器相比具有更大的传质阻力。分别以鸡粪和牛粪为原料，在中温（35℃），进料 TS 分别为 10% 和 8%，水力停留时间（HRT）分别为 15.3d（TS 10%）和 12.3d（TS 8%）的条件下，试验研究了搅拌与不搅拌对沼气发酵产气效率的影响。鸡粪原料在中温 35℃ 条件下发酵生产沼气，池容产气率均值能达到 2.50L/（L·d）。从日产气量的变化情况来看，鸡粪和牛粪在 10% 和 8% 两个浓度条件下均表现出搅拌后的产气情况略优于不设搅拌的情况；从上面的池容产气率均值来看，在长期条件下，两种原料均是搅拌条件下的池容产气率略高于不设搅拌时，高出的幅度在 2%~8%。从以上两个试验来看，径向和轴向长度不同的反应器会在径向和轴向存在传质阻力，从而产气能力较低；鸡粪和牛粪两种原料均是搅拌条件下的发酵过程优于不设搅拌的发酵过程。

沼气发酵受温度影响很大，存在全年产气不均衡、冬季产气少甚至不产气的问题。通过减少需要升温的发酵料液数量，即提高发酵原料浓度的技术措施减少料液升温的热量。再通过高浓度物料沼气发酵升温与沼气发电机组冷却及余热利用的耦联，实现中温厌氧消化以及气、热、电、肥联产，提高沼液养分浓度、突破了沼气发酵冬季很难正常产气的技术瓶颈。针对畜禽粪污有机物浓度高，残渣固体多容易结壳的特点，集成完全混合式厌氧消化工艺（CSTR），通过畜禽养殖粪污物理特性与沼气发酵过程传质特性研究，搅拌模式与搅拌方式的优化，以及引进、优选混合搅拌与破除浮渣设备，改善沼气发酵过程传质效果，提升沼气工程产气效率及其运行稳定性，解决料液输送、传质困难以及易结壳等技术瓶颈。沼气经过脱水脱硫净化后用于发电，发电余热对料液进行加温实现中温厌氧消化，并保证冬季正常产气，实现热电肥联产。

该研究成果已经在全国27个省市自治区的蒙牛澳亚示范牧场等50多座畜禽养殖粪污处理以及其他废水工程中应用。成果研究应用期间，通过沼气以及畜禽粪污处理技术培训班培训了2 500多名国内外沼气工程技术管理人员，对全国30个省市自治区和20多个国家畜禽粪污处理沼气工程建设起到了极大的推动作用。

3.1.5　生物黑炭改良土壤固碳技术

将收集的农作物秸秆风干或晾晒，使其含水量低于20%，在300~500℃热裂解炭化，磨碎并过0.25 mm筛即得生物黑炭。与此同时，把秸秆炭化时产生的混合气体经过气液分离并除去固体粉尘，将混合气体分离后可得到木醋液。前茬作物收割后，将生物黑炭按10~40 t/hm^{2}的用量均匀撒施土壤表面，通过翻耕使之与表层土壤均匀混合，施用生物黑炭后农作物生长期间的灌溉、施肥和植保与当地农田管理一致。对于中度和重度盐化面碱土，可在作物播种前施用由生物黑炭和木醋液按重量比为5∶1组成的改良剂，生物黑炭按0.75~15t/hm^2、木醋液按0.15~3t/hm^{2}的量施用，同时施用基肥，深翻并使其与耕作层土壤混合均匀。

利用农业废弃物生物质炭化产物改良熟化盐碱土的技术，在河南砖窑废弃地（容重1.4g/cm^3，有机质含量低于0.8%）、黄河古道区盐碱土旱地、天津静海滨海盐碱土、江苏南通如东滨海盐碱土都进行了示范和实验，其中在天津盐分>0.4%的未耕种地改良取得成功，小麦已经正常出苗。对生物黑炭的固炭潜力而言，按照中国现有企业而后生产设备的生产条件和我们的农田施用情景，每吨秸秆生物黑炭的减排效果达到0.9~1.2t碳当量。如果全国普遍推广实施秸秆生物黑炭，将综合减排3亿t温室气体碳当量。因此，生物黑炭农田应用对于我国中低农田改良与固碳减排具有广阔的推广前景。

3.1.6 新型高效肥料研制与推广应用

新型高效肥料是提高养分的作物利用效率、减少养分向环境排放、降低 N_2O 形成和排放的重要途径，也是农业固碳减排的十分重要的途径之一。

1. 长效缓释肥料研制与应用

"长效缓释肥料研制与应用"获得 2008 年国家科技进步二等奖。该成果针对我国化肥肥效期短、养分利用率低以及施肥引起环境污染等问题，系统开展抑制剂协同增效及磷素活化技术研究与新型肥料产品研制。该项技术成果首次探明脲酶和硝化抑制剂在氮素转化调控中的协同增效作用机理，并开发出协同增效技术用于肥料改性，解决了单一抑制剂作用时间短、氮肥转化释放过快的问题；首次利用络（螯）合作用原理调控高价阳离子活度，构建了化学型磷素活化剂并应用到复混肥改造中，活化土壤中的固定态磷，保持肥料磷的有效性，突破了肥料磷进入土壤后迅速被固定的技术难题，解决磷肥利用率过低、有效期过短的问题。氮肥养分有效期长达 120d，并在 90 ~ 120d 范围可调，氮利用率平均提高 8.7 个百分点，磷利用率平均提高 4.8 个百分点，在玉米、水稻、小麦等 27 种作物上平均增产 10% 以上，抑制剂和活化剂当年降解率达 75% ~99%，土壤中无累积残留，减少氮淋失 48.2%，降低 N_2O 排放 64.7%。以该成果核心技术为依托生产的肥料新产品综合技术指标达国际领先水平。在添加技术方面，产品属于复合型抑制剂技术，包括氮增效剂和磷增效剂，可提高 N 利用率、同时可活化土壤磷、提高肥料磷利用率，同类产品均属于单一抑制剂技术，例如，美国 N-serve ®、Agrotain ® 及德国的 Didin ®。本成果的增产率 4.3% ~ 19.6%，平均增产率为 11.95%，与国际上的主流产品相比，增产幅度提高 0.95 ~ 2.1 倍；单位面积农田的投入为 39 元/hm²，其价格只有 Agrotain 和 N-serve 的 25%；长效缓释复混肥成本价格只比普通复混肥料增加 2% ~3%，世界各国的长效复合肥价格是普通肥的 2.5 ~9.0 倍。该项成果已在沈阳中科新型肥料公司、锦西天然气化工有限责任公司、施可丰化工股份有限公司实现技术转化，建立缓控释肥料生产线 6 条，形成施可丰、倍丰、农家乐等一批长效缓释肥知名品牌。目前，累计生产23万t长效缓释尿素，推广面积达到200万亩*（13.33万 hm^2），建立8个示范区，示范面积14 100亩（940万 hm^2）。依托相关技术开发27个专用肥料配方，建立起包括辽宁等22个省、66个示范点涉及水稻等28种作物的长效缓释复合肥试验示范网络。以该项成果生产的产品每年可实现销售收入9亿元，其中新增销售收入7 500万元，带动绿色食品和无公害食品农业的发展，有效解决大量施用氮素化肥造成的环境污染等问题制约我国社会经济发展的瓶颈。

2. 新型作物控释肥研制及产业化开发应用

"新型作物控释肥研制及产业化开发应用"获得2009年国家科技进步二等奖，"控释肥料及其产业化"获得2009年教育部科学技术进步一等奖。该项成果包括包膜材料的筛选、改性与研发，包括水溶性树脂、热塑性树脂、热固性树脂（聚合物）包膜材料的筛选和改性；包膜控释技术的研究，包括：原位表面反应成膜包膜技术、异粒变速控释技术、核芯肥料制造技术、封闭式包衣工艺、密闭循环流化床包衣工艺、水基高分子包膜控释肥料生产工艺、控释肥料配方技术和工艺；创建了热塑性树脂、热固性树脂、硫和硫加树脂、热塑与热固树脂多层复合等四套控释肥生产工艺流程及产业化生产线，形成了具有我国自主知识产权的控释肥生产技术体系。通过对包膜控释肥的多项核心技术与配套技术进行集成与组装，形成了先进的控释肥生产技术体系和质量控制监测体系。创建了热固性树脂、热塑性树脂、硫和硫加树脂、热塑与热固性树脂多层复合4套不同包膜材料的控释肥生产工艺流程及产业化技术体系，形成了具有我国自主知识产权的控释肥产业生产技术体系及推广模式。研究并提出了作物专用控释肥养分配比及同步释放技术，探明了各类型控释肥的控释机理，开发出51个系列上百个品种作物专用控释肥产品。建成了35万/年t树脂包膜控释肥、30万t/年树脂改性硫包膜尿素（临沭）、20万t/年树脂改性硫包膜复合肥（菏泽）及150万t控释BB肥产业化基地。建立试验示范基地304个，试验示范面积2 731亩（182.07 hm^2），累计销售127万t，实现销售收入33.99亿元。该成果打破发达国家的壁垒，研制生产的控释

---

* 1亩＝667m^2，15亩＝1hm^2，全书同

肥不仅质量已达到或超过国外名牌产品，而且成本和价格只有国外同类产品的 1/2 或 1/3，同时产品品种多，生产规模大。

3. 商品有机肥生产技术集成与产业化

扶持建立以各种固体有机废弃物（牛粪、猪粪、鸡粪、酒糟、醋糟等）为原料的有机肥企业，使得所在地区的畜禽养殖污染水体的状况得到初步缓解与控制，同时大力推广使用有机无机复混肥和微生物有机肥，为解决农业面源污染问题提供技术支持和产品保障，每年累计从太湖流域消纳畜禽粪便固体有机废弃物 100 余万 t；研制防控土传病害生物有机肥，为高效农业发展提供技术和产品；利用固体有机废弃物所研制的微生物防病有机肥料，能显著克服和防治保护地栽培中的土传病害，对西瓜、黄瓜、棉花、甜瓜等枯（黄）萎病的防治率达到 85% 以上，可以消除农民用溴甲烷消毒土壤而污染农产品的隐患，为提高我国保护地生产效率提供技术保障。目前，该技术产品已在江苏、浙江、安徽、山东、河南、海南等 24 个省市进行示范推广，累计推广面积 6 478.5 万亩，农民、企业和社会从本课题成果转化、产品技术使用中获得综合经济效益 380 亿元，肥料企业通过成果转化、技术使用直接获得经济效益 1.30 亿元；农民在种植经济作物施用防控土传病害生物有机肥间接获得经济效益 376 亿元；有机肥企业累计消纳畜禽粪便等固体有机肥 1 000 万 t，显著改善环境生态，根据测算间接获得经济效益 4.55 亿元。引进消化吸收德国快速翻抛技术与设备，研制开发出适合我国有机肥料生产的机械设备和工艺，实现固体有机废弃物快速堆肥工艺技术标准化体系和设备配套，通过产业技术创新战略联盟进行技术推广，引领我国有机（类）肥料产业的迅速健康发展。通过本项研究提高了化肥，特别是氮肥的利用率，减少了氮肥损失，减轻了过量施用化肥对环境的产生污染，也节约了肥料资源，降低了生产成本，节省了劳力，为提高单位面积玉米产量和增加农民收入起到了重要作用。

3.1.7　农林剩余生物质发电及产业化应用系统

利用 $Zr(SO_4)_2$—硅藻土负载型固体酸催化剂代替浓硫酸，$Na_3PO_4 - Al_2O_3$ 负载型固体碱催化剂代替氢氧化钠，并开发出固体酸碱两步法生产制备生物柴油。

国能生物发电集团公司的山东单县、山东高唐生物发电工程装机容量为1台25 MW单级抽凝式汽轮发电机配1台130 t/h振动炉排高温高压锅炉，是国内第1个纯烧秸秆发电厂。锅炉岛为北京龙基电力科技有限公司引进丹麦BWE公司技术、国内制造的秸秆锅炉。燃料为破碎后的木质类生物质燃料（棉花秸秆、树枝树皮、荆条等），小时耗秸秆量22 t，日耗量440 t，年耗量12.1×10⁴ t，该工程于2006年12月1日，成功通过了72+24h试运行。

1. 锅炉整体布置

该锅炉型式为水冷振动炉排、高温高压自然循环、单锅筒、单炉膛、平衡通风、室内布置、固态排渣、全钢结构、底部支撑结构型锅炉。锅炉采用振动炉排的燃烧方式。汽水系统采用自然循环，炉膛外集中下降管结构。锅炉采用"M"形布置，炉膛和过热器通道采用全封闭的膜式壁结构，很好地保证了锅炉的密封性能。

水冷系统受热面由炉排水冷壁、侧水冷壁、后水冷壁，后一、后二、后三水冷壁和后三中间水冷壁及炉顶水冷壁构成。整个水冷壁受热面形成三个烟气通道，即炉膛、烟气通道二和烟气通道三。炉膛横截面为9 120mm×5 760mm，炉顶标高为2 150mm。

2. 燃烧系统

根据环境保护、清洁燃烧的要求，以及生物质燃料的燃烧特性，选用水冷振动炉排加炉前风力给料的燃烧方式。振动炉排由振动机构、风室、支撑件和炉排水冷壁组成，炉排水冷壁由全膜式壁组成，其上开一有很多小孔。一次风进入炉底风室后再由炉排水冷壁上的小孔进入炉膛，为燃烧提供所需的氧。锅炉采用轻柴油点火启动系统，在炉膛右侧装有一个启动燃烧器。燃料由于强风的作用进入炉膛时被抛至炉排后部，在此处由于高温烟气和一次风的作用逐步预热、干燥、着火、燃烧。随着振动机构的工作，燃料边燃烧边向炉排前部运动，直至燃尽，最后灰渣落入炉前的排渣口。在炉膛下部，前部各布置有许多二次风口，这些二次风的总风量占总风量的50%，二次风的配比对炉膛的燃烧非常关键。可控制炉内气流旋涡，延长燃料的停留时间，控制可燃物的降低。另外，可改变炉膛内悬浮可燃物提供氧气，提高锅炉效率。

3. 烟气流程及受热面布置

烟气一次经过炉膛的三级过热器，第二通道中四级过热器，第三通道中的二级和一级过热器，尾部对流受热面中的省煤器，高低压烟气冷却器。空气预热器没有布置在烟道中，与热水进行换热。

4. 汽水流程

锅炉给水分高压给水和低压给水，高压给水经给水调节阀后分为两路，一路直接进入省煤器，另一路由高压空气预热器，高压烟气冷却器后进入省煤器。最后从省煤器进入汽包。低压给水从除氧器经过两台低压循环水泵送入低压空气预热器，低压烟气冷却器后返回除氧器。蒸汽由汽包引出后依次经过，一级过热器，一级减温器，二级过热器，二级减温器，三级过热器，三级减温器，四级过热器后进入汽轮机。

目前，该工艺已应用于万吨级生物柴油示范生产线。其主要性能指标均达到国家标准 GB20828—2007《柴油机燃料调合用生物柴油》的要求。设备投资相应减少；废水排放降低 50%；在能耗方面，热能消耗降低 6% 左右，电能消耗降低 50%。由于固体酸碱两步法生产过程中不需要中和、水洗，较液体酸碱两步法废水排放降低 50%，且省去了在生物柴油产品干燥过程中消耗的大量能耗，具有较好的经济效益和社会效益。在国家大力提倡节能减排的背景下，推广使用该方法进行生物柴油的生产具有十分重要的现实意义。

3.1.8　薯类乙醇高效节能清洁生产新工艺

为了提高现有传统甘薯乙醇发酵工艺的发酵水平和解决发酵副产物综合开发利用问题，中国科学院成都生物研究所选育到 8 株高浓度乙醇发酵酵母、3 株快速乙醇发酵酵母、3 株快速乙醇发酵运动发酵单胞菌、3 株可利用腐烂甘薯进行乙醇发酵的酵母，4 株可利用腐烂甘薯进行乙醇发酵的运动发酵单胞菌，还采用基因工程技术和方法，创制甘薯淀粉发酵的高效工程菌株，并研究了压力环境下菌株的抗性机制。在原料预处理技术方面，开发出了高 DE 值低黏度液化糖化及原料降黏预处理工艺。在高效乙醇发酵技术方面，开发出甘薯高浓度乙醇发酵技术、鲜甘薯快速乙醇发酵技术和腐烂甘薯乙醇发酵技术。在反应器开发方面，开发出新型高传质低能耗反应器。在发酵副产物综合利用方面，开发出发酵废渣制备肉牛饲料、育肥猪饲料和有机肥的技术，并开展了发酵废渣作为垫料进行发酵床养猪的探索。

目前，国内外利用淀粉作物及粮食加工食品酒精和燃料乙醇的生产工艺基本上是传统的乙醇生产工艺，传统工艺采用蒸煮、液化、糖化、发酵、蒸馏等工艺过程，其生产过程中，蒸煮过程能耗高，需要较高的能源保证。如以鲜甘薯为原料生产乙醇，其原料糖分高、含水量大、黏度大，乙醇发酵效率和速度慢；通常料水比1∶4，乙醇浓度仅能达到5%~6%，发酵时间达60h以上。由于醪液黏度大、固液分离困难、废液废渣排放量大、废液COD含量高、环保处理成本高。加工过程水资源浪费大，水资源回用成本高，许多酒精加工厂都被列为环保重点监测对象。通过高效乙醇发酵菌株，降黏技术体系，鲜甘薯快速乙醇发酵和鲜甘薯高浓度乙醇发酵等关键技术模块的系统集成建立了甘薯高效乙醇生产技术，应用于万吨级燃料乙醇示范生产线上，发酵时间由60h以上缩短为30h以内，乙醇浓度由5%~6%（v/v）提高到12.4%（v/v），发酵效率由88%以下提高至90%以上，可提高单位设备的生产力，降低乙醇蒸馏能耗，节能效果明显。

通过对百余种酶进行了单因素实验、正交实验的反复筛选与复配，确立了以糖化酶、α淀粉酶、果胶酶等多种酶组合而成复合水解酶体系。该体系针对发酵速率，自动达到水解与发酵生物反应动态平衡，实现生淀粉利用的最优化及乙醇发酵率的最大化。为了提高资源利用率、减少废液排放，开发出一种针对酒醪的高效机械分离系统，使分离后的醪液黏度与SS含量较低，而分离后的醪渣含水量较低，可直接液固分离获取废渣。开发出一种针对酒渣的高效干燥分离系统，既实现酒渣干燥作为饲料原料，并且在干燥的过程中回收酒精，从而降低了能耗，同时又提高了淀粉利用率。甘薯燃料乙醇加工的清洁生产新工艺能耗水耗低，淀粉利用率高、废渣可以全部利用，废水可以利用80%，大大减少了CO_2排放，新工艺已在万吨级酒精生产线上实现了甘薯燃料乙醇加工的连续生产，该成果的应用可以促进生物燃料乙醇整个行业的节能减排。

3.1.9　浅海贝藻养殖固碳技术及潜力

在收集保存了几乎涵盖黄、东海近岸海域多个大型藻类地理群体，3 000

余份种质材料，并对样品采集地点、水文环境或着生条件详细记录，藻体镜检、拍照，对藻株细胞学特征进行描述记录的基础上，建立了我国沿海主要大型藻类样品种质资源库，获得贝类 30 余种，完成了基本生物学特性的测定和碳氮元素含量的分析。

测定了温度、盐度、海洋酸化对养殖贝类呼吸率、钙化率及呼吸商的影响。发现栉孔扇贝的钙化和呼吸活动受盐度影响显著。钙化率在盐度 15 ~ 25 范围内呈上升趋势，后随盐度上升而下降，但在盐度 35 时较在盐度 30 时略有上升。呼吸率在盐度 15 ~ 25 范围内上升，25 ~ 35 范围内下降。钙化率与呼吸率均在盐度 25 达到最高值，分别为 (0.33 ± 0.02) $\mu mol/$ $(FWg \cdot h)$ （钙化率）、(2.32 ± 0.10) $\mu mol/$ $(FWg \cdot h)$ （碳呼吸）、(2.87 ± 0.14) $\mu mol/$ $(FWg \cdot h)$ （氧呼吸），此时钙化和呼吸活动向环境释放 CO_2 也最强烈。在温度 5 ~ 25℃范围内，栉孔扇贝的钙化率和呼吸率随着温度的升高而升高，呈线性关系，钙化率 G、CO_2 呼吸率 RC 和耗氧率 RO 都在 5℃最低。栉孔扇贝的钙化和呼吸活动受酸化影响显著，均随着酸化的加剧出现了明显下降。当 pH 值降低到 7.9 时，栉孔扇贝的钙化率将会下降 33% 左右；当 pH 值降到 7.3 左右时，栉孔扇贝的钙化率将趋近于 0，栉孔扇贝无法产生贝壳，而此时栉孔扇贝碳呼吸率（RC）与耗氧率（RO）也分别下降了 14% 和 11%。

分析了几种大型藻类在不同温度下的光合作用速率。结果显示，各种藻类的光合作用速率与温度关系密切，其中海带片的光合作用速率随着温度的升高而增加，5℃时的光合作用速率最低，为 0.55 mg O_2 g/ （WW · h），22℃时最高为 2.53g/ （WW · h）。浒苔的光合作用速率在 10℃时达到最大值为 12.44g/ （WW · h），然后随着温度的升高而降低，22℃时最低为 1.50g/ （WW · h），在实验温度范围内其光合作用速率差异极显著。龙须菜和石莼的光合作用速率在 22℃时达到最大，分别为 16.65g/ （WW · h），11.89g/ （WW · h），温度对光合作用速率有显著的影响。鼠尾藻的光合作用速率在 18℃时达到最大值 3.68g/ （WW · h），22℃时光合作用速率最低为 1.17g/ （WW · h），实验温度下其光合作用速率差异显著。光照对大型藻类光合作用的影响显著，总体上随着光照强度的增加而增加，在 326μmol/ （m^2 · s）是达到最大值，然后下降。利用 SCUBA 与 Diving-PAM 水下脉冲调制叶绿素荧光仪（德国 WALZ 公司）原位测定了荣成几种野生大型藻类的叶绿素荧光参数，及海草的光量子产量，为高效固碳品种的筛选提供依据。

对紫菜光合作用的分子机制进行了初步研究。紫菜是红藻门原红藻纲红毛菜目红毛菜科的紫菜属（*Porphyra*）海藻的统称，全球有 130 余种，广泛分布于寒带到亚热带海域，中国有 19 种。目前，我国主要栽培品种有坛紫菜（*Porphyra haitanensis*）和条斑紫菜（*Porphyra yezoensis*）两种。通过对紫菜代谢途径的分析结果发现，除磷酸烯醇式丙酮酸羧化酶（PEPC）以外，PCK 型 C_4 固碳途径中高活性的关键酶均有表达，磷酸烯醇式丙酮酸羧化激酶（PEP-CK）表达量尤其丰富，由此推测，极有可能在坛紫菜丝状体阶段存在高效率的类 C_4 固碳途径。

系统研究集成了浅海贝藻高效固碳养殖技术。经过 2 年的养殖实验发现，风浪等恶劣天气导致养殖龙须菜的脱落是影响产量的主要原因之一，及时收获不仅可避免龙须菜的脱落，提高单位面积的产量，而且还可以防止龙须菜腐烂降解导致的碳氮磷排放，降低其可能导致的环境影响。应用新型养殖模式，优化了龙须菜的收获方法，由原来的每年夹苗一次、分苗一次、收获一次，改为每月收获一次，减少了脱落率，提高产量。测定了海带的生长、脱落率，以水温和营养盐浓度作为强迫函数，建立了海带生长的数值模型，分析了影响海带生长的敏感性因子及限制性因子，预测了改变营养盐浓度对海带产量的影响。系统探讨了增加磷素养分、冬季低温等因子与海带生长和产量的相互关系，以及深水养殖、海带与龙须菜轮养的效果等。开展了深水区、浅水区栉孔扇贝不同养殖密度的养殖效果研究，结果显示，深水区养殖栉孔扇贝的长势最好、产量最高，比浅水区增加了 12% 以上。测定了栉孔扇贝不同季节的体内碳含量，结果显示，软体部氮含量在 10.85% ~ 11.41%，碳含量在 37.31% ~ 39.29%，栉孔扇贝的贝壳碳含量在 11.96% ~ 12.28%，3 月（壳高达 50mm）碳的含量最高。根据相关结果分析，深水区养殖 1 亩栉孔扇贝的固碳量达 25.14kg，其中，贝壳固碳量为 22.60kg、软体部固碳量为 2.54kg；养殖每亩栉孔扇贝，深水区比浅水区的固碳量提高 61.8%。

3.1.10　盐碱地固碳增汇技术

为强化盐碱地开发利用，充分发挥其固碳方面的作用，为减缓全球变化作出应有贡献，以能源植物开发与盐生植被固碳技术、盐碱地土壤碳储量提升技术等为重点，研究形成了相应的技术及模式。通过研究，利用田间选育和杂交育种技术，已选育出耐40%海水灌溉的菊芋新品种南菊芋1号，以及在含盐0.5%左右的盐渍土上栽培的高耐盐油菜南盐油1号等两种耐盐植物。其中南菊芋1号已通过品种鉴定，南盐油1号油菜已申请了新品种权。引进3个油葵品种并在海涂进行耐盐性试验，其中，G101B是适宜盐渍化土壤种植的早熟品种，DK1为适宜种植的中熟品种，DK3792宜在中度以下盐渍化土壤种植，G101B、DK1两个品种在海涂很有推广潜力。

研究了不同耕作栽培方式对耐盐植物生长和产量的影响。研究发现，垄作栽种的菊芋生物量在不同时期均大于平作栽种，到最后期垄作菊芋生物量比平作要高47%。而从块茎产量来看，垄作模式要比平作高约15%，菊芋新鲜块茎重分别为2 560kg/667m^{2}与1 920kg/667m^2。起垄后，籽粒苋种子总量比平作提高约7%、地上部干物质则增加约40%。不管是少耕、旋耕、少耕秸秆覆盖、旋耕秸秆覆盖和旋耕秸秆混施种植菊芋，菊芋生物量是原生植被的两倍以上，说明种植菊芋可增加植被对大气CO_2的吸收。同时，盐碱地添加16 t/hm^{2}生物炭（玉米秸秆制备生物炭，裂解温度达400℃）可以增加作物收获期的现存地上生物量，收获期生物炭对大豆及冬小麦地上生物量较对照分别增加了11%。氮肥使用对提高菊芋产量具有重要意义，配以合适磷、钾肥能进一步提高菊芋产量，推荐施肥量为纯氮150 kg/hm^2、磷肥（P_2O_5）90 kg/hm^{2}和钾肥（K_2O）60 kg/hm^2。

植物通过根系分泌物和凋落物向土壤输入有机质而增加土壤有机碳，主要增加0~20cm土层土壤有机碳含量，通过3年以上植物种植，土壤有机碳将增加1倍以上。在表层土壤（0~5 cm和5~10 cm），随着植被群落由光滩→盐蒿→芦苇的演替，SOC含量均表现为逐渐增加趋势；随着耕作年限的增加，SOC含量表现为依次增加趋势；0~5 cm土层3年菊芋地SOC含量最高、显著高于田菁地，5~10 cm层菊芋地、田菁地和耕作年限（一年两季，小麦和玉米）最长的开垦地SOC含量显著高于其他样地，是裸地碳含量的3倍以上。在10~20 cm土层，菊芋地SOC含量最高，且耐盐作物生长区（田菁、菊芋）显著高于野生植被生长区（盐蒿、芦苇）。在20~40 cm土层，

SOC 含量均很少，野生植被生长区与耐盐作物生长区差异不明显。秸秆秋季深埋可减少盐碱地春季返盐，提高作物产量，增加土壤有机碳，而作物产量的提高又能增加土壤有机质输入，进一步促进土壤有机碳累积。秸秆秋季深埋结合秸秆秋季覆盖更能促进土壤盐分下降，提高作物产量，增加土壤碳库。

与自然植被相比，菊芋种植显著降低土壤温室气体 CH_4 和 N_2O 排放，减缓大气温室效应。不同农业管理措施显著影响菊芋田土壤温室气体排放，少耕条件下土壤改良剂施用最有利于土壤温室气体减排，能使得盐碱地大气温室效应降低一半。

3.1.11　宜农工矿废弃地固碳技术

针对我国矿山破坏土地面积大，工矿废弃地土壤裸露、植被稀疏、土壤有机碳含量低等问题，开展了厚黄土区宜农工矿废弃地农作物固碳、土石山区工矿废弃地植被恢复及高效固碳、厚黄土区与土石山区宜农工矿废弃地土壤碳储量提高与减排、宜农工矿废弃地土壤固碳潜力估算等研究。通过研究，形成了现阶段适用于不同工矿废弃地生态系统固碳减排技术规程，建立了宜农工矿废弃地土壤固碳潜力模型，研制出 3 种土壤调理剂配方，为提高宜农工矿区废弃地植物生产力和固碳能力提供了支撑。

为明确不同作物在矿区复垦地上的碳截获能力，分别选取了当地适生作物玉米、大豆、荞麦和矿区复垦先锋作物箭舌豌豆、毛苕子，对其碳截获能力进行研究，结果显示毛苕子、箭舌豌豆、大豆和荞麦的碳截获量明显低于玉米的碳截获量，且差异均达到极显著水平。

为了明确不同的复垦方式对作物碳截获能力的影响，采用混推和表土剥离的两种复垦方式，控制相同的施肥量后，研究其对作物固碳能力的影响。不同复垦方式对作物的碳截获量差异均达到显著水平，其中，表土剥离复垦的作物碳截获量显著高于混推复垦。施肥措施对农作物玉米的碳截获能力有明显影响，无论混推复垦还是剥离复垦，随着施肥量的增大，玉米的碳截获能力也明显增强。施用土壤调理剂也能提高农作物的碳截获量，其中，牛粪和沼渣处理对作物固碳量的影响达到显著水平。

研究表明，土壤温度是土壤碳通量最重要的影响因素。在整个生长季节，土壤碳通量随温度的变化呈现指数型增长，在地温较低时散点聚积在曲线附近，当地温超过20℃时，散点逐渐发散。土壤水分是影响土壤碳通量的另一个重要因子，土壤体积含水量在15%以下时，土壤碳通量随着土壤含水量的增大而增大；当土壤体积含水量在15%~20%时，土壤碳通量达到峰值；当土壤体积含水量超过20%时，土壤碳通量则表现出迅速降低的趋势。作物类型也是影响土壤碳通量的重要因子，在种植玉米、毛苕子以及撂荒条件下，土壤碳通量均呈现先增加后减少的趋势，说明土壤碳通量受植物生长影响显著，在7月和8月份植物生长旺盛期土壤碳通量也达到峰值。施肥对土壤碳通量有较大影响，有机无机肥配施处理土壤碳通量比单施无机肥时要高，说明有机肥矿化对土壤呼吸也有很大影响。

3.2
农林生态系统适应气候变化研究成果

为适应气候变化、有效减轻气候变化对农林生产带来的可能影响，必须对气候变化相关情景下农业用水、植物生产等的变化，以及因气候变化可能导致的灾害等进行预警与防控，建立相应的防控对策与技术体系，以期防患于未然。

3.2.1 气候变化对农业用水的影响及应对策略

该成果从全国宏观尺度上定量分析了气候变化对中国农业用水和粮食生产的影响。以现有数据收集汇总和野外实地参与式调查为手段，以 Oracle 为网络共享数据库平台，构建了基于 WEBGIS 的区域现代节水农业综合数据平台。以数据平台为支撑，根据我国主要灌溉面积分布和耕地面积分布的权重，分别计算出能综合反映气候变化对农业用水和粮食产量影响的 57 年逐月序列 Palmer 干旱指数值（PDSI）。1949~1990 年单位面积灌溉用水量和 1949~1983 年单位面积粮食产量与干旱指数 PDSI 分别具有较好相关性。假定农业用水技术与粮食生产技术水平均维持在 1949~1990 年和

1949～1983 年水平，对单位面积灌溉用水量和单位面积粮食产量进行预测，发现我国农业用水 1990～2005 年多年平均预测值与实际农业用水平均值相差 1 000 亿 m³ 以上，相当于我国多年平均农田灌溉用水量的 27%；单位面积粮食产量 1984～2005 年多年平均预测值与实际产量相差 1 000kg/hm² 以上，相当于单位面积平均粮食产量 40%。20 世纪 80 年代后期以来，与仅考虑气候因素（PDSI）预测的全国农业用水量和单位面积粮食产量相比较，我国农业用水量实际值已减少了 1 000 亿 m³ 以上，单位面积粮食产量实际值也增加了 1 000kg/hm² 以上，这也从另外一个方面反映出通过人为因素作用（技术进步、政策机制保障、生产投入增加等）在一定程度上可以缓解气候变化对农业生产所带来的影响。该成果数据仅是全国尺度上的平均宏观数值，从一个侧面上反映了气候变化对我国农业用水和粮食生产已经产生了重要影响。根据中国粮食空间分布格局差异显著的实际，建议以全国各个粮食主产区为研究单元，加强气候变化对区域农业用水和粮食生产影响的研究，进一步加大应对气候变化先进节水技术的研究和推广应用，提高区域农业用水和粮食生产抵御气候变化的能力，特别是抵御气候变化所带来的不利影响。

由于气候变暖，农业热量有所提高，作物生育期延长，喜温作物界限北移，一定程度上导致作物种植结构调整。该成果以水资源高效利用为核心，提出了作物优选原理、农产品需求及资源限制原理，以及作物时空布局在内的节水型农业种植结构优化原则与方法体系。以西北地区黑河流域为例，在分析节水型农业种植结构分区影响因子基础上，结合 GIS 技术，选取流域自然与社会经济方面的 21 项分区指标，采用因子分析与聚类分析方法，将黑河流域划分为六个节水型农业种植结构分区；以总净产值最大、粮食产量最大、生态效益最大以及水分生产效益最大为目标，以耕地资源、水资源等为约束条件，建立了基于水资源高效利用的黑河流域农业种植结构多目标优化模型，结果表明采用适宜的节水型种植结构方案后，在流域粮食作物播种面积有一定减少情况下，不仅经济效益、社会效益及生态效益均有所提高，且能消减7% 左右的种植业灌溉水量。并以资源利用高效性、经济合理性、社会公平性及生态安全性为准则，选取 19 项指标，对 2006 年、2020 年及 2030 年 3 个水平年的各 4 类方案（经济效益型、粮食安全型、生态效益型和节水种植型）

进行评价，表明节水种植型方案始终是 3 个水平年种植业结构调整的最优方案。采用 COM 组件技术，对作物节水种植结构优化模型和作物需水量计算方法进行分解和封装，建立节水种植结构优化决策系统，开发出作物需水量计算通用模型库（WRCCML 1.0）和作物需水计算与种植结构优化（CWREAP-LO 1.0）软件，实现区域节水种植结构调整的可视化决策。

3.2.2　黄土区农林复合优化模式及可持续经营技术

该成果突破了黄土区农林复合系统种间关系调控技术、黄土区农林复合系统可持续管理等关键技术。创新了基于种间关系调控技术为出发点，研究农林复合系统可持续管理技术。开展景观格局分析及结构优化技术、农林复合系统结构配置模拟与设计技术、农林复合系统种间关系调控技术、农林复合系统可持续管理技术的研究，达到树木和间作物之间的资源竞争最小化，资源利用最大化，以促进农林复合系统经营可持续发展。

1. 农林复合模式时间动态调控与管理技术

在农林复合模式构建的早期阶段，树木相对较小，对间作物遮阴、在地下与间作物争水争肥的能力较弱，此阶段可以间作物生产为主，树木培育、管护为辅，在培育优壮苗木的同时增加间作物产量，以间作物为农林复合系统的主要经济目标。

在农林复合模式构建的中期阶段，树木相对较大，对间作物遮阴、在地下与间作物争水争肥的能力较强，同时，果树开始进入挂果时期和盛果前期，此阶段可以间作物生产为辅，树木培育、管护为主，以果树生产为农林复合系统的主要经济目标。

在农林复合模式构建的后期阶段，树木相对较大，密度小的果园均以荫蔽，不同树行间的树木对光照以及地下产生争水争肥，同时，果树开始进入盛果期，此阶段可以间作物生产为辅，树木培育、管护为主，以果树生产为农林复合系统的主要经济目标。

2. 农林复合模式水资源调控与管理技术

农林复合系统中浅根农作物和深根木本植物可以以互补的方式利用土壤中的水分。复合系统可以通过降低地表径流、土壤蒸发和深层排水或者农林复合系统中木本植物和农作物通过形成空间上垂直分层的根系来避免强烈的水分竞争，从而提高水分利用效率。即利用农林复合系统的水分在时间和空间上的互补性。如在华北石质山区农林复合系统不宜间作苜蓿等深根植物，可间作大豆、绿豆等相对根系浅的植物。

果树与林下农作物均存在不同程度的土壤水分竞争，且距树行愈近，土壤水分竞争愈明显，行株距为 3m×4m 复合模式的土壤水分竞争程度大于行株距为 3m×8m 的复合模式。因此，可根据经营目标，通过果树和间作物的密度调控，减少了水肥竞争，使经济效益达到最大化。选择不同的果树密度，也是减少土壤水分竞争的技术之一。

3. 农田防护林带调控与管理技术

农田防护林网是平原地区农林复合主要经营模式之一，其中，林带的配置、结构与管理质量，直接关系到农田林网的综合防护效益。根据研究结果，农田防护林带可持续经营与管理技术应着力强化林带配置技术、修复技术、疏透度调控技术及经营技术等。

林带配置技术包括扩行缩株宽窄行配置技术、复合配置技术等。农田防护林带修复技术系采用植苗补植和林带自株移植等林带修复技术保持其完整，以最大限度地发挥农田防护林带的防灾效果。林带疏透度的调控技术系根据林带结构与防护效应的相关原理，采用定性分析与近代回归分析结合的方法，建立林带疏透度与防护特征因子的最优回归方程，即：Y 疏透度 $= 0.39546687 - 0.03304352X$ 林龄 $+ 0.01605580X$ 株距 $+ 0.005635957X$ 带高 $- 0.05976669X$ 冠高 $- 0.00537218X$ 冠幅。农田防护林带经营技术主要包括 3 个方面：一是强化林带营建质量；二是优化林带间距与林带高度；三是营建复合林网。

4. 农林复合系统结构配置模拟与设计技术

从冠层几何结构的三维形态特征参数测算和冠层几何形态模拟两个技术关键入手，以生育期为时间尺度，基于大量实测数据，综合采用数理统计、分形理论及计算机可视化技术等理论和方法，对农林复合系统结构进行了田间试验和数值模拟试验。

应用近景摄影测量方法，针对植株三维坐标、冠层几何结构等方面的测算问题，建立了林木几何形态数据和参数获取技术，为虚拟植物模型的建立奠定了良好的基础。在 Borland C^{++} 6.0 开发平台上，采用了计算机仿真虚拟植物的方法，结合基于 L - 系统分形技术的虚拟植物模拟方法和 OpenGL 的三维可视化技术，建立了林木单植株生长到林分的可视化动态模拟模型，同时实现了数量化植物生长模型和图形化植株几何形态表达。该模型基本具备了林木冠层几何形态及太阳辐射传输随时间变化的动态预测功能，为农林复合系统数字化管理的实现提供了一种良好的途径。

3.2.3　退化天然林保育恢复与定向经营技术

本成果针对不同区域条件下退化天然林的保育与定向经营，提出了相应的技术模式和对策。

1. 东北东部天然次生林生态恢复与顶级种定向培育模式

东北东部山区是温带针阔叶混交林区，地带性顶级群落是红松阔叶林。由于长期干扰，该区原始森林阔叶红松林已经寥寥无几，已经成为大面积的天然次生林。本区的绝大部分天然次生林缺乏红松种源，靠自然力量恢复重建红松阔叶混交林几乎是不可能的。基于东北温带天然次生林结构和演替规律，提出"栽针保阔"天然林生态恢复理念，即通过林冠下人工栽植红松恢复重建红松阔叶林的技术途径，以此再通过 100 年或 200 年的自然演替过程，这一模式下建立的混交林绝对可以演变为以红松为主导的真正的红松阔叶混交林。本模式就是在前期研究工作基础上，经过试验和验证后提出东北东部天然次生林生态恢复与顶级种定向培育模式。

该模式的技术思路是通过栽针保阔途径实现顶级目标种的定向培育，依据定量与定性诊断相结合的方法，在维持林分稳定性和森林功能的前提下，通过科学调控红松个体生存空间和上层阔叶树的树种组成结构，快速并高效促进天然林次生林转变为近顶级的红松阔叶混交林。

2. 辽东天然次生林林窗调控的演替恢复模式

本模式的技术思路是在目的树种更新不良且存在目的树种母树的退化天然林中，选择适宜地段人工制造林窗，具体技术措施和参数如下：①林窗大小（面积）坡度 ≤15°林地，林窗面积 300~500m^2；坡度为 15°~25°，林窗面积适当缩小；坡度＞25°则不宜设置林窗。②林窗形状（形状指数）：一般选择近似圆形或近椭圆形，但通常依据地形、地势等生境条件而做适当调整（调整林窗形状指数）。③林窗更新：在林窗形成初期，监测林窗生境因子、更新状况；根据需要，引进目的树种。在林窗形成后期，可人为选择目的树种进行保留，对非目的树种进行人为去除，以保证退化天然林的更新顺利进行。

本模式在辽宁东部天然林次生林区实施后获得了较好效果。人工开创林窗后，林窗内生境因子发生变化，光、温、水等环境因子形成空间异质性有力地促进了目的树种种子萌发或萌蘗；林窗产生后使地下根系竞争减弱从而影响地下生态过程，有利于目的树种的生长；林窗的出现促进了林下物种的更新，从而提高了物种多样性。

3. 辽东山区天然次生林结构调整和抚育经营模式

本模式主要针对目的树种生长不良，但具有良好的演替潜力的天然次生林。当天然次生幼林郁闭后，林木竞争明显或目的树种受到非目的树种、灌木、杂草压抑，对于郁闭度在0.8以上的天然幼龄林可采用透光伐；对于下面3种退化天然次生林可采用生长伐，即郁闭度0.8以上，林木分化明显，出现自然整枝现象；林分内枯立木数量超过林木总株数5%；在中龄林阶段胸径连年生长量明显下降。

本模式的技术思路是退化天然次生林抚育必须应坚持"留优去劣，留大砍小，密间稀留，控制强度"的原则。具体技术措施如下：抚育采伐株数强度不得超过50%，且蓄积强度不得超过35%；伐后郁闭度不低于0.5，不能造成明显的天窗；林分平均胸径不低于伐前林分平均胸径；砍伐木应选择林分内生长不良、感染病虫害或过密的林木，包括枯立木、被压木、弯曲木、病腐木、多头木、生长过密林木，抑制主要树种生长的其他植物（灌木、藤本等）和有害林木；对天然整枝不良的树种，适时进行人工整枝。幼龄林整枝后，冠高比不得低于1∶2，中龄林整枝后，冠高比不得低于1∶3，整枝应在树液停止流动的季节进行。

本模式应用在辽东山区天然次生林改造取得了很好的生态恢复效果。退化天然次生林抚育后，林内树种组成发生明显变化，目的树种所占比例提高，退化天然林演替进程缩短；抚育后各种环境因子有利于目的树种的生长，林木的高生长与径向生长速度明显增加，林分质量相应提高。

4. 川西亚高山退化天然林的封育恢复模式

川西亚高山退化暗针叶林恢复过程中主要树种为红桦（*Betula albosinensis*）和岷江冷杉（*Abies faxoniana*）。伴随随着天然林的恢复，先锋树种红桦总的土壤种子密度显著降低，顶极树种岷江冷杉总的土壤种子库密度显著增加。林型及恢复阶段对枯枝落叶层、土层中的红桦和岷江冷杉种子库密度产生显著的影响。同时，退化森林中土壤种子库密度较大，群落的环境条件正由适应先锋阳性树种的生长环境向适应耐阴树种的生长环境方向转变，群落处于红桦—岷江冷杉针阔混交林向岷江冷杉林过渡阶段。因此，综合考虑该地区地形、坡度和演替阶段等特点，应该采用减少人为干扰的生态恢复途径，即封育恢复为主的恢复模式。

本模式的技术关键是以封山为主，适当砍伐霸王木，清除幼苗周围的杂草。具体技术措施是，补植或撒播优势种群植物种子、栽针保阔改造、对坡度较陡次生林的实行封禁改造、带状结合块状改造、缠藤植物和寄生植物进行清除、箭竹灌丛的带状结合块状改造、土壤施用以炭质为主的修复材料等方法。开启林窗，清林时只清除灌木、草本及地被物。在林地中人工制造林窗和补栽云杉和冷杉，林窗规格和补栽数量依次为：3m×2m（1 株）、3m×3m（2 株）、3m×4m（3 株）、3m×5m（4 株）、3m×6m（4 株）、5m×6m（8 株）、3m×20m（17 株）。

本模式应用川西亚高山退化天然次生林封育恢复取得了很好的效果。2003 年 5 月种植的粗枝云杉幼苗和岷江冷杉幼苗，经 2010 年 8 月上旬测定，其保存率为 72% 和 85%。但创造的林窗大与小对粗枝云杉幼苗保存率有一定影响，中等林窗（3m×4m、3m×5m）中的粗枝云杉幼苗和岷江冷杉幼苗存活率比小林窗和大林窗中的相对高些，最多能高出 5% 和 3%。

5. 南亚热带退化天然次生林定向改造与生产力提高模式

南亚热带常绿季雨林和常绿阔叶林被长期破坏后，退化为树种混杂的天然林次生林和人工种植，群落结构不稳定且没有明确的目标树种，尽管其还具有一定数量的物种多样性，但是，其生态功能和经济生产力很低，而且天然次生林和人工林镶嵌空间分布。通过在林分景观空间格局配置、树种结构调整、混交模式，特别是乡土珍贵树种引入等手段，逐步将退化的次生林定向改造为物种多样和高效稳定的森林群落，提高其生态功能的同时，更多地注重产生更多种类及数量的木材产品，更高的产品质量和价值，从而具有更高的经济效益。

本模式的技术关键是通过针阔叶树种混交、单株水平的株行混交、冠下引入的复层空间异龄混交、林分层的群团混交、景观层面的斑块状混交、乡土阔叶树种混交等多种因地制宜的经营技术，在单株、林分、景观等3个层面上努力本实现森林多样性维持和调整，从而保证了森林生态系统的多样性、复杂性和稳定性自然特征，为发展多功能可持续的森林奠定了坚实的基础。具体技术措施包括依据地貌、土层厚度和林木生长状况，绘制精细的立地类型分布图，将立地类型种类落实到经营班、小班。在空间布局上采取"松戴帽，阔穿裙"方式，即在山坡上部发展以耐旱、耐瘠薄的马尾松林，在山坡下部发展乡土的珍优阔叶树种，特别考虑优质大径材的阔叶树种。结合近自然化经营改造，在林冠下套种红椎、润楠、格木、米老排、大叶栎等乡土阔叶树种，在经营作业时，尽量保护林下灌草植被，注重生物多样性的保护和恢复。

6. 热带退化森林的封山育林与天然更新恢复模式

本模式的技术思路是，充分利用采伐后残余植被或退化植被的物种种质资源，通过促进母树下种、伐根萌芽、种子发芽和幼苗生长，补植套种恢复演替关键树种等人为措施，促进物种的天然更新和生态演替。这是热带林采伐迹地植被快速恢复和改善热带天然林结构与林分质量的重要途径，也是热带天然林恢复重建的重要模式之一。

本模式的技术关键是确定热带林的干扰类型、强度和频率及其对恢复的影响，分析立地环境和土壤肥力、树种恢复的适宜性，群落结构特征和以及土壤种子库、萌芽更新能力等种源状况。在此基础上，选择恢复措施，即自然恢复、人工促进恢复。其中，植物种的选择优先考虑关键种和主要建群种的组成与结构，倡导采用乡土树种和珍贵树种。群落结构设计和配置采用混交、复层、异龄林等自然群落模式。

该模式的适用范围：在坡度35°以下自然条件相对优越，天然更新效果较好，幼树层和幼苗层的树种种类和植株数量丰富，生长良好，海拔830m，坡度22°~35°，土层厚度90~120cm，土壤肥沃，迹地保持有较多植物种类幼苗，不需要人工促进措施，主要采用封山育林天然更新措施，主要优势树种有越南白锥、鸭脚木、拟赤杨、九节木、大叶白颜、柏拉木等，恢复皆发迹地的退化热带森林。对坡度35°以上的土壤瘠薄、阳坡的荒草坡、稀疏乔木灌丛地和坡度35°以下立地条件差，天然更新困难，需要人工促进天然更新。皆伐迹地人工种植少量热带山地雨林乡土标志种鸡毛松（*Dacrycarpus imbricatus*）和陆均松（*D. pierrei*），封育后引导迹地自然恢复、构建群落框架和更新演替。优势种有木荷、陆均松、两叶黄杞、鸡毛松、大叶白颜、米花木、荔枝叶红豆和粗叶木。

3.2.4 农作物低温冷害动态监测技术体系

1. 作物低温冷害指标研究

在统计分析和实验研究的基础上，确定了包括积温距平指标和发育期延迟指标的玉米低温冷害双重指标系统；研究提出了南疆、北疆棉花延迟型冷害的积温距平指标和发育期延迟指标的双重指标体系，以及棉花障碍型冷害的天气类型指标系统。

2. 低温冷害立体监测体系建立

低温冷害的监测体系包括了地面观测资料监测方法、作物模拟模式监测方法和卫星遥感监测方法3个方面，实现了地面人工观测、作物模拟模式和卫星遥感的有机结合，通过多种方法和指标的综合集成可以在作物生长发育的不同时期对农作物是否已经出现低温冷害进行有效监测，综合监测精度达到了预期目标。

地面监测方法主要是通过农业气象观测站网观测的农作物发育期资料和气温资料，通过计算分析并与历史资料进行对比，判断从出苗到监测时的积温和发育期距平变化，可以比较准确地监测到低温冷害的发生与否及严重程度。该方法的优点是资料的准确性高，对低温冷害的监测准确率较高，且越到后期准确率越高。

农作物模拟模式是开展农作物低温冷害监测的有效工具之一。通过对原有模式的改进，增加了与农作物低温冷害有关的信息，从而实现了对低温冷害的监测。与地面监测方法一样，模式监测方法不仅能监测低温冷害的发生与否，同时，也可以监测低温冷害的发生程度。监测的指标主要是发育期变化。该方法的优点是通过对资料的网格化和参数的区域化，可以监测低温冷害的区域分布状况，是对地面监测方法的有效补充。不足之处是所需的资料较多，监测精度也没有地面监测方法高。

卫星遥感技术在农业气象灾害监测中有广泛的应用，也取得了十分有效的成果，但在农作物低温冷害监测中的应用还处于探索阶段。卫星遥感监测低温冷害主要是通过对下垫面温度，特别是日最低温度的监测来进行。但由于农作物低温冷害是一个累积过程，因此，遥感技术在监测延迟型冷害中的应用仍有较大难度，目前，只能部分解决障碍型冷害的监测。卫星遥感监测方法的优势是资料信息量丰富，覆盖范围广，且可以做到区域的无缝隙。但不足之处是受天气的影响较大，不能每天获得有效的数据。

3. 低温冷害滚动预警体系建立

农作物低温冷害的预测是农业气象灾害防御的重要基础工作，预测的准确率越高、预测时效越长，对防御农业气象灾害越有利。研究建立了东北玉米和新疆棉花低温冷害预警体系，实现了多种方法（统计方法、模拟模式方法等）、不同时效滚动（东北玉米从 5 月开始，新疆棉花从 4 月开始）的预测功能，预测精度达到了课题设计目标。长期预测方法包括逐步回归方法、模糊均生函数方法、灰色 GM (1, 1) 方法和作物模拟模式方法 4 种。

低温冷害的监测体系包括了地面观测资料监测方法、作物模拟模式监测方法和卫星遥感监测方法 3 个方面，实现了地面人工观测、作物模拟模式和卫星遥感的有机结合，通过多种方法和指标的综合集成可以在作物生长发育的不同时期对农作物是否已经出现低温冷害进行有效监测。建立了低温冷害多指标多方法动态监测体系，改进了原有的单一评估指标，可以在作物生长发育的不同阶段实现对低温冷害的动态监测。本成果主要针对我国北方地区的东北春玉米和新疆棉花，观测事实表明，在气候变暖的总趋势下，上述 2 个地区的夏季低温冷害显著比 20 世纪 80 ~ 90 年代增多，且强度有上升的趋势。因此，准确、客观地监测气候变暖趋势下北方农作物低温冷害的影响对保障我国农业生产的可持续发展具有重要意义和广阔应用前景。

3.2.5 林业有害生物灾害监测与预警系统

本系统实现了全国范围内林业有害生物灾害信息的网络化采集、传输、处理、分析、评价、发布与共享，为全国林业有害生物灾害管理提供了精细化的监测、宏观决策与应急响应的数据服务平台。系统集成了天、空、地一体化的多尺度监测技术，实现了自动化、快速化和准确化的地面调查；在信息管理技术上融合主流 IT 技术，实现了森林灾害数据的服务化、网络化和图形化管理；在信息分析技术上实现了空间模型化，为灾害预测、决策管理提供强有力的技术方法。本系统提供全国范围内多级用户、网络可视化、准实时的林业有害生物灾害信息上报、统计与发布等管理功能，并开放与动态地集成了（松毛虫、美国白蛾、锉叶蜂）模型预测、远程视频监控、航空监测与地面遥感采集等服务，为国家宏观决策与应急响应提供了数据保障。本系统也可成为各省森林病虫害防治检疫站的技术平台，实现各省林业有害生物数据的科学化、规范化、智能化管理，将全面提升管理效率与水平；系统提供的服务注册和管理将催生众多跨区域服务共享，并将产生较好的社会效益。

主要包括系统设计、模块开发、监测技术集成、原型系统开发及其测试等工作。2009 年 10 月，在企商在线京西数据中心机房配备了专用平台服务器，IP 为 122.115.32.86，正式对"国家级林业有害生物灾害监测与预警系统"进行公网测试。国家林业局森林病虫害防治总站已于 2010 年开始进行系统试运行。

本系统用户分为 4 个级别：国家级用户、省级用户、市级用户和县级用户，用户名就是自身的行政区划名称。它的主要功能分 3 类：林业有害生物管理业务（数据上报、数据查询、数据统计）、林业有害生物灾害预测和林业有害生物监测集成。

1. 林业有害生物管理业务

县级用户可以将该辖区内各个乡镇每月的病虫害发生、防治信息上报到国家数据库中，用户只需要填写原始数据信息，需要计算的数据系统会辅助完成。

国家级以及省市县各级用户都可以进行查询操作，查询方式分为两种：简单查询和 SQL 查询，简单查询只需要用户选择要查询字段以及字段值，SQL 查询要求用户具有一定的 SQL 语句基础，这样就可以自定义 SQL 语句查询出用户辖区范围内的所有的满足查询条件的记录。查询结果以表格形式显示，所包含的地区也会在地图上以特殊风格显示。查询结果可以保存为 EXCEL 表格。

市级及其以上级别的用户可以分别对某年月的发生和防治信息进行统计，只有当用户没有进行过统计操作，且用户所辖所有下级地区该年月的信息已上报，才能进行统计。统计结果以图形和表单显示，同时结果可以导出到 EXCEL 保存。

此外，本系统还包括基本用户管理（如密码更改）、病虫害诊断和放大、缩小以及漫游等图形操作功能。

2. 林业有害生物灾害预测

国家级以及省市级用户可以根据某种病虫害的已有历史数据，对下一年该病虫害的发生情况做出预测，以便及时的对相关部门进行灾害预警。

3. 林业有害生物监测集成

林业有害生物管理业务服务和预测服务都完全由系统提供，不依赖于第三方，但用户不能修改服务的内容。如果用户想将自己或第三方提供的服务集成在系统中使用，则可以根据需要进行服务组合建模。本系统主要集成的是天、空、地多尺度的林业有害生物监测服务。用户在集成监测服务之前，首先需要把第三方提供的林业有害生物监测服务在服务管理中心进行注册。用户也可以查询已注册的服务。

服务注册后，用户可以将所需服务（例如监测服务）拖拽的右边的服务组合区域，进行服务组合。其间可以对节点和连接进行删除操作，可以对服务链进行有效性检查。

4. 运行能力

国家级林业有害生物灾害监测与预警系统自 2010 年 1 月 1 日起在国家林业局森林病虫害防治总站实现了 24h 不间断的业务化运行，提升了国家宏观管理的效率与水平。

3.2.6　农业干旱监测预警技术体系

基于卫星遥感、无人驾驶小飞机航空遥感、微波遥感、地面气象观测资料的尺度转换技术，农业干旱信息综合提取技术，以及作物生长模式、区域气候模式和遥感模式结合过程中的尺度转换技术，将地面观测、数值模拟和3S集成技术相结合，可实现对北方农业干旱进行天基、空基、地基相结合的立体动态监测。考虑不同地区特点的区域气候模式、作物生长模式、陆面水文过程模式和遥感信息相结合的农业干旱预警技术。

1. 农业干旱数据库及综合指标建立

搜集整理北方旱区农业干旱综合指标有关的数据，搜集了1951~2000年北方旱情资料，计算出标准化降水指数和降水Z指数。

（1）农业干旱指标模型

大气层：降水距平、降水保证率、干燥度指数、湿润指数、水分亏缺指数、降水Z指数、连续无雨日数、标准化降水指数等；作物层：作物缺水指标、作物形态指标、叶水势指标、气孔开闭指标、伤流量指标、作物需水量指标、冠层温度指标、作物旱情指标、凋萎湿度指标；土壤层：土壤有效水分存储量指标、土壤湿度干旱指标、田间持水量指标等；水文层：湖泊水位指标、水库存储量指标、地下水位指标；人类活动层：抗旱能力指标。

（2）农业干旱综合指标模型

农业干旱是在一定生产力水平下多层次致旱因素作用于农业对象所造成的旱情。生产力水平可由抗灾能力体现。其旱情可由农业干旱综合指标来表示。基于上述概念，我们认为，农业干旱综合指标是各层次主要不同权重致旱指标作用的总和及其受到抗旱力影响的函数。其归一化概念模型为：

$$M = \frac{1}{\lambda} \sum_{i=1}^{n} a_i F_i(x)$$

式中，M 为农业干旱综合指标（$0 \sim 1.0$），λ 为归一化标准的抗旱系数，随着系数增大，致旱越轻。a_i 为某一圈层干旱指标的权重系数（$0 \sim 1.0$），a_i 的确定：专家经验评定，数理方法（主成分分析法和层次分析法），试验法量定。$F_i(x)$ 为 x 圈层干旱指标的函数，由其干旱指标模式求得的指标转换为归一化表示（0～1.0）。

在此基础上，进一步开发软件完善数据管理，数据库采用 Visual Basic 语言程序编写设计。点击进入系统后，出现气象资料、土壤资料、作物资料、水文资料、灌溉资料界面，根据研究的需要点击所需的资料，然后按省份和站点查询。

由于农业干旱的成因比较复杂，由众多的自然因素和人为因素构成，至今还没有统一的定义广泛被人接受。该研究根据农业干旱的影响因素，对农业干旱的定义进行了诠释，认为农业干旱是在一定生产力水平下多层次（大气、作物、土壤、水文、人类活动层）致旱因素相互作用于农业对象所造成的水分亏缺失调而导致作物减产。生产力水平可由抗旱能力体现，其造成的旱情可用农业干旱综合指标来表示。基于农业干旱的影响因子及农业干旱理念，该研究首次提出了多层次农业干旱综合指标的概念，构建华北平原农业干旱综合指标体系，初步建立华北平原多层次相互作用的农业干旱综合指标概念模式，同时提出与以往传统的层次分析法、主成分分析、专家打分法等数理统计方法不同的权重确定方法——"级差加权指数法"。以河南省许昌市为例，根据农业干旱影响因子，指标选择的特点，并结合许昌的地理位置及特点，选择降水负距平、作物水分亏缺率、帕默尔干旱指数、土壤相对湿度4个指标子模式，利用级差加权指数法确定各个子模式的权重，建立了许昌市冬小麦干旱综合指标模式。该研究的主要创新表现在以下3方面。

①构建了多层次相互作用的农业干旱综合指标的概念模式，主要是挑选以往所研究的各层次机理性比较强的干旱子模式组成的。并以河南省许昌市为实例，将其细化为应用模式。这方面的研究以往很少见。

②提出了"级差加权指数法"的权重确定方法，该方法机理清楚，计算简便，具有普遍应用意义。

③总结以往有关农业干旱的概念，在此基础上提出比较简明的农业干旱理念。

2. 农业干旱监测研究

（1）利用 AMSR-E 被动微波数据监测土壤水分

AMSR-E（高级微波扫描辐射计）是搭载于 EOS-Aqua 卫星上的第一个能

提供全球尺度土壤水分产品的传感器。通过收集不同级别 AMSR-E 数据及土壤墒情观测数据，基于标准化微波指数对土壤水分进行了初步估算。标准化微波指数（NDE）是毛克彪等人通过对 AMSR-E 数据进行正向模拟得到的估算土壤水分的指数：

$$NDE_{i-j} = \frac{\varepsilon_i - \varepsilon_j}{\varepsilon_i + \varepsilon_j} = \frac{\dfrac{T_i}{T_s} - \dfrac{T_j}{T_s}}{\dfrac{T_i}{T_s} + \dfrac{T_j}{T_s}} = \frac{T_i - T_j}{T_i + T_j}$$

T_i 和 T_j 分别是两个通道的微波亮温。其中，18.7V GHz 与 10.7V GHz 垂直极化的 NDE 与土壤水分（SM）相关性很高，其回归方程式为：

$$SM = 0.033 + 10.99947 \times NDE_{i-j} + 563.80628 \times NDE_{i-j}^2$$

为了进一步分析利用标准化微波指数反演土壤水分算法的可靠性，将其与 AMSR-E 的 L3 土壤水分产品进行比较。

（2）利用干湿边进行干旱监测

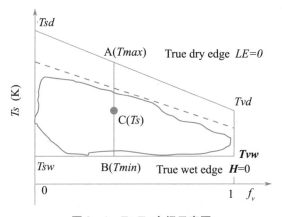

图 3-1　Fv-Ts 空间示意图

通过 Fv-Ts 散点图（图 3-1）拟合的干边往往不能代表地表绝对干旱状况，通过能量平衡公式反推干边地表温度的计算方法，湿边采用研究区内水体温度代替，从理论上对干边进行定义和控制，其目的是进一步提高土壤水分监测的精度。

$$T_{sd} = \frac{0.7[S_0(1 - \alpha_{sd}) + \sigma\varepsilon_a T_{sky}^{\ 4}] + \frac{\rho C_p}{r_{sda}}T_{sda}}{\frac{\rho C_p}{r_{sda}} + 0.7\sigma\varepsilon_{sd}T_{sd}^{\ 3}}$$

$$T_{vd} = \frac{0.7[S_0(1 - \alpha_{vd}) + \sigma\varepsilon_a T_{sky}^{\ 4}] + \frac{\rho C_p}{r_{vda}}T_{vda}}{\frac{\rho C_p}{r_{vda}} + 0.7\sigma\varepsilon_{vd}T_{vd}^{\ 3}}$$

其中，下标 sd 表示土壤干点，vd 表示植被干点，α 为地表反照率，r_a 为空气动力学阻抗，T 为地表温度，T_a 为空气温度。得到绝对干湿边之后，即可通过计算 $TVDI$。

$$TVDI = (LST - LST_{min}) / (LST_{max} - LST_{min})$$

在绝对干边，土壤湿度为 0，因此潜热通量为 0，在绝对湿边，土壤湿度达到最大值，空气温度接近地表温度，显热通量为 0，通过对地表温度的线性插值，可以得到每个点的蒸散值。选取 2001 年中 17d 数据进行计算，利用郑州 LAS 观测数据对模型进行验证，R_2 为 0.62，RMSE 为 31.03 w/m^2，bias 为 -14.67 w/m^2。

（3）新的干旱监测指数的构建与验证

选用温度植被干旱指数（$TVDI$）、作物缺水指数（$CWSI$）、地表含水量指数（$SWCI$）三种较为通用方法进行干旱监测，并将其作为基础，与其他方法、指标进行比较的基础。将计算结果与实际情况对比后发现以上指标各有优劣，都不能单独反映出作物耕作层的土壤水分真实状况。为了能较好地反应耕作层的土壤水分状况，应用创新性思想，把通道 1、2、6、7 进行融合，构建了新的指数—作物耕作层土壤湿度指数（$CSMI$）：

$$CSMI = \frac{B_2 \cdot B_7 - B_1 \cdot B_6}{B_2 \cdot B_6 - B_1 \cdot B_7}$$

式中，B_1、B_2、B_6、B_7 分别表示通道 1、2、6、7 的反射率。作物耕作层土壤湿度指数（$CSMI$）既考虑了浅层的土壤水分光谱表现，又兼顾了较深层土壤水分的植被指数光谱特征，在植被覆盖的状态下将有效减小由于植被覆盖度变化而带来的对土壤水分监测精度不稳定的影响。

EOS/MODIS 遥感监测精度达 85%，微波监测精度达 87% 以上；农业干旱预警模式，预报准确度达到80%左右。该体系建立了适用于我国北方地区的农业干旱监测预警系统，增强了我国北方地区农业干旱监测预警能力，满足我国北方地区农业干旱防灾减灾的紧迫需求，将大大提高未来我国北方区域应对干旱的能力和应对气候变化的能力，具有重要的现实意义。

3.2.7　华南寒害监测预警技术体系

建立了基于 GIS 和地面气象资料的寒害监测模型，日最低气温绝对误差≤1.0℃的监测准确率达87%以上。提出了基于卫星遥感的地表温度反演技术方法，进行了广东、广西、福建等省区地表温度的反演监测。研制了基于多时项 EOS/MODIS 遥感资料的香蕉等种植空间分布信息的识别与提取技术，实现了广西香蕉种植空间分布信息的识别和提取。寒害发生与否的决定因子是温度，温度在很大程度上决定着寒害的严重程度。通过构建基于 GIS 和地面气象资料的寒害监测模型、基于卫星遥感的地表温度反演模型，进行广东、广西、福建等省区及华南地区日最低温度和地表温度监测，并结合不同作物发生的寒害指标，即可实现对作物寒害的动态监测。

1. 建立了基于 GIS 和地面气象资料的寒害监测模型

基于地面观测的平均气温、最低气温资料，建立与经度、纬度、海拔高度的回归方程，结合较高分辨率的格点高程数据，进行格点气温反演，经计算回归方程的残差、残差网格化、残差数据格点叠加，以及坡度、坡向订正，反演建立区域格点日最低气温监测模型。为更好地反映山地气温空间变化的差异特点，在进行地貌复杂的气温空间分布推算时，除考虑坡度、坡向和地形遮蔽对气温影响外，还考虑了太阳辐射和地面长波有效辐射等因素对气温的影响。通过引入地理信息系统的 DEM 数据和气温直减率将气象站的气温实时观测数据换算至零海平面气温值，并采用克里格最优内插方法对零海平面气温值进行内插，然后通过气温直减率和数值高程模型将气温内插值还原至实际地形下，最后通过辐射与温度之间的相关关系，对实际地形下的气温值进行修正，获得寒害过程日最低气温的空间分布模拟值，可实现寒害发生、发展的动态监测。

（1）寒害监测模型的建立

零海拔平面上站点最低气温的推算。将各气象站温度数据按下式订正到零海拔平面高度：

$$T_h = T_0 - \frac{r}{100} \times \Delta h$$

式中，T_h 为不同高程平面上的温度（℃），T_0 为零海拔平面上的温度（℃），r 为每上升 100 m 的气温直减率（℃/100m），Δh 为高度差（m）。

由于华南地区多丘陵山地，影响气温直减率 r 的因素较多，采用实际观测资料逐日拟合的方法，计算求得逐站逐日的 r 值。

实际高度平面上最低气温的推算。

①插值方法的选取。最低气温数据的总体分布形态将决定采用的空间插值方法，如采用普通克里格（Kriging）方法进行空间插值，最低气温样本须符合正态分布或对数正态分布。最低气温观测数据的总体分布形态可通过常规统计方法计算确定。如对华南地区 1 月 13 日至 2 月 13 日 68 个站点零海拔平面日最低气温样本值进行分布检验结果表明，32d 中有 23d 的最低气温符合正态分布，占 71.9%；对不符合正态分布的其余 9d（占 28.1%）的数据进行对数转换后，也符合正态分布。表明用普通克里格方法对冬季日最低气温进行空间插值是可行的。若进行转换后的气温数据仍不服从正态分布，则可根据其具体分布形态采用其他克里格方法进行插值（如对数正态克里格法、泛克里格法）。

②普通克里格模型参数计算和零海拔平面上最低气温的空间插值。以下简要介绍气温数据空间插值中最可能用到的普通克里格空间插值算法，并以华南地区 2008 年 2 月 4 日、2009 年 2 月 4 日和 2010 年 2 月 4 日的低温过程为例介绍其具体用法。

对于普通克里格法，其一般公式为 $Z(x_0) = \sum\limits_{i=1}^{n} \lambda_i Z(x_i)$

式中，$Z(x_i)$（$i=1, 2, \cdots, n$）为 n 个样本点的观测值，$Z(x_0)$ 为待定点值，λ_i 为权重，权重由下式克立格方程组决定：

$$\begin{cases} \sum\limits_{i=1}^{n} \lambda_i C(x_i, x_j) - \mu = C(x_i, x_0) \\ \sum\limits_{i=1}^{n} \lambda_i = 1 \end{cases}$$

式中，$C(x_i, x_j)$ 为测站样本点之间的协方差，$C(x_i, x_0)$ 为测站样本点与插值点之间的协方差，μ 为拉格朗日乘子。

插值数据的空间结构特性由半变异函数描述，其表达式为：

$$\gamma(h) = \frac{1}{2N(h)} \sum_{i=1}^{N(h)} \left[Z(x_i) - Z(x_i + h) \right]^2$$

式中，$N(h)$ 为被距离 h 区段分割的试验数据对数目。

根据计算所得参数值，绘制半方差函数图。根据半方差图，变异函数模型采用球状模型（实际应用时，可根据所建立的变异函数采用相对应的模型，普通克里格法中常应用到的模型有球状模型、块金模型、指数模型等）。

③实际高度平面上最低气温的推算。将应用普通克里格法插值后的零海拔平面最低气温值，得到各网格点实际高度平面上的最低气温值。这一数值反映了最低气温随纬度、经度、海拔高度的分布趋势。

④实际地形下最低气温的推算。坡度、坡向等地形因子对温度的影响是通过辐射起作用的，地形通过改变辐射的分布而影响温度的空间分布。根据前人研究，温度与天文辐射在空间和时间尺度上都有很好的相关关系，坡地与平地的温度差异可以通过坡地与平地的天文辐射差异表示。

水平面日天文辐射计算：按下式计算水平面日天文辐射。

$$Q_l = \frac{I_0 T}{\pi \rho^2} (\omega_0 \sin\varphi \sin\delta + \cos\varphi \cos\delta \sin\omega_0)$$

式中，Q_l 为任一点水平面日天文辐射（MJ/m^2），I_0 为太阳常数，T 为地球自转周期（24h），ρ 为日地相对距离，ω_0 为日没时角（rad），φ 为地理纬度（rad），δ 为太阳赤纬（rad）。

坡地日天文辐射计算：根据坡面太阳高度的计算公式和坡面日出日没时角的配置关系，可得到4类计算不同坡向的坡面天文辐射计算公式：

$\omega_1 = -\omega_0$，$\omega_2 = \omega_0$：

$$Q_s = \frac{I_0 T}{\pi \rho^2} (\omega_0 \sin x \sin\delta + \cos x \cos\delta \sin\omega_0 \cos\omega_m)$$

$\omega_1 = \omega_{s1}$，$\omega_2 = \omega_{s2}$ 或 $\omega_1 = \omega_{s2}$，$\omega_2 = \omega_{s1}$：

$$Q_s = \frac{I_0 T}{\pi \rho^2} (\omega_x \sin x \sin\delta + \cos x \cos\delta \cos\omega_x)$$

$\omega_1 = -\omega_0$，$\omega_2 = \omega_{s2}$ 或 $\omega_1 = \omega_{s1}$，$\omega_2 = \omega_0$：

$$Q_s = \frac{I_0 T}{\pi \rho^2} \{ [\sin x \sin \delta(\omega_0 + \omega_x - |\omega_m|)] + \cos x \cos$$

$$\delta [\sin \omega_x + \sin(\omega_0 - |\omega_m|)]\}$$

$\omega_1 = -\omega_0$，$\omega_2 = \omega_{s2}$ 或 $\omega_1 = \omega_{s1}$，$\omega_2 = \omega_0$（两次日照）：

$$Q_s = \frac{I_0 T}{\pi \rho^2} [\sin x \sin \delta(\omega_0 + \omega_x - \pi) + \cos x \cos \delta(\sin \omega_x + \sin \omega_0 \cos \omega_m)]$$

式中：Q_s 为坡地日天文辐射（MJ/m^2），$-\omega_0$，ω_0 为水平面上的日出日没时角，ω_{s1}，ω_{s2} 为坡面所在的非水平面上的日出日没时角。x、ω_m、ω_x 为参数：

$$\sin x = \sin \varphi \cos \alpha - \cos \varphi \sin \alpha \cos \beta$$

$$\tan \omega_m = \sin \alpha \sin \beta / (\cos \varphi \cos \alpha + \sin \varphi \sin \alpha \cos \beta)$$

$$\omega_x = \arccos(-\tan x \tan \delta)$$

实际地形下的温度计算：任一点的气温 T_s 可用下式表示：

$$T_s = T_h + k \times (Q_l - Q_s)$$

式中：T_s 为实际地形下的温度（℃），T_h 为实际高度上平面的温度（℃），Q_l 为任一点水平面日天文辐射（MJ/m^2），Q_s 为任一点坡地日天文辐射（MJ/m^2），k 为订正系数 [℃/（MJ·m^2）]。

订正系数 k 的取值，通过建立的华南地区气温年变化与天文辐射量年变化相关模型的回归系数求得，华南地区 201 个站的回归系数在 0.072～0.077℃/（MJ·m^2）之间。考虑到空间的扩展性，取 k =0.075℃/（MJ·m^2）。

（2）寒害监测模型的验证

为验证寒害监测模型结果的准确性，采用 2 种方法进行验证。其一：用未参与建模的单日多站气温实测数据进行检验；其二：用未参与建模的多日多站气温实测数据进行检验。模型监测预警预报准确率检验采用中国气象局"单站温度预报质量检验办法"进行，平均绝对误差、均方根误差和监测预警预报准确率的计算方法如下：

平均绝对误差：$T_{\mathrm{MAE}} = \dfrac{1}{N} \sum\limits_{i=1}^{N} |F_i - O_i|$

均方根误差：$T_{\mathrm{RMSE}} = \sqrt{\dfrac{1}{N} \sum\limits_{i=1}^{N} (F_i - O_i)^2}$

监测预警预报准确率：$TT_K = \dfrac{Nr_K}{N_f} \times 100\%$

式中，F_i 为第 i 站（次）监测预警预报温度，O_i 为第 i 站（次）实况温度，K 为 1、2，分别代表 $|F_i - O_i| \leqslant 1℃$、$|F_i - O_i| \leqslant 2℃$，Nr_K 为监测预警预报正确的站（次）数，N_f 为监测预警预报的总站（次）数。温度监测预警预报准确率的实际含义是温度监测预警预报误差 $\leqslant 1℃$（或 $2℃$）的百分率。

基于华南地区 211 个站点资料建立寒害监测模型，进行日最低气温监测；采用 51 个未参与建模站点的日最低气温实际值进行对比检验。结果表明，模型对 51 个站 2008 年 2 月 4 日、2009 年 2 月 4 日和 2010 年 2 月 4 日最低气温绝对误差 $\leqslant 1.0℃$ 的监测准确率分别为 90.2%、84.3% 和 90.2%，3 次平均为 88.2%；平均误差为 0.69℃，平均最大误差为 2.22℃，平均最小误差为 0.02℃。

模型对多站点连续时段日最低气温监测准确率验证：站点选取广东省仁化、高州、佛岗，广西壮族自治区永福、凌云、横县，海南省白沙、海口、万宁，福建省蒲城、顺昌、厦门；时段选取 2008 年 1 月 1～31 日、2 月 1～29日、12 月 1～31 日，2009 年 1 月 1～31 日、2 月 1～28 日、12 月 1～31 日（日期编号顺序为 1～181），其中广西为 2008 年 1 月 1～31 日、2 月 1～29 日、12 月 1～31 日（日期编号顺序为 1～91）。根据华南分省区多站点连续时段日最低气温监测准确率及其误差分布，给出了广东、广西、海南、福建 4 省区各 3 个站 91～181d 逐日最低气温监测准确率分别达 87.5%、90.8%、87.8% 和 87.5%，12 个站平均监测准确率为 88.4%、平均误差为 0.66℃、平均最大误差为 2.97℃，平均最小误差为 0℃。表明所建立的寒害监测模型具有较好的监测效果与稳定性。

2. 提出了基于卫星遥感的地表温度反演技术方法

基于获取的冬季遥感资料、寒害监测的精度要求，研究提出了采用基于 MODIS 资料的两因素模型进行地表温度反演，主要包括 4 个计算步骤：计算亮温 T_{31} 和 T_{32}；计算比辐射率 ε_{31} 和 ε_{32}；计算大气透过率 τ_{31} 和 τ_{32}；根据劈窗算法计算陆面温度。该方法具有较高的反演精度且易于实现，其两个输入参数，即地表比辐射率和大气透过率，都可从 MODIS 的其他波段数据中反演出来。采用该方法进行了广东、广西、福建等省区地表温度的反演，经地面实测温度的对比检验，较好地反映了地面温度的空间变化趋势。

3. 基于多时项 EOS/MODIS 遥感资料的香蕉等种植空间分布信息的识别与提取技术

基于多时项 EOS/MODIS 遥感资料，研制了香蕉、荔枝等种植空间分布信息的识别与提取技术。以广西香蕉为例，给出了基于多时项 EOS/MODIS 遥感资料的香蕉种植空间分布信息识别及提取技术流程；利用 GPS 在各地选择香蕉遥感样本训练区，建立香蕉遥感样本训练区周年植被指数变化曲线，在此基础上进行基于多时项 EOS/MODIS 遥感资料的广西香蕉种植空间分布信息的识别和提取；经野外验证，遥感识别的香蕉种植空间分布信息与实际种植情况基本相符。基于多时项 EOS/MODIS 遥感资料的香蕉种植空间分布信息识别及提取技术，首次实现了在地形地貌复杂、植被总类繁多、天气多变的华南地区进行区域香蕉、荔枝等寒害对象种植空间分布信息的识别及提取。

该项研究突破了基于 GIS 和地面气象资料的寒害动态监测模型构建、建立了华南寒害监测预警和长期预报技术体系、区域与 3 个省级监测预警业务平台；实现了寒害的实时动态监测、未来 1~3 的精细预警、长期预测。突破了寒害识别与指标构建、寒害气候风险量化与风险区划等关键技术；研究首次提出基于气候变化背景下的寒害气候风险区划技术方法，实现了寒害风险量化与风险区划，对于华南寒害监测预警和长期预报技术体系建立与业务平台研发、气候变化背景下的寒害气候风险区划技术方法的提出与风险区划图件编制方面，拥有自主知识产权。成果在农业产业结构布局优化、新品种引种与推广、冬季农业生产基地建设、农业灾害保险等方面具有广阔的产业化前景。同时，研究成果对农业防灾减灾与风险管理学科领域发展有重要的推动作用，对开展区域农业防灾减灾，保障农业可持续发展和社会经济稳定意义重大。

3.3
气候变化对农林生产影响评估研究成果

气候变化对农林生产影响的评估是气候变化研究的重要前提，也是采取相关措施的重要前提，通过对可能产生影响的评估，确定农业适应与减缓气候变化的技术路线，最大限度地减少农业生产的损失、并为减缓气候变化作出更大的贡献。

3.3.1 农田土壤固碳减排潜力评价方法及其应用

采用《IPCC GPG-LULUCF 方法》Tier 2 方法，以常规耕作施常量化肥为原来的耕作方式，利用我国第二次土壤普查数据整理出的各省、市、自治区碳储量参考值和 IPCC 管理因子缺省值来估算不同管理情景中各省、市、自治区土壤的碳储量变化。公式如下：

$$SOC = SOC_{REF} \times FLU \times FMG \times FI \qquad (1)$$

$$\delta = (SOC_0 - SOC_{0-T}) / T \qquad (2)$$

其中：SOC_{REF} 指碳储量参考值（tC/hm^2）；FLU 指土地利用或土地利用变化的碳储量变化因子，如使用方式为农田、草地或森林等不同的类型，无量纲；FMG 指管理方式的碳储量变化因子，如免耕或常规耕作，无量纲；FI 指输入因子的碳储量变化因子，如秸秆还田、施肥等，无量纲；δ 为年增加量（$tC/hm^2 \cdot$ 年）；SOC_0 指基准年的土壤有机碳储量（tC/hm^2）；SOC_{0-T} 指基准年 T 年之前的土壤有机碳储量（tC/hm^2）；T 指时间长度（yr）（缺省为 20 年）。

1. 农田管理排放因子数据及确定方法

农田管理因子包括：SOC_{REF} 指碳储量参考值（tC/hm^2）；FLU 指土地利用或土地利用变化的碳储量变化因子，如使用方式为农田、草地或森林等不同的类型，无量纲；FMG 指管理方式的碳储量变化因子，如免耕或常规耕作，无量纲；FI 指输入因子的碳储量变化因子，如秸秆还田、施肥等，无量纲。

SOC_{REF} 确定方法：根据全国土地利用图和土壤有机碳和容重分布图，获得农田 SOCREF 数据。

FLU 因子采用 IPCC 农田仍为农田的缺省值。

FMG 和 FI 因子确定方法：首先，通过调查和收集获得农田管理和投入措施对土壤有机碳的影响数据（包括文献数据、统计数据等）；然后用 Meta-analysis 方法对搜集和调查数据进行整合，修订 IPCC 优良做法的 FMG 和 FI 因子缺省值。

从收集到的文献数据来看，在一定的时间段内，农田管理措施下 SOC 以比较稳定的速率增长。采用有机碳随时间线性增长的模式估算农田管理措施下的 SOC 年增加量和年增长率。文献中碳的表示方法为 SOM 或 SOC，本文采用 SOM 乘以 0.58 换算为 SOC。

土壤碳密度。文献数据中有机碳的单位为 gC/kg，需转换为 tC/hm²，与 IPCC 优良做法中有机碳的单位一致。对于我国农田土壤有机碳密度 DSOC（tC/hm²）的估算公式一般可采用以下的计算方法（Pan et al.，2005）：

$$DSOC = SOC \times \gamma \times TH \times 0.1$$

其中：SOC 为土壤有机碳量（gC/kg）；γ 为耕层土壤容重（g/cm³）；TH 为土层深度（cm）。土壤容重和土层深度来源于文献，若文献中未说明，容重根据土壤质地在《中国土种志》（1993～1996 年）查得，土层深度默认为 20cm。

土壤有机碳年增加量和年增长率：

$$\delta = (DSOC_n - DSOC_0) / n$$

$$\alpha = \delta / DSOC_0 \times 100\%$$

其中：δ 为年增加量 [tC/（hm²·年）]；α 为年增长率（%）；$DSOC_0$ 为土壤有机碳初始值（tC/hm²）；$DSOC_n$ 为试验 n 年后土壤有机碳值（tC/hm²）；n 为试验年数。

2. 农田管理活动水平数据及确定方法

农田管理活动水平数据为管理措施分布面积。管理措施分布面积主要来源于国家统计数据、土地利用和管理清单，在 GPG Tier1 和 Tier2 中建议，活动水平数据应按主要气候区域和土壤类型来分层收集。对我国来说，缺乏管理活动分布面积的统计或清查数据，很难获取管理活动水平数据。因此，在本评价方法中，将应用遥感与地理信息系统技术结合数据统计方法，相对准确地获取农田管理活动水平数据。

3. 农田管理土壤固碳潜力评估

通过对中国期刊网、维普科技期刊网两大中文数据库和 Science Direct、Springer Link 等外文数据库的检索，获得中国农田管理对 SOC 影响方面的文献近千篇。对文献进行筛选，选择文献标准如下：①农田管理措施为施化肥、施有机肥、化肥有机肥配施、秸秆还田、免耕和对照。其中施肥量为常规量，秸秆还田以全量还田为主，部分配合补施化肥，免耕配合施常量化肥，对照是只种作物不施肥料；②试验为长期定位试验；③试验为田间试验；④土样采自耕层表土；⑤试验时段的起止年份清楚；⑥试验时段的各管理措施下 SOC 的初始值和变化值明确。经过筛选，最终获得可用文献160 余篇。

本研究将中国分为六大区：东南沿海区、东北区、黄淮海平原区、长江上中游区、西北区和西南区。各个区域的气候类型、土壤类型、种植制度基本类似，这里考虑将一个区域作为一个独立的单元来研究。在每个区域中，将来自不同站点的施化肥、施有机肥、化肥有机肥配施、秸秆还田、免耕和对照（只种作物不施肥料）等几种不同管理措施下土壤有机碳年增加量分别进行平均，即可得到该区域各种管理措施下土壤有机碳年增加量的估计值及标准误，然后通过 Meta-Analysis 软件进行分析得到了中国各种管理措施下 SOC 的年增加量综合水平。

从 Meta 的分析结果来看：施化肥、施有机肥、化肥有机肥配施、秸秆还田和免耕五种管理措施在全国尺度上均能使土壤有机碳增加。配施条件下土壤有机碳的增加量最大，达到 0.832tC/（hm^2·年）［0.707~0.957tC/（hm^2·年）］，主要是由于配施措施下大量的有机质进入土壤，以及碳氮的耦合作用使得有机质更易于固定在土壤中，矿化率降低；其次为免耕，土壤有机碳的增加量是 0.728tC/（hm^2·年）［0.493~0.963tC/（hm^2·年）］；接着是施有机肥，土壤有机碳的增加量是 0.613tC/（hm^2·年）［0.517~0.708tC/（hm^2·年）］；秸秆还田为 0.542tC/（hm^2·年）［0.468~0.617tC/（hm^2·年）］。总体来看施化肥能使土壤有机碳增加 0.155tC/（hm^2·年）［0.127~0.183tC/（hm^2·年）］，但在东北区和西南区土壤有机碳有可能降低。有研究表明施单一氮、磷、钾肥几乎不能使土壤有机碳增加，甚至起副作用。配合施用氮、磷、钾肥也只能弥补土壤有机质的矿化损失，不能明显提高其含量（王旭东等，2000）。而对照则表现为使土壤有机碳降低，土壤有机碳的增加量为 -0.067tC/（hm^2·年）［-0.105~-0.029tC/（hm^2·年）］。

3.3.2　农业生态系统固碳潜力估算与评价方法

1. CASA 模型参数、驱动数据及模拟结果的校正和验证

CASA 模型通过计算植被层吸收的入射光合有效辐射和植被将其转化为植物有机碳的效率得到植被净初级生产力。CASA 模型中，植被净第一性生产力（NPP）主要由植被吸收的光合有效辐射（APAR）和光能转化率（ε）两个变量决定：

$$NPP(x,t) = APAR(x,t) \times \varepsilon(x,t)$$

式中，x 表示空间位置，t 表示时间。植被吸收的光合有效辐射（APAR）取决于太阳总辐射和植被对光合有效辐射吸收的比例。

CASA 模型中涉及一些重要参数，包括理想条件下植物最大光合转化率 ε_{max} 以及土壤呼吸随气温变化率 Q_{10} 等，它们的变动对模拟结果影响显著，需要根据中国陆地生态系统实际对这些参数值进行调整，以适合中国陆地生态系统的模拟。

ε_{max} 的参数化。

ε_{max} 为理想条件下植物的最大光合转化率，它有显著地区差异，且对模拟结果有显著影响。本研究 ε_{max} 取值在 0.389 ~ 1g C/MJ 之间，该值介于基于光能利用率的遥感参数模型（CASA 模型）和基于生理生态过程的模型（BIOME-BGC）初始参数值之间。

Q_{10} 的参数化。

另两个影响模型模拟精度的重要参数为计算土壤呼吸过程中涉及到的两个参数，土壤呼吸随气温的变化率 Q_{10} 和土壤呼吸与土壤含碳量双曲线关系的半饱和常数 φ。净生态系统生产力（NEP）由 NPP 减去土壤呼吸（R_h）得到，土壤有机质的分解过程在不同环境下速度差异较大，计算公式如下：

$$NEP = NPP - R_h$$

$$R_h = f \times e^{(b \times Ta)} \times \left[\frac{p}{(k+p)} \right] \times \left[\frac{SOC}{SOC + \varphi} \right]$$

$$b = \ln Q_{10}/10$$

$$Q_{10} = 0.56 \times e^{-0.018 \times Ta} \times (0.13 \times SOC + 4.77)$$

式中，R_h 为土壤呼吸量（g C/m^2·d），Q_{10} 为土壤呼吸随气温的变化率，与陆地生态系统植被和土壤质地有关。Ta 为月平均温度（℃），P 为月降水量（cm），SOC 为土壤含碳量，f 和 k 为常数（$f = 1.250$，$k = 4.259$），φ 为土壤呼吸与土壤含碳量双曲线关系的半饱和常数，不同生态系统 φ 值分别为：森林生态系统 1.09，草原生态系统 5.15，农田生态系统 5.48，其他生态系统 2.23。

模型驱动数据。

本研究采用 1981~2006 年 8 km 分辨率的逐旬 AVHRR/NDVI 数据，使用最大值合成法（MVC）求出逐月最大 NDVI。2007 年、2008 年遥感数据采用 MODIS/NDVI 产品，并应用线性回归方法，对 MODIS/NDVI 产品与 AVHRR/NDVI 数据进行归一化校正。基于 1981~2008 年中国境内及周边 637 个站点的气象数据，进行月均温、月降水量等空间插值。采用梯度距离平方反比法空间插值方法，空间插值中国境内及周边 637 个站点的气象数据，得到分辨率 8 km 气象要素的空间数据。

太阳辐射是植被光合作用的直接能源，也是 CASA 模型中重要参数，但由于太阳辐射的观测站点较少，难以满足空间插值的要求，因此，研究中利用日照时数等观测资料对其进行模拟。

模拟结果的校正与验证。

本研究基于 CASA 模型，结合适合中国陆地生态系统的相关系数，得到中国陆地生态系统 1981~2008 年平均 NPP 年累计总量为 3.8 Pg C/年。本研究的模拟结果，小于 CASA 模型 ε_{max} 原始参数模拟结果，大于应用 BIOME_GBC 模型原始参数模拟结果，具有较大程度的可靠性，可为陆地生态系统碳通量和生态环境研究提供参考。

土壤呼吸模拟值的校正和验证。中国陆地生态系统土壤呼吸模拟值从西北到东南方向呈增大趋势，因为年均温较低以及受土壤含碳量影响，中国东北、内蒙古、新疆和青藏高原地区年土壤呼吸量最低，均在 400 g C/（m^2·年）以下；东南部林区以及四川盆地等农区土壤呼吸量在 500~700 g C/（m^2·年）之间；长江中下游模拟值最大，都在 700 g C/（m^2·年）以上。从实测值的空间变化看，土壤呼吸量在东北部和新疆等地站点实测值较低，东南部实测值较高，空间变化趋势与模拟结果一致。中国陆地生态系统大部分地区模拟值与观测值具有较好一致性，但有部分站点存在一定偏差，如华北农业区和内蒙古草原区等。

NEP 模拟结果与 flux 实测值的对比。地面观测站通量塔观测数据是验证陆地生态系统模型精确度最行之有效的方法。为验证 NEP 估算精度，引入清华大学位山农业生态系统试验站、中国科学院栾城农业生态系统试验站和中国科学院海北高寒草甸生态系统定位研究站提供的碳通量观测数据与上述站点模拟值进行对比分析。

2. 陆地生态系统碳收支空间分布特征和时空变化规律

植被净第一性生产力（NPP）指绿色植物在单位时间和单位面积上所积累的有机干物质总量，它不仅是表征植物活动的重要变量，而且是判定生态系统碳源汇和调节生态过程的主要因子，主要受气候、土地利用等环境因子的影响。NPP 能够很好地反映地表植被吸收固定碳的能力，有助于人们研究陆地生态系统固碳能力的区域差异、变化趋势以及固碳潜力等。

根据模拟结果，我国陆地生态系统 NPP 呈现明显空间分异。其中，森林生态系统 NPP 年累积值最高：中国中南部秦岭、大巴山、大别山、武夷山、南岭以及横断山脉等山区，常绿阔叶林达到 $800 \sim 1\ 000\ g\ C/\ (m^2 \cdot 年)$，东北大小兴安岭和长白山林区也在 $600\ g\ C/\ (m^2 \cdot 年)$ 以上。农田生态系统 NPP 较森林生态系统低，从南部的 $500\ g\ C/\ (m^2 \cdot 年)$ 到东北部 $400\ g\ C/\ (m^2 \cdot 年)$ 之间变化。温带草原生态系统平均 NPP 在 $300\ g\ C/\ (m^2 \cdot 年)$ 左右。中国西部荒漠生态系统和高寒生态系统植被 NPP 最低，28 年平均值在 $100\ g\ C/\ (m^2 \cdot 年)$ 以下。

近 30 年来，受干旱、冻害、洪涝等极端气候事件及受气候变化影响，NPP 波动较大。28 年间 NPP 最低值出现在 2003 年和 1982 年，总量分别为 3.38 Pg C/年和 3.52 Pg C/年；最大值出现在 2002 年和 2008 年，NPP 年总量分别达到 4.19 Pg C/年和 4.35 Pg C/年。总体来看，NPP 年总量呈现稳定上升趋势。

从不同生态系统植被 NPP 变化趋势看，农、林、草生态系统均呈缓慢上升趋势。森林生态系统和草地生态系统人为干预较少，NPP 主要受气候等因素影响，年际波动较大。由于农业生产技术和管理的改进，农业生态系统上升幅度最大，年际变化幅度小于林、草生态系统。总体看，三大陆地生态系统年际具有一致的年际变化走向，说明气象条件对陆地植被生长具有重要影响。

NPP 时空变化趋势。1981～2008 年间，根据 NPP 年累积量变异系数分析其年际波动情况，内蒙古中部草原和青藏高原东南部变异系数最大，该地区多为荒漠草原或高寒草甸，自然环境恶劣，人类对植被的管理较少，植被主要受气温、降水等气候因子影响，因此，该地区年际波动大。气候较湿润温暖的东部地区，植被变异系数相对较小。东部农田生态系统是人类活动为主导的生态系统，植被长势状况受到灌溉、施肥等人为管理影响，NPP 年际波动最小。随着我国对草原生态系统加强保护，以及封山育林、防护林建设等政策的实施，我国内蒙古中部草原、新疆天山地区、东北大小兴安岭、长白山林区以及西南雅鲁藏布江流域植被 NPP 增加趋势显著。此外，华北平原、四川盆地等传统农业区，由于农业技术的提高以及管理方法的改进也呈较大提升趋势。中国东北山麓地区、内蒙古东部荒漠草原和长江、珠江流域中下游地区 NPP 有下降趋势，人为因素明显。

NEP 空间分布。净生态系统生产力 NEP 表征了生态系统与大气间净碳通量。森林生态系统为中国陆地生态系统最主要的碳汇区域，从中国南部横断山区的常绿阔叶林地区到东北大小兴安岭、长白山林区 NEP 均在 200 g C/（m^2·年）以上。草地和灌丛生态系统为第二大碳汇生态系统，NEP 为 100 g C/（m^2·年）左右。农田生态系统 NEP 从 $-100～100$ gC/（m^2·年）变动。由于中国西部荒漠和高寒地区 NPP 和土壤呼吸量都很小而未计算这些地区碳收支状况。由于过度放牧等原因，内蒙古中部草原地区草场退化，NEP 为负值；另外，四川盆地和长江中下游农业区，主要种植水稻等作物，释放 CO_2 等温室气体较多，而成为碳源地区；东北三江平原和华北平原等农业区主要作物为一年一熟小麦或一年两熟冬小麦加夏玉米。

总体来看，在中国冷湿区，如东北林区、燕山、太行山地区和青藏高原东部，植被受气温上升影响，NEP 呈上升趋势；此外，在华北平原和四川盆地等农业区，由于农业生产条件改善，NEP 也呈现上升趋势。而中国南部，尤其在长江中下游地区和珠三角等经济发达地区，受人为因素影响严重，NEP 为负值且有下降趋势。

3. 陆地生态系统固碳潜力分析

理论固碳潜力估算。理论固碳潜力即土地资源气候生产潜力，假设二氧化碳、土壤肥力、作物群体结构、农业技术和管理等均处在最适宜条件下，由当地光、温、水条件所能产生的生物量（干物质）。作物的生产能力是当地的气候、土地、品种、物资投入和栽培技术等构成的多因子体系决定的。在计算作物的光温水生产潜力时，假设土壤条件、品种和管理等处于最佳状态，则光温水条件便成了作物生产的主要限制因子。因此，某地的作物最高生产潜力是其他因子处于最理想状态时，作物的光温水生产能力即光温水生产潜力。光温水生产潜力是地学上具有重要意义的参数，计算依据为：

$$Pt = Pr \times f(t)$$

$$Pw = Pt \times f(w)$$

其中，Pt 为光温生产潜力，单位为 $g/(m^2 \cdot 年)$，Pr 为光合生产潜力，$f(t)$ 为温度订正系数。根据黄秉维先生提出的公式 $Pr = 21.9Q$ [Pr 为光合生产潜力，Q 为年平均太阳辐射，单位 $MJ/(m^2 \cdot 年)$] 可由太阳总辐射得到光合生产潜力，而温度订正系数 $f(t) = n/365$（n 为年平均无霜期天数），因此可以求得光温生产潜力。Pw 为光温水生产潜力，由光温生产潜力 Pt 乘以水分订正系数 $f(w)$ 得到。$f(w)$ 等于供水量与植被实际需水量之比，为了计算方便这里我们近似应用降水量与潜在蒸散量之比得到水分订正系数。

通过计算得到了中国陆地生态系统光温水生产潜力分布。高潜力区分布在中国东南和西南广大地区，该区域主要分布在秦岭-淮河以南区域，气候条件优良，降水充沛，这些区域年均温在10℃以上，年降水在800mm以上，秦岭、大巴山、大别山、武夷山、南岭以及横断山脉等山区林地分布其中，植被生长茂盛。次高生产潜力区主要分布在东北、华北和青藏高原东部等，该区域主要为东部农田、中西部草地生态系统以及东北山区林地。中等生产潜力区分布于内蒙古中东部、青藏高原大部以及新疆天山部分地区，这些地区气候相对干燥，青藏高原为高寒气候，会从温度和水分方面限制植被的生长。低生产潜力区主要分布在沙漠和戈壁地区，该区域环境恶劣、植被稀少。

现实固碳潜力估算。植被生长受到当年当地的气候、土地、品种以及人类活动等多因素影响，植被的固碳能力（以植被第一性生产力 NPP 为指示因子）年际间有较大差别。当某年气候条件好、人为管理措施得当或地表植被种类适应性强，那么该年度生态系统固碳量会出现年际变化最大值，我们以此作为最大现实固碳潜力。某地生态系统植被 NPP 多年平均值到现实固碳潜力之间的差异可以通过人为合理管理来实现。

由中国陆地生态系统植被 NPP 年际变化最大值减去多年平均值，得到现实 NPP 增长潜力。最高潜力区域主要分布在西南部森林生态系统，并且次高潜力区也主要分布于中国南部和东北部的森林生态系统。森林生态系统具有很高的生态系统生产力和碳密度，森林生态系统的建立和恢复能够快速地从大气中吸收和积累大量的碳，从而减缓大气中 CO_2 浓度的上升速度。而与之相反的森林生态系统的乱砍伐等破坏，会快速释放有机碳重新回到大气中，造成 CO_2 浓度上升。因此，植树造林、恢复森林原始面貌以及生态防护林的建设等，被认为是陆地生态系统增加碳汇、减缓大气中 CO_2 浓度上升最有力的措施。由计算得到中国森林生态系统 NPP 增长潜力平均为 185 g C/（m^2·年），总量为 0.43 Pg C/年。

从华北平原、四川盆地和长江中下游平原的农田生态系统看，大多具有次高 NPP 增长潜力或中等增长潜力。农田生态系统是一种受人类活动影响很大的生态系统，然而农田生态系统却是陆地生态系统碳库的一个重要组成部分，而且是其中最活跃的部分，由于人类活动，如耕种、施肥、灌溉等管理活动的频繁干预，农田生态系统生物生产力年际变化较大。通过改进和优化管理措施，我们可以实现农田生态系统 NPP 现实增长潜力平均为 147.63 g C/（m^2·年），总量达 0.34 Pg C/年。

草地生态系统多为中等现实 NPP 增长潜力或次高潜力区。有研究表明，由于过度放牧或气候变化等自然因素等导致了大片草场退化，而人工育草和适度放牧有助于有机碳的固定。经估算，草地生态系统 NPP 现实增长潜力平均为 137.1 g C/（m^2·年），总量达 0.32 Pg C/年。

第 四 章

未来农业应对气候变化科技重点

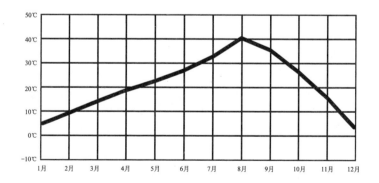

4.1

面临的问题与挑战

4.1.1 气候变化是全人类面临的重大问题

20 世纪以来，全球气候正经历着以变暖为主要特征的显著变化。从 1992 年的《联合国气候变化框架公约》和 1997 的《京都议定书》，到 2010 年的《坎昆协议》，全球气候变化及其影响日益成为世界关注的热点。

自工业革命以来，全球大气 CO_2 浓度已从约 280×10^{-6} 增加到 2010 年的 389.8×10^{-6}。政府间气候变化专门委员会（IPCC）第四次评估报告指出，1906 ~ 2005 年全球地表平均气温升高了 0.74℃，到 21 世纪末全球平均温度可能上升 1.1 ~ 6.4℃，海平面将上升 0.2 ~ 0.6m。气候变化已经并将继续对自然和社会经济系统产生重大影响。以上科学认识已成为国际社会及各国制定气候政策和处理气候变化国际事务的根本出发点。

气候变化是环境问题，同时也是发展问题。气候变化对当今人类社会构成了巨大挑战，国际社会正在为应对气候变化的挑战而采取积极的减缓和适应行动，这些行动不仅是人类规避气候变化灾难性影响的举措，而且提出了如何实现低碳发展的问题，将对未来的经济社会发展构成深远的影响。

4.1.2 应对气候变化是我国实现科学发展的重大需求

气候变化事关国家经济安全和社会可持续发展。近百年来我国气候也经历了变暖过程，气候变化已经给我国地表环境和自然生态系统带来深刻的影响，并影响到社会经济系统。作为经济快速发展的发展中大国，过去 30 年我国温室气体排放增长迅速，目前的年排放量已位居世界前列。尽管我国单位 GDP 的能耗和温室气体排放强度呈下降趋势，但能源消耗和温室气体排放总量持续上升的趋势短期内难以扭转。

中国政府高度重视气候变化问题,积极实施应对气候变化的战略和行动。1993 年我国成立了国家气候变化协调小组,2007 年成立了温家宝总理任组长的国家应对气候变化工作领导小组。2007 年,中国共产党第十七次全国代表大会报告中明确提出,要"加强应对气候变化能力建设,为保护全球气候作出新贡献";同年,发布了《应对气候变化国家方案》。2009 年 8 月,十一届全国人大常委会第十次会议通过了《关于积极应对气候变化的决议》;11 月,国务院常务会议决定,到 2020 年我国单位 GDP CO_2 排放比 2005 年下降40% ~45%,非化石能源占一次能源消费的比重达到15% 左右,森林面积比2005 年增加 4 000hm^2,森林蓄积量比2005 年增加13 亿 m^3。

积极应对气候变化,事关我国经济社会发展全局和人民群众切身利益,事关人类生存和各国发展。积极应对气候变化,既是顺应当今世界发展趋势的客观要求,也是我国实现可持续发展的内在需要和历史机遇。应对气候变化涉及许多领域,是复杂的系统工程。必须深入贯彻落实科学发展观,坚持减缓与适应并重,坚持依靠科技进步和技术创新,提高控制温室气体排放和适应气候变化能力;坚持通过结构调整和产业升级促进节能减排,通过转变发展方式实现可持续发展。

4.1.3　应对气候变化需要强大的科技支撑

应对气候变化归根到底要依靠科学技术进步与创新。认识气候变化规律、识别气候变化的影响、开发适应和减缓气候变化的技术、制定妥善应对气候变化的政策措施、参加应对气候变化国际规则的制定等,无不需要气候变化科技工作的有力支撑。

为应对气候变化的挑战,世界主要发达国家和部分发展中国家纷纷制定气候变化综合研究计划并出台相关政策,加强基础研究,推动实用技术研发。

作为国际全球变化研究的发起国和世界上较早开展气候变化研究的国家之一,我国努力实现气候变化领域的科技进步和创新,积极推进相关国际科技合作。《中国应对气候变化国家方案》明确提出要依靠科技进步和创新应对气候变化;《国家中长期科学和技术发展规划纲要 (2006 ~2020 年)》把气候变化相关科技研发确定为科技发展的优先领域和优先主题的重要内容；2007 年 6 月，科技部、国家发改委等 14 个部委联合发布了《中国应对气候变化科技专项行动》。

近 30 年来，我国气候变化研究及相关的科技取得了重要进展：建立了一批与气候变化研究相关的研究机构和基地，形成了一支颇具规模的研究队伍，初步构建气候变化观测和监测网络框架；在气候变化的规律、机制、区域响应及与人类活动的相互关系等方面开展了一系列研究，取得了一批国际公认的研究成果；发展了一系列可再生能源和新能源技术，形成了一批高效的减缓与适应实用技术。但与国际领先水平相比尚存在差距：应对气候变化科技战略顶层设计不足，科学研究、技术研发与应用之间的协调不够，长期稳定支持的机制建设有待加强；科学研究的国际视野欠缺，自主创新研究不足，前瞻性不强；减缓与适应技术研发滞后，尚不能充分满足国家需求；缺乏有国际影响力的机构，研究队伍有待优化；信息共享机制亟待建立，资源整合有待加强。

为了农业有效应对气候变化，保障国家可持续发展，我国政府明确提出了 2020 年的国家目标：到 2020 年，新增 500 亿 kg 粮食生产能力、单位 GDP CO_2 排放比 2005 年降低 40% ~ 45% 的双重目标、农业生产增加值占全国 GDP 的 11.3%；在 2005 年的基础上，新增 4 000 万 hm^2 森林面积和 13 亿 m^3 森林蓄积量。农业［本专题主要考虑农林牧业，即农业种植业、林业（森林、湿地、荒漠）、牧业（草、畜等）］，不但要为国家的粮食安全和生态安全作贡献，还要为实现国家的自主减排目标做贡献。为努力实现这一宏伟目标，促进和保障我国经济社会可持续发展，为充分发挥减排增汇潜力，从战略层面，将必须做到：①切实稳定耕地面积，大力发展低碳/氮排放的生态农业；②大力开展植树造林和碳汇造林，强化森林保护和可持续经营，增加木材使用，增强森林碳吸收和碳固持，减少碳排放；③在我国主要草业经济区域选择代表性草地类型实施天然草地和栽培草地减排增汇工程；④大力推进湿地保护与恢复，防止湿地退化；⑤实施土地用途转换的科学管理，改良作物品种，合理调整土地利用结构和耕作制度，优化耕作方式，减少农田碳排放，增加农田碳汇的潜力。为此，急需研发实现农业增产和减排增汇的相关理论与技术，适应国内外技术发展趋势，尽快构建中国特色的农业应对气候变化技术体系。

在人类的各种经济活动中，农业生产活动受气候变化的影响最为严重。

一方面，气候持续变暖，灾害增多，防灾减灾已经成为当前的紧迫任务。另一方面，实现农业的可持续发展必须依靠科技进步，加快建设资源节约型、环境友好型的农业发展模式。

农业活动是温室气体的重要排放源之一。如果能在未来 30～50 年通过合理的农业措施使土壤有机碳损失量恢复 50%，将显著提升我国耕作土壤的碳汇潜力。我国旱地农田、稻田、防护林与经济林等管理活动的未来碳汇潜力估计为每年 6.2M～30.3Mt。

全球森林植被的碳储量约占全球植被的 77%，森林土壤的碳储量约占全球土壤的 39%。森林转化为其他土地利用模式的碳损失一般在 25%～40%。基于第七次全国森林资源清查结果，我国森林植被碳总储量 7.811Gt，而且通过面积扩展、质量提高、森林保护等仍有巨大潜力。根据我国提出的 2020 年比 2005 年森林面积增加 4 000 万 hm²、森林蓄积量增加 13 亿 m³ 的总目标，在 2008 年基础上，到 2015 年将增加碳 0.5Gt，到 2020 年将增加碳 0.85Gt。

世界天然草地有机碳储量为 761G～1 073Gt，占陆地生态系统碳储量的 37.1%～52.3%。我国天然草地面积 4 亿 hm²，碳储量 56.26Gt，约占我国陆地生态系统碳库总量的 28.3%～58.6%。据测算，我国天然草地退化导致植被碳损失 39%，约为 1.46Gt；草地土壤碳损失 25.4%，约为 13.33Gt，相当于我国陆地植被碳储量的总和，是全国农田有机碳量的 0.8 ～1.5 倍，约为全球农田有机碳储量的 1/10。可见，通过治理退化草地，提高草地碳汇的潜力巨大。

湿地是地球重要的碳库，而湿地破坏则是重要的碳源。全球湿地面积仅占陆地面积的 8%～9%，但碳储量却达 500G～700Gt，占陆地生态系统碳储量的 25%～30%。我国现有 100hm² 以上的各类湿地总面积仅占国土面积的 3.8%，湿地土壤碳库达 8G～10Gt，占全国陆地土壤总有机碳库的 1/10～1/8，但不足全球的 2%。由于围垦和过牧等原因，我国湿地破坏严重，碳库容量严重萎缩，过去 50 年间的损失可能高达 1.5Gt。保护和恢复湿地在扩增生物碳汇战略中具有十分重要的意义。

随着碳循环研究的继续深入，土地利用与覆被变化（LUCC）对陆地生态系统碳收支或碳平衡的影响日益引起人们的关注。一般来说，森林转化为农田，土壤碳损失通常达 25%～40%；森林转为草地和轮作地，土壤碳分别损失达 20% 和 18%～27%。中国土壤中总的有机碳储存量约 92Gt，占世界总土壤有机碳库的 6%～8%。预计到 2030 年，我国耕地拥有量总计将减少 1 607.36万 hm^2，林地将增加 1 300 万 hm^2，牧草地和未利用土地分别减少约 500 万 hm^2。到 2020 年，林地保有量将达到 31 230 万 hm^2。无论是预测数据还是规划数据，均显示未来我国土地覆被状况将有明显改善。

全球气候背景下的现代新型农业发展模式，将以减缓温室气体排放和高效固碳为目标，以低碳排放、增加碳汇为主要特征，以减少碳排放、增加碳汇和适应气候变化技术为手段，通过加强适应气候变化的基础设施建设、促进产业结构调整、改良种植和经营管理模式、提高土壤有机质、做好病虫害防治、发展农村可再生能源等，实现高效率、低能耗、低排放、高碳汇的农业。

在国际社会应对气候变化的国际合作中，确保粮食生产免受威胁成为气候公约保护全球气候的三大目标之一。为履行气候公约和《京都议定书》，切实减缓和有效应对全球气候变化，国际社会广泛认识到必须增强农业适应气候变化的能力，并减少农业活动及土地利用变化引起的温室气体排放，增加生态系统碳汇。

与传统的认识相比，农业领域通过管理可以明显减少温室气体的排放越来越受到重视。农业土壤固碳也很可能会被纳入减排机制，联合国粮农组织在哥本哈根会议前发表了"农业收获物的多重好处"的报告，提出农业固碳也将有助于粮食安全，建议将农业土壤固碳纳入土地利用减排机制。

畜牧业或养殖业废弃物收集和处理而减排的替代性碳汇也被作为发达国家和发展中国家间应对气候变化合作的 CDM 机制的重要内容。农田生产中秸秆废弃物利用减排以及通过肥料合理施用和生物固氮的减肥减排等方面也都是今后农业领域履约的技术发展方向。

近年来，美国、加拿大、日本和欧盟等国家和地区都启动了巨大规模的全球变化与森林相关的国家研究计划。各国都在积极寻求 CO_2 减排与增汇技术与对策，并制定适应气候变化的措施，以减少气候变化对经济社会发展的影响。

目前，林业在国际气候变化行动中被置于优先战略地位。涉林议题包括减少毁林和森林退化导致的碳排放（REDD）及土地利用、土地利用变化和林业（LULUCF）成为国际谈判和公众讨论的焦点，造林和再造林作为清洁发展机制（CDM）的合格活动业已被纳入《京都议定书》。森林管理已被作为REDD的重要活动之一纳入国际谈判，并率先取得了基本共识。通过减少毁林与森林退化、促进各种类型森林的可持续经营，包括保护生物多样性、森林保护与恢复等途径，以维持森林高碳储量，已被列为全球林业部门最优先的发展领域。

湿地的碳汇功能备受国际社会关注。1995年，北大西洋公约组织将湿地保护列为增加碳汇功能的措施之一。1997年，在签订《京都议定书》后，湿地在碳循环中的作用得到重视。随着陆地生态系统碳循环与气候变化研究的推进，国际社会已将湿地资源保护提高到作为减缓全球气候变化的重要手段。各个国家已经或正在逐步开展自己国家或全球的湿地碳库和固碳减排潜力评估研究。

同样，自然保护区作为生物多样性保护的根本措施、应对气候变化的生物种质资源库保护区及气候变化的监测场所而受到国际社会的重视。气候变化对生物多样性的影响业已成为新的IPCC报告最关注的内容之一，而且亦是气候变化研究领域中最不确定和最复杂的内容之一。此外，荒漠植被建设与退化土地治理及其碳计量、湿地保护和恢复及其碳计量，已经纳入国际碳清单的视野。

农业减排增汇就是通过科学管理和工程技术措施，有效保护和恢复不同类型的生物和生命系统，减少其温室气体排放，增加其碳捕获与固持效率，提高其碳汇能力。农业减排增汇不仅技术可行、成本低，而且具有多种效益，在发展低碳经济中具有特殊的作用和巨大的潜力。

在科学与技术方面，应深入开展农业、林业、草业等领域的基础研究、技术开发、集成示范、技术政策研究和能力建设，强化先进技术的引进和推广，科学监测和评估各领域减排增汇潜力，积极应对国际谈判，全方位和系统地提升我国应对气候变化的生物碳汇扩增能力。

目前，包括国际地圈—生物圈计划（IGBP）在内的几大国际科研计划以及国内外应对全球气候变化的科研发展态势，将更加突出陆地、大气和植被的界面相互作用研究，时空格局与变率，过程和相互作用（包括人为因素和自然因素）和碳管理（将解决碳—气候—人类系统如何变化、人类进行管理的干预点和机遇何在）等，并出现了新战略和新研究方法。结合应对气候变化问题，未来林业碳汇和森林管理等方面将迫切需求开发造林再造林、森林保护、管理和恢复等相关高效固碳模式及新的技术体系，开发基于森林管理和森林恢复的森林碳计量技术与方法等。在生物多样性与气候变化方面，寻找珍稀濒危物种面对气候变化的避难所，如何设计生物迁徙廊道和保护区网络，保护生物多样性面对气候变化的关键地区，发展参与性和适应性的保护区管理技术，将成为国际社会关注的热点和未来趋势。其中，濒危物种的影响预测和保护技术、保护区设计和管理技术则是适应措施的主要发展方向。此外，湿地资源保护和恢复、荒漠化地区植被恢复也将成为温室气体减排增汇途径的国际趋势。

农业既是温室气体排放源，也是最易遭受气候变化影响的产业。全球气候变化引发的极端灾害使我国农业生产不稳定性增加，如不采取应对措施，到 2030 年我国种植业产量可能减少 5% ~ 10%，农业生产布局和结构将出现变化，农作物病虫害出现的范围可能扩大，水资源供需矛盾更加突出，草地潜在荒漠化趋势加剧，畜禽生产和繁殖能力可能受到影响，畜禽疫情发生风险加大。为适应气候变化风险的示范已在一些典型地区开展，并开发集成了适应 1℃升温的技术体系。

国内的农业温室气体研究主要集中在以生态系统角度研究农业生产土地利用下的温室气体排放及固碳减排潜力。分别对我国森林、草地、农田的碳库及分布进行了多尺度的研究，初步估算得到了国家尺度的碳库清单；对不同土地利用下森林、草地和农田的温室气体排放进行了观测和估算，特别是稻田 CH_4 和农田 N_2O 等，但对于畜牧业和渔业的研究，农业废弃物的研究还不多。采用模型和实证资料估计了中国植被和土壤固碳潜力。我国在温室气体排放观测及总量估计上与全球存在某些方法学的差异。

利用模型研究了气候变化对于中国农业的总体影响，提出了大多数作物减产、不同区域生产力的变化差异，全国将受到气候变化的负面影响的总体结论；但是，对于不同生产系统的气候变化影响的观测和研究还不多，还没有系统开展应对气候变化的技术研究。适应技术的研究已经在一些区域展开，例如甘肃省、新疆维吾尔自治区、宁夏回族自治区和黑龙江省，系统的适应策略和技术途径已经开始收到成效。但是，在实践中上，仍缺乏高效快速的农业灾害监测预警和预报技术。

固碳减排增汇技术的研究在最近几年陆续开展，特别是施肥和耕作技术，CH_4 和 N_2O 排放抑制剂技术等。但仍缺乏自主知识产权的固碳减排技术和产品，缺乏同时满足粮食增产需求和农业减排增汇需求的协同技术体系或措施。农业碳汇计量还未纳入农业生产的绩效中，碳管理与碳交易机制尚在建立过程中，且林草业减排与固碳增汇的经营理论和技术也有待提高。

我国开展了气候变化对中国林业的影响评估及适应对策研究工作，在长江上游长期开展了森林保育与可持续经营的研究与示范工作，对典型林区进行了以固碳为主要目标的森林经营多目标规划，引进了部分 IPCC 推荐的先进的国家碳计量系统。2001 年底开始构建 CO_2 通量观测网，在 GEF 和国家发改委、国家林业局支持下对国家和区域尺度上对森林碳储量进行了一些估算。但是，无论从系统涵盖的空间还是实证的科学范畴，尤其是有效应对气候变化的森林管理模式，都有待进一步加强。

我国荒漠化分布区占国土面积的 34.6%，面积辽阔，历来是国家生态建设的重点区域，固碳潜力巨大。但是，迄今为止，对于沙生灌木植被、荒漠植被、防护林等的碳计量方法、碳储量及其碳汇能力研究极少，对在该地区开展碳贸易等相关研究与实践带来不利影响；荒漠化造成土壤物质流失和植被退化，减少碳汇，同时荒漠化防治增加植被，改良土壤，增加碳汇，目前相关研究甚少。

在我国，湿地沉积物碳储量的估算是陆地生态系统碳循环研究中一个比较薄弱的环节，在《中国气候变化初始国家信息通报（2004）》和《气候变化国家评估报告（2006）》中对湿地土壤碳库与温室气体减排的记录资料仍属基本空白。

此外，生物多样性关键地区建立保护区网络是减缓和适应气候变化的重要行动。目前，我国缺少相应的科学系统研究和影响评估，特别缺乏对国家保护物种、特有物种和珍稀濒危极小种群动植物的影响评估。

因此，为了科学应对气候变化，迫切需要研究明确气候变化影响机理及生态系统演变与适应机理，明确碳汇与生产力的共轭机制、农业温室气体减排与系统增汇的关系演变，评估不同农业利用碳足迹与净碳汇效应，在此基础上探索减缓和适应气候变化影响的原理与技术途径；为了降低气候变化带来的不利影响，迫切需要发展农业领域适应气候变化的相关技术，构建一套筛选和评估气候变化适应措施的工作框架和评价标准、示范和推广模式；为构建农业减缓气候变化的途径和措施，迫切需要明确土地利用的碳汇机制与快速增汇途径，特别是加强农业土地管理、森林可持续经营、荒漠化土地和草地农业中减排增汇原理和技术的研发、集成与示范。

未来农业应对气候变化科学研究的目标是：紧扣国际前沿，以减排增汇，提高农业适应、减缓气候变化能力，促进农业可持续发展，确保国家粮食安全和生态安全为基本出发点，解决一批与气候变化相关的农业基础性、前沿性、战略性重大科学问题，突破一批农业减排和适应气候变化的应用基础与共性关键技术，大幅度提升农业应对气候变化相关领域的自主创新能力，支撑国家农业应对气候变化的重大战略目标。

4.2
与国际科技主要差距

目前，以美国、欧洲、澳大利亚、日本等为首的发达国家和地区，在农业应对气候变化方面开展了全方位科学研究，逐渐形成了各具特色的研究体系，无论是对气候变化的成因、气候变化归趋、气候变化引起的农业气候资源时空分布变化、农业适应气候变化、农业减缓气候变化，还是林业固碳增汇、气候变化对渔业水产的影响、海平面上升对沿海以及江河入海口、三角洲地区农业、水产以及生态环境的影响等方面都开展了大量而系统的研究，为本国和本地区农林业适应气候变化提供了科技支撑。归纳起来，我国与发达国家在农业应对气候变化方面存在的主要差距体现在以下6个方面。

4.2.1　跟踪研究多，原始创新少

在政府间气候变化专门委员会开展的四次全球气候变化评估报告编写中，目前，世界上研究气候变化的各种模式、模拟模型，包括区域模型和全球模型有24种，中国只有一种气候模式纳入评估。目前，国内大量研究气候变化，特别是未来气候情景预估都是采用其他国家和国际组织的研究模型。这些模型往往对我国的，特别是大陆性季风气候特征和西部世界屋脊与东部中低平原的地貌特征不能够准确体现，因此，其模型预测的准确性很低，但苦于我国自己没有研究出更多的模型。

在气候变化对农业影响研究方面，我国大部分研究主要集中在气候变化对农业气候资源时空分布格局变化的影响，理论农作物种植分布的影响，气候变化未来情景下农作物产量的影响评价等，但几乎所有研究所用模型均来自美国、英国、德国、澳大利亚等，我国到目前没有一个同类模型，因此，所开展的研究工作大多局限在验证模型、汉化模型、修订模型参数等（表4-1）。

在农林温室气体排放测定方面，无论从检测方法、监测设备与监测仪器，还是检测结果的评价要素设定、评价方法与评价技术规范体系，检测报告的编写等等，均是在西方发达国家确定的技术体系下开展的，我国几乎没有话语权。

在农业综合应对气候变化的技术体系设计与具体技术研发方面，我国研究工作主要集中在引进国际先进技术，跟踪和消化先进技术阶段，在农林作物以及畜禽耐抗逆新品种培育、高光合固碳增效农林作物品种培育、抗病虫农林生物品种培育、高效水分养分资源管理、大型农林业机械装备制造、适应气候变化的智能农业信息技术等原始创新方面几乎尚未涉及。

表4-1　参与IPCC AR4全球海气耦合模式

模式名称	所属机构（国家）	大气模式分辨率	海洋模式分辨率
BCC CM1.0	BCC（中国）	T63（1.9°×1.9°）	T63（1.9°×1.9°）
BCCR BCM2.0	BCCR（挪威）	T63（1.9°×1.9°）	0.5°~1.5°×1.5°L35
CCSM3	NCAR（美国）	T85（1.4°×1.4°）L26	0.3°~1°×1°L40

（续表）

模式名称	所属机构（国家）	大气模式分辨率	海洋模式分辨率
CGCM3.1（T47）	CCCma（加拿大）	T47（~2.8°×2.8°）L31	1.9°×1.9°L29
CGGM3.1（T63）	CCCma（加拿大）	T63（~1.9°×1.9°）L31	0.9°×1.4°L29
CNRM CM3	CNRM（法国）	T63（~1.9°×1.9°）L45	0.5°~2°×2°L31
CSIRO MK3.0	CSIRO（澳大利亚）	T63（~1.9°×1.9°）L18	0.8°×1.9°L31
ECHAMS MPI OM	MPI（德国）	T63（~1.9°×1.9°）L31	1.5°×1.5L40
ECHOG	MICB/MRI（德国/韩国）	T30（~3.9°×3.9°）L19	0.5°~2.8°×2.8° L20
FGOALS g1.0	LAP/LASG（中国）	2.8°×2.8°L26	1.0°×1.0°L30
GFDL CM2.0	GFDL（美国）	2.0°×2.5°L24	0.3°~1.0°×1.0°
GFDL CM2.1	GFDL（美国）	2.0°×2.5°L24	0.3°~1.0°×1.0°
GISS AOM	GISS（美国）	3°×4°L12	3°×4°L16
GISS EH	GISS（美国）	4°×5°L20	2°×2°L16
GISS ER	GISS（美国）	4°×5°L20	4°×5°L13
INM CM3.0	INM（俄罗斯）	4°×5°L21	2°×25°L33
IPSL CM4	IPSL（法国）	2.5°×3.75°L19	2°×2L31
MIROC3.2（hires）	UT.JAMSTEC（日本）	T106（~1.1°×1.1°）L56	0.2°×0.3°L47
MIROC3.2（medres）	UT.JAMSTEC（日本）	T42（~2.8°×2.8°）L20	0.5°~1.4°×1.4L43
MRICGCM2.3.2	MAI（日本）	T42（~2.8°×2.8°）L36	0.5°~0.7°×1.1°L40
PCM	NCAM（美国）	T42（~2.8°×2.8°）L26	0.5~2.0°×2.5°L40
UKMO HadCM3	UKMO（英国）	2.5°×3.75L19	1.25°×1.25°L20
UKMO HadGEM1	UKMO（英国）	~1.3°×1.9°L38	0.3°~1.0°×1.0°L40

注：表中符号 T 代表三角形截断，R 代表菱形截断，L 代表垂直方向的层次

4.2.2 基础研究多，应用研究少

我国目前关于气候变化、农业应对气候变化的研究大量集中在气候变化的成因、机制，气候变化规律与趋势的基本规律和基础理论研究，如全国尺度、区域尺度、流域尺度、省级尺度甚至市级尺度气候变化的科学基础，农业气候资源时空分布规律、气候倾向率、未来气候情景下气候变化对农业影响预估等等，而如何应对气候变化，特别是能够深入到千家万户、田间地头的实用技术，如减缓气候变化的节能技术、节地技术、节药技术、节种技术、

节水技术、节柴技术、节肥技术，农业资源高效利用的减量化、循环、再利用技术（3R）等。

4.2.3　宏观研究多，微观研究少

目前，我国在农业应对气候变化的研究中，比较集中在宏观政策、制定战略、发展规划，气候变化时空规律、气候变化对农业气候资源影响以及农业气候资源变化规律、农业生产宏观布局变化、主要农作物种植分布和界限变化、气候变化对农业生产影响评价等方面，对于农田尺度如何影响，农林作物品种如何改良、农田微气候如何调节、农作物小生境如何调控，农林作物个体、组织、器官、细胞、分子等调控与适应技术和品种选育还没得到应有的重视和实质性研究。

4.2.4　分析数据多，实验研究少

目前，我国多数研究主要依据气候资料、农业生产统计资料、社会经济资料、灾情资料等，分析和反演历史气候变化的进程、变化强度、变化趋势、变化格局等，通过试验，特别是农田、草地、森林的观测，如开展农林水产畜牧等试验测定（FACE，农田、草地、林地的增温、增雨与减雨、日照时数减少（遮光）等实证性研究、长期定位检测（观测）试验研究十分缺乏，因此，也降低了我国在国际气候变化谈判中的话语权。

4.2.5　局部研究多，整体研究少

从空间角度，我国目前开展的气候变化对农业影响与适应研究，多集中在省、市区域尺度，流域、国家、跨国、跨州际间的研究十分稀少；从研究领域看，我国目前主要集中在单一领域，如农业、林业、畜牧、水产等单一领域开展研究。在农业内部又细分为粮食作物、经济作物、嗜好作物，在研究内容方面又分得更细，而开展社会、经济、生态全方位、宽领域、全视觉的整体研究甚少。

4.3
农业应对气候变化科技重点

4.3.1 科学基础

1. 农业气候资源变化观测的理论、方法与技术

重点开展农业气候资源变化的基本变量，以及基本变量的有效观测方法和技术，评估与改进现有温度、降水量、云等基本变量的观测技术、方法，加强大气温室气体浓度等大气成分变化的卫星观测和反演，完善气候变化观测网络与观测规范。

2. 长序列、高精度的过去农业气候资源变化重建

重点发展长序列、高精度过去农业气候资源变化重建的新理论、新方法和新技术，研究多种气候变化记录代用资料的有效集成方法、过去气候变化的历史借鉴。

3. 全球气候变化引起的农业气候资源变化的规律与机理

重点研究全球气候变化引起的农业气候资源变化事实的诊断、规律与特征分析，研究自然驱动力自身的变化规律与定量描述、驱动过程与机制，以及驱动力、驱动过程间的交互作用，人类活动对气候的影响方式、特点与量化归因分析，人类活动与自然驱动力的交互作用研究。未来 20~50 年自然与人为驱动力的变化趋势，气候系统对驱动力变化的响应，即气候系统各圈层的相互作用，气候系统的稳态运行规律、临界阈值与自适应机制，气候系统的非线性特征、突变与触发机制。开展地球工程的相关基础理论探索研究。

4. 全球气候变化对国家粮食安全影响评价

推进气候系统模式发展与完善及模拟，研究地球系统模式的设计，关键在于物理、化学、生物过程的参数化及其不确定性，重要耦合过程（如云—气溶胶—辐射相互作用等）的耦合技术，地球系统模式的高性能集成环境的

创建与计算方法的发展，地球系统重要气候事件和过程的模拟，气候变化的可预报性及预测理论、方法与技术。

4.3.2　影响与适应

围绕水资源、农业、林业、生态系统、农林防灾减灾等重点领域，着力提升气候变化影响的机理与评估方法研究水平，增强适应理论与技术研发能力，开展典型脆弱区域和领域适应示范，积极推进应对气候变化与区域可持续发展综合示范。

1. 气候变化影响的机理与评估方法

加强气候变化及极端气候事件影响机理的实验与综合评估模型研究，开展气候变化对水资源、农业、林业、生态系统、农林防灾减灾等重点领域的脆弱性与风险分析，评估已经发生的气候变化以及全球持续升温情景对各领域和区域的综合影响。

2. 适应理论与技术研发

开展我国部门、行业、区域适应理论与方法学研究，开发适应决策支持系统，评估适应资金与技术需求，研发脆弱领域和针对性强的适应技术，开发极端气候事件的防御及防灾减灾技术，构建适应气候变化的技术体系，制定适应气候变化的相关技术标准，加强适应技术的集成与应用推广。

3. 典型脆弱领域和区域适应技术研发

围绕农业、林业、水资源、人体健康、生物多样性与生态系统、重大工程、防灾减灾等主要领域和水资源脆弱区、自然灾害频发区、农牧交错带、海岸带及生态脆弱区、青藏高原等典型区域，开展适应对策和措施研究，分析适应措施的成本效益，开展适应气候变化的技术和示范。

4. 适应气候变化与区域农业可持续发展

开展气候变化影响的重点区域、脆弱人群与适应优先事项研究。加强气候变化适应与区域经济社会发展规划、气候变化适应与欠发达地区的经济和社会发展计划与规划的结合研究，开展适应气候变化政策制定和立法研究，以及适应气候变化领域的国际合作研究。

4.3.3 减缓技术

着力提高减缓温室气体排放和促进低碳经济的科技支撑能力，推动农村生物质能源和可再生能源技术的创新和市场化推广，推进农林业碳汇关键技术研发，着力解决碳捕集、利用和封存等关键技术的成本降低和市场化应用问题，建立 CO_2 排放统计监测技术体系，为完成国家 CO_2 排放强度和能源强度约束性指标提供支撑。

1. 农林业碳的增汇、捕集利用与封存

研究生物固碳工程技术，研究通过改变土地利用方式和调控农业生产方式以减少温室气体排放的技术，开展 CO_2 捕集、利用与封存技术研究和示范。

2. 农林碳收支的监测与管理

建立农林碳源、碳汇的综合监测技术体系，研究符合我国国情的温室气体清单编制标准和方法，研究我国区域碳收支状况核算的方法与技术，构建支持温室气体减排测算、报告和核查的关键技术与管理体系。

4.3.4 农业农村经济可持续发展

重点加强农林业应对气候变化的重大战略与政策研究，推动我国农林业低碳和可持续发展科技支撑体系建设与综合示范，提高公众参与农林业应对气候变化意识。

研究建立和完善涉及农林业应对气候变化的相关制度、法律、政策、行动措施和考核体系，研究我国与农林业应对气候变化相适应的国际贸易战略与政策，研究建立我国碳排放权交易市场的技术支撑体系。研究制定气候变化适应战略措施与行动计划，研究提出我国农林业应对气候变化的重大前沿科技发展战略及与区域性气候、资源、环境演变规律和承载能力相协调的区域可持续发展战略。

研究气候变化背景下的国际农产品供求关系与生物质能源供求关系新秩序，分析其对我国农产品，特别是粮食安全、农产品贸易、农业自然资源、农村能源和农林生态安全的影响。研究气候智慧农业（Climate-Smart Agriculture）技术转移及知识产权保护战略，分析全球及主要国家农林业温室气体长期目标、减排路径、减缓和适应成本及应对气候变化的制度设计，研究与气候变化相关的国际公约的演变和发展趋势，研究完善我国农林业应对气候变化的国际战略，研究气候变化影响下的农业生态环境保护与合作战略，积极开展农林业应对气候变化的国际合作研究。

研究农林业绿色、低碳发展理论，分析我国农林业温室气体减排的潜力、影响与社会经济成本、收益，研究农业现代化和城镇化进程中的减排策略，提出我国农林业的低碳发展路线图。研究气候变化对农村人民生计的影响，开展农业、农村适应气候变化的区域社会经济布局研究。开展农林业领域和农村应对气候变化能力建设与示范，开展农业基础设施和重大农业防灾减灾工程适应气候变化的技术和管理研究。开展国家农业可持续发展应对气候变化的政策、技术综合示范。

在减排技术研发方面，重点发展生产过程中机械节能减排技术、减少反刍动物 CH_4 排放和动物废弃物资源化利用技术、适合于我国国情的农业秸秆与林业生物质能源生产与利用技术、标准化建设以及 CDM 方法学。

在适应技术研发方面，加强农业应对极端天气气候事件的监测预警和防灾减灾技术研发与应用推广，完善农田温室气体排放控制技术和检测方法学；加强培育抗逆植物品种的生物学技术和作物结构调整技术研发。

在固碳增汇技术研发方面，加快研发中低产田改造的增产与固碳增汇技术，造林、再造林、森林抚育经营、森林保护与管理技术，森林退化区植被恢复与重建技术，草地、荒漠化地区植被恢复和湿地生态系统恢复与管理工程增汇关键技术，探索碳汇渔业关键技术，构建近海增汇水产养殖模式。

重点加强气候变化对区域自然生态系统及生物多样性的影响评估技术研发，发展适应气候变化的生态功能恢复关键技术与珍稀濒危动植物保护与恢复技术，加强气候变化引起的外来物种入侵风险评估与监测、防控技术。

重点研发温室气体与主要污染物排放关系的评估技术、区域温室气体排放控制与大气污染协同治理的关键技术，发展重要工业固定源温室气体排放监测技术，以及产品低碳标识和认证技术。

农林业 CO_2 捕集、利用与封存技术开发。研发低能耗的燃烧前、燃烧后及富氧燃烧的碳捕集流程工艺及关键技术，研究与建立埋存地址鉴定与选址、

地下 CO_2 流动监测与模拟、泄漏风险评估与处理、测量与监测等关键技术，开展 CO_2 强化采油、微藻制油和化工利用等 CO_2 利用技术的研发与示范，开展 CO_2 捕集、利用与封存技术路线图及相关法律法规研究，围绕发电、钢铁、水泥、化工等重点行业开展 CO_2 捕集、利用与封存技术的综合集成与示范。

重大任务

4.4.1　气候变化对农业领域影响的检测与归因

为了有效应对（即适应、减缓）气候变化，促进农（林、牧）业可持续发展，保障粮食安全和生态安全，需要明确气候变化对农业的影响及其机理和过程。

需要全面认识不同农业生态系统对升温、降水、CO_2 浓度的敏感性、响应过程和机理；气候变化下的区域农业景观和生态系统的格局变化过程与适应机理；明确土地利用的碳汇机制与快速增汇途径，碳汇与生产力的共轭机制、生态系统碳氮耦合过程及其机制、农业温室气体减排与系统增汇的原理及其协同关系演变。

需要探究长期高 CO_2 浓度、温度升高和降水变化条件和极端性气候事件下（利用自由大气 CO_2 富集系统、加温和降水模拟系统）和不同管理措施对动植物及微生物的生理生态反应和生产力变化，在此基础上探索减缓和适应气候变化影响的原理与技术途径，完善气候变化影响的理论体系，为发展相应的适应技术提供科技支撑。

需要建立农业碳计量评估和碳足迹分析模型和模拟，开发或完善独立自主的气候变化对农业领域（农林牧业）综合影响评估模型；评价气候变化对粮食和畜产品生产、森林、湿地、草地生态系统结构和功能的影响；模拟与评价气候变化对农林产品国际贸易和价格的影响；确定未来气候变化对粮食安全和生态安全的影响方向和程度，为制定应对气候变化政策提供理论依据。

4.4.2　中国林业碳计量技术

发展林业系统的多尺度碳计量技术，建立林业系统的碳汇计量与碳汇预估的行业标准，提出林业系统可核实、可计量的增汇减排清单。重点研究森林碳汇计量原则、标准、指标和技术方法，提出基于中国森林资源清查资料的森林碳汇计量技术和方法体系，定量评估中国森林碳汇功能与碳收支动态；开发基于不同森林经营管理措施的人工林碳汇计量技术，并开展示范，提出以增汇减排为目标的人工林经营管理措施与技术；研究我国主要生态工程造林的历史、现状及未来发展趋势，定量评估我国主要生态工程造林的增汇减排功能、碳汇动态变化与未来固碳潜力；系统评价我国主要土地利用与覆被变化影响下的碳汇与碳源变化机制，预测未来土地利用与覆被变化下的碳汇与碳源潜力；研究主要木质林产品生命周期，提出中国木质林产品碳计量方法，定量评估中国木质林产品碳储量动态变化和减排潜力。

1. 农林业应对气候变化能力分级

制定农林业应对气候变化能力等级标准，研究农林业应对气候变化能力评价指标体系与方法，依据农林业应对气候变化能力基本要素，建立农林业应对气候变化能力统计指标体系，制定统计标准与统计规范。

2. 开展农林业应对气候变化能力调查

采用典型区域与面上调查相结合的方法，利用空间遥感与地面监测相结合手段，开展全国农林业应对气候变化能力调查，收集农林业应对气候变化能力基础信息和数据，分析农林业应对气候变化能力的时空分布，绘制农林业应对气候变化能力时空分布图。

3. 建立全国农林业应对气候变化能力数据库

收集、处理相关基础数据，建立全国农林业应对气候变化能力基础数据库，探究提出该数据库的服务与共享机制与方式。

4. 农林业应对气候变化能力评估

在调查基础上，根据各种农林业应对气候变化能力区域分布，提出农林业应对气候变化能力评估规范，对全国农林业应对气候变化能力进行评价。

考虑我国林业土地利用和土地覆盖变化的历史和现状，基于国家重点林业生态建设工程，针对我国不同类型森林、湿地、荒漠生态系统及木材贸易与消耗、森林植被管理过程，广泛调查、收集和分析不同生态系统类型植被恢复、生物量、土壤碳循环关键参数、模型，比对国外先进的陆地生态系统碳循环模型，以大型数据库和 GIS 为平台，实现多元数据集成，编制和开发不同层次模拟计算方法，初步建立符合《联合国气候变化框架公约》（UNFCCC）温室气体清单报告要求以及《京都议定书》和未来可能的气候变化协定报告要求的中国林业碳源汇计量方法目录、模型系统和参数系统，为构建中国林业碳计量模型系统和软件系统，打造中国林业碳汇监测、报告和评估（MRV）系统平台，满足我国国家级和省级林业温室气体排放清单以及林业活动碳计量的需求和履行 UNFCCC 规定的义务和参与国际气候变化战略谈判提供基础性支撑。

4.4.3 气候变化对农业领域影响的机理模拟与综合影响评价

识别高 CO_2 浓度及相应温度变化环境下对动植物及微生物的影响机理，完善气候变化影响的理论体系；探究长期高 CO_2 浓度、温度升高和降水变化条件下（利用自由大气 CO_2 富集系统、加温和降水模拟系统）和不同管理措施对动植物及微生物的生理生态反应和生产力变化，为发展相应的适应技术提供科技支撑；开发或完善独立自主的气候变化对农业领域（农林牧渔业）综合影响评估模型；评价气候变化对粮食和畜产品生产、森林、湿地、草地生态系统过程结构和功能以及渔业生产的影响；模拟与评价气候变化对农林渔产品国际贸易和价格的影响；确定未来气候变化对粮食安全和生态安全的影响方向和程度，为制定应对气候变化政策提供理论依据。

4.4.4 农林适应气候变化关键技术

1. 粮食主产区应对气候变化技术集成示范

主要在东北、华北、长江流域开展：适应气候变化的农业气候资源利用技术研究；极端灾害的防控技术指标和等级标准研究；抗御不同等级极端灾害的主要粮食作物品种筛选与选育；应对不同等级极端灾害粮食生产技术模式研究；应对不同等级极端灾害的技术模式集成与示范。

2. 应对气候变化引起的主要粮食作物病虫害变化与防控关键技术集成与示范

气候变暖背景下重大病虫害发生的时空变化检测研究；种植制度变化对重大病虫害变化的检测研究；极端气象灾害对重大病虫害发生的影响研究；重大病虫害发生变化对粮食生产的影响研究；气候变化对重大病虫害发生趋势的影响研究；粮食作物重大病虫害防控关键技术研究。

3. 森林火灾监测预警与防控关键技术集成与示范

围绕森林火灾监测预警与风险防控技术，拟开展复杂气候背景下的森林火灾风险监测预警、扑火人员风险评价、森林火灾中长期预测预报和森林火灾风险防控与对策技术研究。

4. 典型区域重大农业灾害应急与防控技术集成与示范

针对东北、华北、长江流域等地发生的重大农业灾害，主要研究小麦、玉米、水稻、大豆在干旱、洪涝、低温等重大农业气象灾害条件下应急技术、减灾技术和灾后恢复生产技术，进行灾害应急与防控技术集成与示范，为典型地区重大农业灾害应急和防控提供科技支撑。

4.4.5　农林固碳减排关键技术的研究

1. 农林固碳减排综合技术集成与示范

集成各地农林固碳减排节能综合技术体系，形成标准或专利。涵盖的技术源自配方施肥，沙漠边缘灌木造林，滴灌减施化肥，保护性耕作，有机肥还田、秸秆还田及绿肥还田，农业生物质固体成型替代燃料，中高产农田生物质工程转化应用，坡耕地水土保持技术，盐碱贫瘠土壤增汇，草原补水灌溉，沼渣沼液沼肥替代化肥，草地优化放牧，高碳人工草地建立，控制林火的碳埋存，碳汇林可持续经营技术，退化天然林改造与恢复技术，低质低效人工林近自然经营技术，退化土地森林和灌草植被恢复技术，农村污水废弃物利用等。

2. 中高产农田农业生物质碳转化固碳减排关键技术

研究提高化肥利用率的综合技术；研究（生物质）碳基肥料配方与成型和秸秆生物质低碳农业集成技术体系与经营模式，研发的关键和核心技术包括农业秸秆生物质碳工程转化技术和成套装置，生产生物质碳基肥料和土壤调理剂/改良剂成型产品系列。

3. 中低产旱作农田固碳与减排关键技术

研究滨海盐碱区固碳增汇技术如增加生物量生产和土壤有机碳储存的耐盐植物育植技术、秸秆深埋二项耕作技术和咸水利用技术；农林复合系统的冠层优化管理技术和农林草轮植土壤碳库抚育与转移技术；表层土壤有机碳深移扩库技术；以及丘陵坡耕地防蚀固碳综合技术和淤泥坝农田土壤碳深埋减排增汇技术。

4. 高效碳汇林营造和经营技术

研究近自然碳汇林营造和经营技术；南方低山丘陵区穴或窄带状机械整地技术。最佳整地带宽度、深度及可行植物碳填埋技术；基于提升碳汇功能的低效益林分抚育改造技术；高效碳汇林评价指标体系和评价技术。

5. 森林管理中的碳埋存及资源化利用技术

研究森林碳的就地埋存及碳转换技术；营林用火的替代技术；林区剩余物与森林凋落物的资源化利用技术；森林碳埋存及资源化利用的减排增汇监测与评估技术。

6. 北方和农牧交错区草地固碳减排关键技术

研究草地补水灌溉及退化草地补播技术，保持最优化放牧压技术，增加人工草地固碳技术；放牧家畜废弃物处理技术。

7. 畜禽养殖及粪便管理温室气体减排技术

研究反刍动物瘤胃产甲烷微生物的分子抑制技术；养殖废弃物贮存的温室气体减排工程技术；控制固体粪便、污水温室气体排放和减少环境污染协同技术、工艺及配套设施和关键设备的开发。

8. 浅海养殖碳生物捕获及固存技术

研究大型耐高温藻类高效固碳养殖技术的研发；研究植食性生物碳的转换效率及增加鲍壳碳的固存量；滤食性贝类提高固碳效率养殖技术。

4.4.6 应对气候变化农田高效生产增碳协同技术研究

提高作物抗干旱抗逆的分子标记育种技术，高产高固碳的作物转基因技术研发和应用，筛选适应气候变化抵抗极端气候条件的品种，抗旱优质节水品种的筛选与高效种植技术；种植栽培和田间小气候条件调控配套抵御极端气候技术，田间增水保墒技术，土壤微域雨水高效收集利用技术，主动生物节水抗旱技术等；作物结构的调整（作物种植北界、熟制和复种指数的调控）技术与碳效应研究，熟制过渡区作物结构调整的气候风险和应对措施；粮食增产的低碳技术（田间管理、水肥调控措施）研究，中低产田改造的增产与固碳增汇技术研究；开展面向粮食安全的综合气候减灾技术研究，区域土壤湿度的快速监测预警和预报技术，大范围区域干旱的综合应对响应技术，灾害性极端气候（气象）事件对粮食生产的影响机制、成灾风险和承灾能力研究等。

4.4.7　应对气候变化人工林高效生产增碳协同技术研究

提高短周期树种抗干旱抗逆的分子标记育种技术，高产高固碳的树种转基因技术研发和应用，筛选适应气候变化抵抗极端气候条件的无性系，水分利用与生物量高效协同、抗旱优质节水树种的筛选与高效种植技术；人工林结构化经营技术与碳效应控制技术；人工林生产力提高的低碳技术（密度管理、水肥调控措施），低质低效林改造与可持续固碳增汇技术研究；开展面向森林高效固碳和生态安全的综合气候减灾技术研究，大范围区域干旱的人工林健康管理技术，灾害性极端气候（气象）事件对人工林生产力的影响机制、成灾风险和承灾能力研究等。

4.4.8　基地平台建设

以现有国家和省部级重点实验室、工程中心为依托，辅以地方科技转化机构、企业科技开发基地和试验场所等，对农业减排与适应技术的共性基础问题开展试验研究；鼓励社会团体、科研院所、高校、企业和中介组织参与农业领域减排与适应技术科技创新成果推广应用；按照农业减排与适应技术的总体目标和发展需求，通过国家强化投入和带动多种投资方式，建设示范基地，实施专项示范工程，带动农业减排与适应技术工作全面发展。

建立一批应对气候变化的专业学科研究平台。在典型农区和作物带，以现有国家野外观测科学研究站（场）为基础，建立具有高度开放性的，融合多学科交叉的应对气候变化基础研究和应对技术综合集成示范平台。

在主要粮食生产基地建立适应和减缓气候变化的综合实验基地，开展气候变化影响与适应和减缓技术的研究；构建野外科学观测研究台站监测气候变化的影响和温室气体排放；组建农业领域气候变化国家重点实验室、林业生态与气候变化国家工程技术研究中心；建设国家农林作物大型 FACE 实验场等。

参考文献

[1] 科学技术部"关于印发'十二五'国家应对气候变化科技发展专项规划的通知"，国科发计〔2012〕700 号

[2] Synthesis and Assessment Product 4.3，The effects of climate change on agriculture，land resources，water resources，and biodiversity in the United States，U.S. Climate Change Science Program，2008

[3] National Science and Technology Council，the National Global Chnage Research Plal，2012~2021

[4] Thomas G.，Adapting to climate change through local municipal planning：barriers and challenges，Mitig Adapt Strateg Glob Change，2011

[5] FAO，Climate Change Adaptation and Disaster Risk Management in Agriculture，Priority Framework for Action，2011~2020

[6] FAO，Climate Change Adaptation and Mmitigation in the Food and Agriculture Sector，Climate Cchange Aadaptation and Mitigation in the Food and Agriculture Sector，2008

[7] FAO，Climate Change and Agriculture Policies How Far Should We Look for Synergy Building Between Agriculture Development and Climate Mitigation，2011

[8]《第二次气候变化国家评估报告》编委会．第二次气候变化国家评估报告．北京：科学出版社，2011

第 五 章

农业应对气候变化科技政策建议

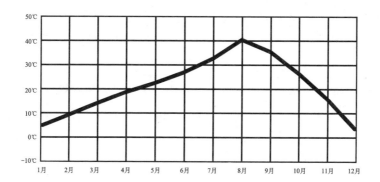

从 1992 年的《联合国气候变化框架公约》和 1997 的《京都议定书》，到 2010 年的《坎昆协议》，全球气候变化及其影响日益成为世界关注的热点。有效应对气候变化必须充分依靠全社会的力量，必须充分调动政府部门和社会各界的积极性，进一步提高对气候变化严重性的认知。在农业应对气候变化方面，尤其是要转变将农业作为单一的排放源的观念，充分认识到农业在减缓气候变化方面的重要贡献，要强化对相关工作的组织协调和领导，针对相关研究发展较缓慢的特点加大投入力度，进一步强化体制机制创新、增强国际合作与交流，进一步加快人才与队伍建设，逐步形成合力，为充分发挥农业科技的作用，促进农业在减缓全球变化中做出应有贡献提供稳定的科技保障。

5.1

强化组织领导与协调

强化农业应对气候变化工作的组织领导，是做好相关工作的关键。无论在世界哪个国家，也无论是做任何事情，如果没有正确的组织领导，是不可能形成全国一盘棋、上下一条心的局面的，最终也很难做好任何一件事情。因此，必须大力加强对农业应对气候变化工作的统筹和协调，不断完善领导和协调机制，充分调动全国各方力量投入相关工作，力争取得最大成效。

早在 20 世纪 90 年代，我国已深刻认识到气候变化科技工作的重要意义与深远影响，在随后的 20 余年时间里，党和国家历届领导人非常重视气候变化科技工作的宏观管理和政策引导，陆续建立以国务院为主导的跨部门的全球环境科技协调领导小组。早在 1990 年 2 月，国务院专门成立了以国家气象局为主的"国家气候变化协调小组"。1998 年，我国设立了由原国家计委牵头，外交部、原国家环保总局、中国气象局、原建设部、国家林业局、国家海洋局、中国科学院等 13 家部门参加的"国家气候变化对策协调小组"，负责统筹协调中国参与应对气候变化国际谈判和国内对策措施。2003 年 10 月，我国又成立了由国家发展和改革委员会任组长单位，外交部、科技部、中国气象局和原国家环保总局任副组长单位，财政部、商务部、农业部等 12 个部门任成员的新一届"国家气候变化对策协调小组"。随后，我国又于 2007 年成立了"应对气候变化领导小组"，并先后在 2008 年、2010 年 7 月对领导小组成员和涉及部门进行了调整，使小组组成涉及的领域日益扩大，各学科专家云集。在 2010 年 9 月，最新一届"国家气候变化专家委员会"成立，新一届专家委员共 31 人，包括气候变化科学、经济、生态、林业、农业、能源、地质、交通、建筑以及国际关系等诸多领域的院士和高级专家，专家委员会主任、副主任皆由两院院士担任，专家委员会日常工作由国家发展和改革委员会和中国气象局负责。作为国家应对气候变化领导小组的专家咨询机构，专家委员会主要就气候变化的相关科学问题及我国应对气候变化的长远战略、重大政策提出咨询意见和建议。今后，我国在应对气候变化的工作中，还将进一步完善小组的长效机制，加强领导小组下专家委员会和专家工作组的建设，充分发挥专家委员会对气候变化重大科技问题的决策咨询作用和专家工作组对具体科研工作的学术带头作用，建立和完善专家委员会和专家工作组的跨学科型的长效工作机制，鼓励和引导科研院所、高校和企业实验室开展综合交叉研究。完善气候变化专家委员会的各分支机构，提高信息沟通、议事协调和政策执行能力。

为此，应加强应对全球气候变化工作的领导。应对气候变化涉及经济社会、内政外交，领导小组将研究确定国家应对气候变化的重大战略、方针和对策，协调解决应对气候变化工作中的重大问题。国务院有关部门要认真履行职责，加强协调配合，形成应对气候变化的合力。地方各级人民政府要加强对本地区应对气候变化工作的组织领导，抓紧制定本地区应对气候变化的方案，并认真组织实施。加强中央政府与地方政府的协调，促进相关政策措施的顺利实施。

建立地方应对气候变化的管理体系与管理机构。2007 年，国务院要求各地区、各部门结合本地区、本部门实际，认真贯彻执行《应对气候变化国家方案》，根据各地区在地理环境、气候条件、经济发展水平等方面的具体情况，因地制宜地制定应对气候变化的相关政策措施，建立与气候变化相关的统计和监测体系，组织和协调本地区应对气候变化的行动。截至 2009 年 12

月，中国 16 个省、直辖市、自治区基本上都成立了省市区一级的气候变化领导小组，多个省市的发展和改革委员会已成立或准备马上成立专门的"应对气候变化处"，其余的省份则至少是在原有部门基础上明确增加了气候变化工作任务职责。

农业作为应对全球变化的重要部门，尽管目前对农林生态系统固碳减排的认识尚显不足，在"国家气候变化专家委员会"中的地位也相对尴尬，但其作用不仅不能被忽视，还应该在此基础上得到进一步加强。为此，从强化协调、促进相关工作进一步发展的迫切要求出发，建议在"国家气候变化专家委员会"下设立"农林业应对气候变化科技专业委员会"，或者设立单独的"农林业应对气候变化科技委员会"，以大力强化对相关工作的领导。同时，对相关工作进行全面、系统部署，形成与我国国情相适应的应对策略和机制，特别是要加强对相关科技工作的领导与部署，力争在较短的时间内获得第一手资料、数据，为全球减排谈判提供必要的数据支撑，使科技服务于国家需求、服务于国家经济建设和社会发展的第一需要。

5.2 大幅度增加研发投入

多渠道增加科技投入，加大对气候变化科学研究与技术开发的资金支持，发挥政府作为气候变化科技投入主渠道的作用，加强国家各科技计划对气候变化科学研究和技术开发的支持力度，引导各部门、行业、地方加大对气候变化科技工作的投入。

为优化我国气候变化科技工作的整体布局，密切配合国家重大基础研究计划（973 计划），从国家发展和科学技术进步的全局出发，针对我国节能减排和新能源领域的重大科技需求，围绕节能降耗与提高能源利用效率、控污减排、探索大规模发展新能源和可再生能源等几个方面进行了重点部署，大力组织和实施的重大基础性研究项目。在"十五"和"十一五"期间，"973 计划"共安排了 30 项节能减排和新能源项目，投入经费 8.9 亿元。通过相关项目的实施，获得了一批有价值的基础理论研究成果，为全面应对气候变化提供了理论支撑。

高度重视国家高技术研究发展计划（"863计划"）。高技术发展对国家的长远发展具有重要战略意义，"十一五"期间，"863计划"高度重视气候变化领域高技术研究工作，仅在2006~2009年期间，"863计划"在节能减排和新能源方面，重点围绕清洁生产、控污减排、新能源开发、资源综合利用等开展了前沿技术研究和高技术集成应用，设计9个专题、9个重大项目、21个重点项目，累计安排国拨经费超过45亿元，占"863计划"总经费的1/3之多。在相关项目的支持下，形成了一批新技术和新产品，有效推进了气候变化科技工作的发展。

切实抓好关键、共性和公益技术研发与示范工作。"十一五"期间，国家科技支撑计划紧密结合清洁能源与可再生能源利用关键技术研究与示范、生态治理与恢复、重点行业清洁生产关键技术与装备开发等方面开展了关键技术研发和应用示范。截至2008年12月，国家科技支撑计划围绕节能减排和新能源相关项目129项，总经费达47亿元。通过相关项目的实施，为推进节能减排、减缓全球变化作出了十分重要的贡献。

加强自然科学基金在应对气候变化方面的研究投入。"十一五"期间，国家自然科学基金批准资助节能减排和新能源各类项目566项，资助经费约3.7亿元。围绕节能降耗与提高新能源利用效率、控污减排、探索大规模发展新能源和可再生能源等几个方面进行重点部署，特别对西部环境和生态科学、西部能源利用及环境保护、全球变化及其区域响应进行了重点研究，取得了一批原创性成果，推进了相关学科和技术的发展。

在国家进一步加强对全球变化科研投入的同时，我们也注意到：与此密切相关的农业应对与适应气候变化的研究方面投入还严重不足，投入强度也相对较低，使相关研究在一定程度上可能成为今后应对和适应的"短腿"。因此，一方面必须大力强化对农业应对、适应气候变化相关研究的支持力度，大幅度提升农业相关研究的支持比例，逐步形成稳定的支持渠道，为农业应对气候变化研究提供资金保障；另一方面，还应多渠道、多层次筹集社会资金，增加对气候变化科技的投入。充分发挥企业作为技术创新主体的作用，特别是对一些排放较大的企业，更要积极引导其加大对科技的投入，并形成相应的有效机制，使之成为这些企业的自觉行动，逐步引导企业加大对气候变化领域技术研发的投入。同时，还要积极利用金融及资本市场，将科技风险投资引入气候变化领域，成立应对气候变化研究基金、开辟金融业以及专项融资服务；积极鼓励国内社会各界为气候变化科技工作提供资金支持；积极拓展国际资金渠道，充分利用国际条约的资金机制；利用外国政府、国际组织等双边和多边基金，支持我国开展气候变化领域的科学研究与技术开发。

5.3 加强体制与机制创新

组织建立地方气候变化专家队伍，根据各地区在地理环境、气候条件、经济发展水平等方面的具体情况，因地制宜地制定应对气候变化的相关方案与建议。2008 年 6 月 30 日，我国正式启动"中国省级应对气候变化方案项目"。旨在于通过编制省级应对气候变化方案，加强地方应对气候变化机构与能力建设，切实把中国应对气候变化国家方案转化为地方具体行动，从而更好地应对气候变化带来的挑战。截至 2009 年 12 月，我国 32 个省、自治区、直辖市（包括新疆生产建设兵团）均已完成省级应对气候变化方案的编制工作，其中，18 个省份已颁布方案进入组织实施阶段。

更有效地利用中国清洁发展机制基金。根据《清洁发展机制项目运行管理办法》中的有关规定，中国政府对清洁发展机制项目收取一定比例的"温室气体减排量转让额"，用于建立中国清洁发展机制基金，并通过基金管理中心支持气候变化领域的相关活动。大力推动地方可持续发展的能力建设，应对全球气候变化。我国现已通过在能力建设领域开展国际合作，结合国内的资源，积极推动建立省级清洁发展机制技术服务中心。通过国家科技支撑项目和一系列的双边和多边国际合作项目，帮助地方提高应对和适应全球气候变化的能力。科技部重点开展了提高国家执行 CDM 能力方面的活动，建立了地方 CDM 技术服务中心，促进了 CDM 理念和项目合作活动在国内的迅速开展，取得了可喜成果。截至 2009 年底，科技部已支持建立了 28 个省市区和新疆兵团的地方 CDM 技术服务中心。

加强应对农业应对与适应气候变化科技的整体布局，加强应对相关科技资源的统筹协调，加强应对科技工作的协同创新，为国家应对气候变化工作提供科技支撑。各部门、地方在农业应对与适应气候变化科技工作布局中，应进一步强化相互间的沟通与协调，要树立大局观、全局观，按照全国一盘棋统一考虑，使有限的资源发挥出最大的效益。同时，在相关工作中，做到既分工、又合作，结合不同部门的特点在科技、人员、投入等方面进行系统部署，形成合力。

2007 年，我国政府颁布了《中国应对气候变化国家方案》，为了对该方案的实施提供科技支撑，统筹协调国家气候变化科学研究与技术开发，全面提高国家应对气候变化的科技能力，科技部联合有关部门制定了《中国应对气候变化科技专项行动》，提出了我国应对气候变化科技工作在"十一五"期间的阶段性目标和到 2020 年的远期目标，对气候变化的科学问题、控制温室气体排放和减缓气候变化的技术开发、适应气候变化的技术和措施、应对气候变化的重大战略与政策等几个方面进行了重点部署。为进一步提高应对气候变化的科技支撑能力，根据 2009 年 8 月 12 日国务院常务会议关于"制定应对气候变化的科技发展战略与规划"的要求，科技部会同国务院有关部门迅速组织了"十二五"国家应对气候变化科技发展专项规划编制的准备工作，目前已完成并发布《"十二五"国家应对气候变化科技发展专项规划》。因此，要以实施专项规划为重要内容，进一步强化应对气候变化中农业的地位，加大对农业应对气候变化科技工作的支持，全面组织、系统部署，力争取得更大成效。

为充分发挥节能减排和应对气候变化科技工作在农业产业结构调整中的作用，要积极组织参与"科技节能减排专项"相关工作，积极开展农林生态系统固碳减排技术研究与示范，强化示范基地建设，促进节能减排。要加大相关科技创新的投入，着力突破产业转型升级的关键技术，创新发展可再生能源技术、节能减排技术、生物质能源利用技术，大力推进节能环保和资源循环利用技术，为促进新兴产业和绿色经济的发展提供强有力的科技支撑，对我国经济结构调整起到积极的先导性作用。

5.4
加快人才团队与基地建设

　　加大人才培养和引进力度，促进气候变化领域内的经济、社会、能源、气象、气候、生态、环境等学科建设，力争在气候变化领域初步形成一支跨领域、跨学科的核心专家团。建立人才激励与竞争的有效机制，创造有利于人才脱颖而出的学术环境和氛围，特别重视培养具有国际视野和能够引领学科发展的学术带头人和尖子人才，争取建成一支上千人的开展气候变化领域基础研究和应用研究的科技队伍。建立人才激励与竞争的有效机制，在气候变化领域科研机构建立"开放、流动、竞争、协作"的运行机制，扩大地方行业科技队伍的参与，着力培育和建设一批自主创新能力强、专业特长突出、有国际影响力的气候变化科学研究团队，形成具有中国特色的气候变化科技管理队伍和研发队伍，并鼓励和推荐中国科学家参与气候变化领域国际科研计划和在相关国际研究机构中担任职务。

　　制定和实施吸引优秀气候变化领域人才回国工作和为国服务计划，重点吸引高层次人才和紧缺人才。加大海外优秀人才和智力的引进力度，建立和完善人才引进的优惠政策，激励机制和评价体系；完善人才、智力、项目相结合的柔性引进机制，鼓励采取咨询、讲学和技术合作等灵活方式引进海外优秀人才。倡导拼搏进取、自觉奉献的爱国精神，求真务实、勇于创新的科学精神，团结协作、淡泊名利的团队精神。激发创新思维，活跃学术气氛，努力形成宽松和谐、健康向上的创新文化氛围。塑造气候变化领域良好学术环境。

　　充分利用现有条件，大力加强气候观测系统以及农业生态系统观测网络等科技基础设施建设。建设若干个为多学科研究服务并具有强大支撑能力的重大科技基础设施。加强气候变化领域科学数据平台建设，并把共享和整合作为重点，推进网络化气候变化科技资源共享体系和机制建设，加强大型科学仪器设备共享平台与机制建设。建成以国家气候监测网、国家天气观测网、国家专业气象观测网、国家生态系统网络和中国 CO_2 通量观测网等为主大型观测网络体系；陆续组建了一批可供全球变化研究的国家重点实验室和部门重点开放实验室；自主研发和通过国际合作引进了一批气候变化研究的大型科学仪器设备。同时，陆续建立了若干国家级的气候变化专业研究机构；一批大专院校设立了与气候变化相关的专业及课程；各地方也建立了一批省级清洁发展技术服务机构。搭建由大型科学仪器设备共享平台、科学数据共享平台、科技文献共享平台、自然科技资源共享平台、网络科技环境共享平台、科技成果转化公共服务共享平台等为主体框架的国家科技基础条件平台，建立与平台建设和管理相适应的政策法规和制度规范，初步形成以共享为核心的制度框架，推动建立一批全国性的科学研究共享网络。

5.5
完善科技评价体系

系统开展科技评价的理论和方法研究，结合科学技术活动的特点，针对不同对象，根据不同阶段的评价目的和标准，从科技评价的基础理论、评价方法、指标体系构建等方面进行系统地研究与验证；切实规范科技评价工作程序，建立与国际接轨的评价机制，加强《关于改进科学技术评价工作的决定》和《科学技术评价办法》的落实执行力度，进一步增加科技评价活动的公开性与透明度，确保评价工作的独立性与公正性，评价结果的科学性和客观性；加强科技评价机构及专业技术人才队伍的建设，建立并执行评价机构的资格认证制度，与科学技术评价工作相配套的制约机构和责任追究机制。通过学术会议、业务培训、对外交流、教育深造等多种途径，提高从业人员水平；建立健全科技评价监督机制，在科技管理部门、评价机构、评审专家和承担单位等与全社会之间建立一种相互制约和监督的机制。明确分工、相互牵制、监督，同时，也接受相关法律法规和社会公众的监督，有效杜绝科技诈骗和腐败等不良现象的滋生；建立完善专家信用评价机制，从评审专家信用信息构成、信息采集方法和来源、信用评价方法、信息使用范围等方面系统地构建专家信用评价机制，并建立专家信用数据库进行电子化管理；建立面向公共决策的技术评价机制活动滞后，从公共决策的角度出发，基于社会发展的总体需求，全面考量技术的社会、环境、战略等影响的决策机制；建立信息共享机制，建立跨部门的国家科技计划和项目管理信息系统，促进政府各部门之间的协同工作，保证评价数据与信息在一定范围内的公开与共享。

5.6 加强国际交流与合作

充分利用全球资源，加强国际科技合作，促进国际技术转让将气候变化相关科技合作纳入双边、多边政府间科技协议，提升气候变化国际科技合作的层次和水平，形成布局合理、重点突出、目标明确的气候变化国际科技合作格局。

5.6.1 加强多边合作

积极全面阐述了中国对气候变化问题的立场和主张，重视在联合国气候变化峰会、八国集团同发展中国家领导人对话会议、20 国集团峰会、主要经济体能源安全和气候变化论坛领导人会议、亚欧首脑会议等多边场合以及双边交往中战略影响，坚持《联合国气候变化框架公约》及其《京都议定书》的主渠道地位，坚持"共同但有区别的责任"原则，呼吁各国按照"巴厘路线图"的规定积极行动，进一步敦促发达国家明确做出继续率先减排的承诺，在技术、资金、能力建设方面向发展中国家提供可测量、可报告、可核实的支持，大力宣传中国应对气候变化的政策和措施，努力促进国际社会在应对气候变化方面达成共识。

5.6.2 加强南南合作对话

立足国内，同包括发展中国家在内的国际社会开展广泛合作。在南南合作框架下同各国加强交流、取长补短，并向其他发展中国家提供力所能及的帮助。鼓励举办大气科学领域的适用性国际培训班和研修班，为发展中国家学员了解气候变化及应对政策的诸多问题提供帮助。通过介绍中国经济社会和气候变化事业的发展，并参观考察，使学员全面了解了中国经济社会的发展，宣传中国改革开放的成果，帮助学员了解了一个负责任发展中大国的形象。充分认识科技在应对气候变化南南合作中的作用。由于我国开发的应对气候变化技术具有很强的针对性和实用性，科技应对气候变化南南合作有很大的空间和良好的前景。推进科技应对气候变化南南合作，还需要创新思路和方式，需要政府和市场机制的相互配合，加强综合试验示范，以提高项目合作效果的可持续性。同时，南南合作还需要克服各种困难，稳步推进。"十一五"以来，科技部已在减缓和适应气候变化领域对发展中国家开展了大量科技合作项目，为提高发展中国家应对气候变化能力和促进国内技术走出去做出了重要贡献。"十二五"期间，科技部将继续推进气候变化南南合作（科技援外）的有关工作。

5.6.3　巩固双边合作

1. 继续加强与欧盟气候变化伙伴计划

强化双边在低碳技术的开发、应用和转让方面加强务实合作，以提高能源效率，促进低碳经济。积极探索资金问题，包括私营部门、合资企业、公私伙伴关系的作用以及探索碳融资和出口信贷的潜在作用，共同解决技术开发、应用和转让方面的障碍。力争到 2020 年，实现通过碳捕获和封存技术，在中国和欧盟开发和示范接近零排放，显著降低关键能源技术成本。

2. 深化中美气候变化工作组及气候变化科技合作

经过多年的发展，中美之间已在非 CO_2 的温室气体、氢和燃料电池技术、CO_2 捕获与封存技术、清洁煤炭技术等领域建立起来了密切广泛的合作。随着 2009 年底，《中美联合声明》的发布及"绿色合作伙伴计划"的深入开展，双方将为两国研究人员提供更为广阔的交流平台。"十二五"期间，还应大力支持中美两国各级地方政府之间，企业之间，学术、研究、管理、培训机构之间，以及其他非政府组织和协会之间自愿结成合作伙伴关系，为中美两国能源安全及经济和环境的可持续发展探索新的合作模式。通过"绿色合作伙伴计划"，中美有关城市或其他合作伙伴之间将依托具体项目开展技术合作、经验交流及能力建设等形式的合作活动。

3. 继续执行中澳气候变化伙伴计划与相关领域展开合作

气候变化政策、气候变化的影响和对该变化的适应、国家间的交流（温室气体排放总量和预测）、技术合作、能力建设和公众意识。前期工作中，澳大利亚将对中国确定其 CO_2 封存潜力提供帮助。未来两国将在《联合国气候变化框架公约》和《京都议定书》的指导下，继续共同努力推动气候变化谈判和相关国际合作，扩展中澳气候变化伙伴关系。进一步扩展务实项目活动，尤其是在能力建设、可再生能源技术、能效、CH_4 回收利用、气候变化和农业、土地利用、土地利用变化和林业、适应气候变化和气候变化科学等方面开展务实有效的合作。

4. 加强国际科学合作

我国现已参与的大批全球环境变化的国际科技合作计划已取得了较好的效果，如地球科学系统联盟（Earth System Science Partnership，ESSP）框架下的世界气候研究计划（WCRP）、国际地圈生物圈计划（IGBP）、国际全球变化人文因素计划（IHDP）、全球对地观测政府间协调组织（GEO）、全球气候系统观测计划（GCOS）、全球海洋观测系统（GOOS）、国际地转海洋学实时观测阵计划（Array for Real-time Geostrophic Oceanography，ARGO）、国际极地年计划等。我国开展了具有中国特色又兼具全球意义的全球变化基础研究，并加强与相关国际组织和机构的信息沟通和资源共享。"十二五"期间，还应鼓励和支持我国科学家，科研机构和企业发起和参与气候变化领域国际和区域科学研究计划与技术开发计划，充分利用和共享全球资源，务实合作、分享国际前沿科技成果；鼓励和支持我国科学家和科技管理人员到重要国际组织任职，以及竞争高级职位；鼓励在华举办重要的气候变化国际学术会议和专题研讨会，争取重要国际科学组织在华建立总部或分部；定期组织举办高层次气候变化的国际会议与论坛，多渠道促进国际间应对气候变化的对话与交流。其次，进一步扩大国家科技计划和地方、部门、行业科技计划的对外开放程度，按照"以我为主，互利共赢，促进自主创新"的原则，适时牵头发起气候变化特定领域的国际科技合作计划，提高我国气候变化研究水平和自主创新能力。

参考文献

[1] IPCC. Summary for Policymakers of the Synthesis Report of the IPCC Fourth Assessment Report. Cambridge，UK：Cambridge University Press，2007

[2] Jones P D & Moberg A. Hemispheric and large - scale surface air temperature variation：an extensive revision and an update to 2001. J. Climate，2003，16：206～223

[3] 张建云，王国庆，李岩等. 全球变暖及我国气候变化的事实. 中国水利，2008（2）：28～30

[4] 潘根兴，高民，胡国华等. 气候变化对中国农业生产的影响. 农业环境科学学报，2011，30（9）：1698～1706

[5]《第二次气候变化国家评估报告》编写委员会. 第二次气候变化国家评估报告. 北京：科学出版社，2011

[6] 王绍武，蔡静宁，朱锦红等. 中国气候变化的研究. 气候与环境研究，2002，7（2）：137～145

[7] 章名立. 中国东部近百年的雨量变化. 大气科学，1993，17（4）：451～461

[8] 翟盘茂，潘晓华. 中国北方近50年温度和降水极端事件变化. 地理学报，2003，58（S1）：1～10

[9] 丁一汇，任国玉，石广玉等. 气候变化国家评估报告—中国气候变化的历史和未来趋势. 气候变化研究进展，2006，2（1）：3～8

[10] Houghton，Y Ding，DJ Griggs，*et al*. Climate Change 2001：The Scientific Basis. Cambridge University Press，2001

[11] RT Watson. Climate Change 2001：Synthesis Report. Cambridge University Press，2002

[12] 闵屾，钱永甫. 我国近40年各类降水事件的变化趋势. 中山大学学报（自然科学版），2008，47（3）：105～111

[13] 孙凤华，杨素英，任国玉. 东北地区降水日数、强度和持续时间的年代

际变化．应用气象学报，2007，18（5）：610～618

［14］翟盘茂，王萃萃，李威．极端降水事件变化的观测研究．气候变化研究进展，2007，3（3）：144～148

［15］王志伟，翟盘茂．中国北方近50年干旱变化特征．地理学报，2003，58（S1）：61～68

［16］马柱国，华丽娟，任小波．中国近代北方极端干湿事件的演变规律．地理学报，2003，58（S1）：69～74

［17］邹旭恺，张强．近半个世纪我国干旱变化的初步研究．应用气象学报，2008，19（6）：679～687

［18］章大全，钱忠华．利用中值检测方法研究近50年中国极端气温变化趋势．物理学报，2008，57（7）：4634～4640

［19］孙卫国．气候资源学．北京：气象出版社，2008

［20］李世奎，侯光良，欧阳海等．中国农业气候资源和农业气候区划．北京：科学出版社，1988

［21］郭建平．气候变化背景下中国农业气候资源演变趋势．北京：气象出版社，2010.

［22］李晓文，李维亮，周秀骥．中国近30年太阳辐射状况研究．应用气象学报，1998，9（1）：25～32

［23］赵东，罗勇，高歌等．1961年至2007年中国日照的演变及其关键气候特征．资源科学，2010，32（4）：701～711

［24］李勇，杨晓光，王文峰等．气候变化背景下中国农业气候资源变化 Ⅸ．华南地区农业气候资源时空变化特征．应用生态学报，2010，21（10）：2605～2614

［25］陈少勇，张康林，邢晓宾等．中国西北地区近47年日照时数的气候变化特征．自然资源学报，2010，25（7）：1142～1152

［26］徐超，杨晓光，李勇等．气候变化背景下中国农业气候资源变化 Ⅲ．西北干旱区农业气候资源时空变化特征．应用生态学报，2011，22（3）：763～772

［27］孙杨，张雪芹，郑度．气候变暖对西北干旱区农业气候资源的影响．自然资源学报，2010，25（7）：1153～1162

[28] 买苗，曾燕，邱新法等．黄河流域近40年日照百分率的气候变化特征．气象，2006，32（5）：62~66

[29] 郭军，任国玉．天津地区近40年日照时数变化特征及其影响因素．气象科技，2006，34（4）：415~420

[30] 柏秦凤，霍治国，李世奎等．1978年前后中国≥10℃年积温对比．应用生态学报，2008，19（8）：1810~1816

[31] 谭方颖，王建林，宋迎波等．华北平原近45年农业气候资源变化特征分析．中国农业气象，2009，30（1）：19~24

[32] 王鹤龄，王润元，赵鸿等．中国西北冬小麦和棉花生长对气候变暖的响应．干旱地区农业研究，2009，27（1）：258~264

[33] 任国玉，徐铭志，初子莹等．近54年中国地面气温变化．气候与环境研究，2005，10（4）：717~727

[34] 代姝玮，杨晓光，赵梦等．气候变化背景下中国农业气候资源变化Ⅱ．西南地区农业气候资源时空变化特征．应用生态学报，2011，22（2）：442~452

[35] 高歌，李维京，张强．华北地区气候变化对水资源的影响及2003年水资源预评估．气象，2003，29（8）：26~30

[36] 曹丽青，余锦华，葛朝霞．华北地区大气水分气候变化及其对水资源的影响．河海大学学报（自然科学版），2004（5）：504~507

[37] 唐蕴，王浩，严登华等．近50年来东北地区降水的时空分异研究．地理科学，2005，25（2）：172~176

[38] 许荷兰，宋子岭，马云东．全球变化下东北地区降水时空特征研究．长春理工大学学报，2007，30（3）：114~117

[39] 王静，杨晓光，李勇等．气候变化背景下中国农业气候资源变化Ⅵ．黑龙江省三江平原地区降水资源变化特征及其对春玉米生产的可能影响．应用生态学报，2011，22（6）：1511~1522

[40] 张国胜，李林，时兴合等．黄河上游地区气候变化及其对黄河水资源的影响．水科学进展，2000，11（3）：277~283

[41] 张建云，王金星，李岩等．近50年我国主要江河径流变化．中国水利，

2008 (2)：31~34

[42] 陈桂亚，Clarke Derek. 气候变化对嘉陵江流域水资源量的影响分析. 长江科学院院报，2007，24 (4)：14~18

[43] 张光辉. 全球气候变化对黄河流域天然径流量影响的情景分析. 地理研究，2006，25 (2)：268~275

[44] 范广洲，吕世华，程国栋. 气候变化对滦河流域水资源影响的水文模式模拟（Ⅰ）降水径流模式系统（PRMS）介绍及其在滦河流域的移植. 2001，20 (2)：173~179

[45] 张凯，王润元，韩海涛等. 黑河流域气候变化的水文水资源效应. 资源科学，2007，29 (1)：77~83

[46] 侯光良，游松才. 用筑后模型估算我国植物气候生产力. 自然资源学报，1990，5 (1)：60~65

[47] 侯西勇. 1951~2000年中国气候生产潜力时空动态特征. 干旱区地理，2008，31 (5)：723~730

[48] 高素华，潘亚茹，郭建平. 气候变化对植物气候生产力的影响. 气象，1994，20 (1)：30~33

[49] 罗永忠，成自勇，郭小芹. 近40年甘肃省气候生产潜力时空变化特征. 生态学报，2011，31 (1)：221~229

[50] 姚玉璧，王毅荣，张存杰等. 黄土高原作物气候生产力对气候变化的响应. 南京气象学院学报，2006，29 (1)：101~106

[51] 张谋草，段金省，李宗等. 气候变暖对黄土高原塬区农作物生长和气候生产力的影响. 资源科学，2006，28 (6)：46~50

[52] 刘德祥，董安祥，陆登荣. 中国西北地区近43年气候变化及其对农业生产的影响. 干旱地区农业研究，2005，23 (2)：195~201

[53] 张强，邓振镛，赵映东等. 全球气候变化对我国西北地区农业的影响. 生态学报，2008，28 (3)：1210~1218

[54] 刘颖杰，林而达. 气候变暖对中国不同地区农业的影响. 气候变化研究进展，2007，3 (4)：229~233

[55] 方修琦，王媛，徐锬等. 近20年气候变暖对黑龙江省水稻增产的贡献.

地理学报，2004，59（6）：820～828

［56］矫江，许显斌，卞景阳等. 气候变暖对黑龙江省水稻生产影响及对策研究. 自然灾害学报，2008，17（3）：41～48

［57］邓振镛，王强，张强等. 中国北方气候暖干化对粮食作物的影响及应对措施. 生态学报，2010，30（22）：6278～6288

［58］居辉，熊伟，许吟隆等. 气候变化对我国小麦产量的影响. 作物学报，2005，31（10）：1340～1343

［59］李秀芬，陈莉，姜丽霞. 近50年气候变暖对黑龙江省玉米增产贡献的研究. 气候变化研究进展，2011，7（5）：336～341

［60］王润元，张强，刘宏谊等. 气候变暖对河西走廊棉花生长的影响. 气候变化研究进展，2006，2（1）：40～42

［61］王友华，周治国. 气候变化对我国棉花生产的影响. 农业环境科学学报，2011，30（9）：1734～1741

［62］张树杰，张春雷. 气候变化对我国油菜生产的影响. 农业环境科学学报，2011，30（9）：1749～1754

［63］石春林，金之庆，葛道阔等. 气候变化对长江中下游平原粮食生产的阶段性影响和适应性对策. 江苏农业学报，2001，17（1）：1～6

［64］杨晓光，刘志娟，陈阜. 全球气候变暖对中国种植制度可能影响Ⅰ. 气候变暖对中国种植制度北界和粮食产量可能影响的分析. 中国农业科学，2010，43（2）：329～336

［65］云雅如，方修琦，王丽岩等. 我国作物种植界线对气候变暖的适应性响应. 作物杂志，2007（3）：20～23

［66］祖世亨，曲成军，高英姿等. 黑龙江省冬小麦气候区划研究. 中国生态农业学报，2001，9（4）：89～91

［67］曾英，黄祖英，张红娟. 气候变化对陕西省冬小麦种植区的影响. 水土保持通报，2007，27（5）：137～140

［68］刘德祥，赵红岩，董安祥等. 气候变暖对甘肃夏秋季作物种植结构的影响. 冰川冻土，2005，27（6）：806～812

［69］高亮之，李林，金之庆. 中国水稻的气候资源与气候生态研究. 农业科

技通讯，1994（4）：5～8

[70] 云雅如，方修琦，王媛等．黑龙江省过去20年粮食作物种植格局变化及其气候背景．自然资源学报，2005，20（5）：697～705

[71] 孙万仓，武军艳，方彦等．北方旱寒区北移冬油菜生长发育特性．作物学报，2010，36（12）：2124～2134

[72] 杨晓光，刘志娟，陈阜．全球气候变暖对中国种植制度可能影响：VI.未来气候变化对中国种植制度北界的可能影响．中国农业科学，2011，44（8）：1562～1570

[73] 陈峪，黄朝迎．气候变化对东北地区作物生产潜力影响的研究．应用气象学报，1998，9（3）：59～65

[74] 张强，杨贤为，黄朝迎．近30年气候变化对黄土高原地区玉米生产潜力的影响．中国农业气象，1995，16（6）：19～23

[75] 陈长青，类成霞，王春春等．气候变暖下东北地区春玉米生产潜力变化分析．地理科学，2011，31（10）：1272～1279

[76] 辜晓青，李美华，蔡哲等．气候变化背景下江西省早稻气候生产潜力的变化特征．中国农业气象，2010，31（S1）：84～89

[77] 王素艳，郭海燕，邓彪等．气候变化对四川盆地作物生产潜力的影响评估．高原山地气象研究，2009，29（2）：49～53

[78] 李茂松，李森，李育慧．中国近50年旱灾灾情分析．中国农业气象，2003，24（1）：8～11

[79] 翟盘茂，章国材．气候变化与气象灾害．科技导报，2004（7）：11～14

[80] 吕军，孙嗣旸，陈丁江．气候变化对我国农业旱涝灾害的影响．农业环境科学学报，2011，30（9）：1713～1719

[81] 方修琦，王媛，朱晓禧．气候变暖的适应行为与黑龙江省夏季低温冷害的变化．地理研究，2005，24（5）：664～672

[82] 霍治国，王石立．农业和生物气象灾害．北京：气象出版社，2009

[83] 霍治国，李茂松，王丽等．气候变暖对中国农作物病虫害的影响．中国农业科学，2012，45（10）：1926～1934

[84] 霍治国，李茂松，王丽等．降水变化对中国农作物病虫害的影响．中国

农业科学，2012，45（10）：1935~1945

[85] 霍治国，钱拴，王素艳等．2001年农作物病虫害发生流行的气候影响评价．安全与环境学报，2002，2（3）：3~7

[86] 程中元，王青，王志强．气象要素对植物病害侵染循环的影响．现代农业，2011（6）：48

[87] 王丽，霍治国，张蕾等．气候变化对中国农作物病害发生的影响．生态学杂志，2012，31（7）：1673~1684

[88] 张蕾，霍治国，王丽等．气候变化对中国农作物虫害发生的影响．生态学杂志，2012，31（6）：1499~1507

[89] 陈晓燕，尚可政，王式功等．近50年中国不同强度降水日数时空变化特征．干旱区研究，2010，27（5）：766~772